住房城乡建设部土建类学科专业“十三五”规划教材
Autodesk 官方标准教程系列
建筑数字技术系列教材

BIM 建筑设计实例详解

王津红　黄向阳　李慧莉　主　编

中国建筑工业出版社

图书在版编目（CIP）数据

BIM建筑设计实例详解 / 王津红，黄向阳，李慧莉主编. —北京：中国建筑工业出版社，2019.6

住房城乡建设部土建类学科专业“十三五”规划教材. Autodesk官方标准教程系列. 建筑数字技术系列教材

ISBN 978-7-112-23709-8

Ⅰ.① B… Ⅱ.①王…②黄…③李… Ⅲ.①建筑设计－计算机辅助设计－应用软件－教材 Ⅳ.① TU201.4

中国版本图书馆 CIP 数据核字（2019）第 087298 号

本书基于Autodesk Revit平台，通过对BIM的概述及相关案例应用，和对Revit的应用流程、思路及操作进行详细讲解，力求实现BIM在建筑设计中的正向设计应用。本书主要选取两个案例详解，一个为某高校建筑学专业建筑设计课程的学生设计成果；另一个为某研究生参与的实际工程案例。本书遵循建筑设计师的思路展开，讲解由浅入深，循序渐进，应用人群广泛，适用于建筑行业的建筑师、本科院校、高职院校学生及建筑工程相关领域BIM学习者。本书配有课件PPT，可发邮件至Wanghui-gj@cabp.com.cn索取。

责任编辑：王　惠　陈　桦
责任校对：王　瑞

住房城乡建设部土建类学科专业“十三五”规划教材
Autodesk官方标准教程系列
建筑数字技术系列教材
BIM 建筑设计实例详解
王津红　黄向阳　李慧莉　主　编
*
中国建筑工业出版社出版、发行（北京海淀三里河路 9 号）
各地新华书店、建筑书店经销
北京雅盈中佳图文设计公司制版
北京建筑工业印刷厂印刷
*
开本：787×1092 毫米　1/16　印张：9¼　字数：251 千字
2019 年 7 月第一版　2019 年 7 月第一次印刷
定价：36.00 元（赠课件）
ISBN 978-7-112-23709-8
(34004)

本系列教材编委会

本书编委会

序　言

近年来，随着产业革命和信息技术的迅猛发展，数字技术的更新发展日新月异。在数字技术的推动下，各行各业的科技进步有力地促进了行业生产技术水平、劳动生产率水平和管理水平在不断提高。但是，相对于其他一些行业，我国的建筑业、建筑设计行业应用建筑数字技术的水平仍然不高。即使数字技术得到一些应用，但整个工作模式仍然停留在手工作业的模式上。这些状况，与建筑业是国民经济支柱产业的地位很不相称，也远远不能满足我国经济建设迅猛发展的要求。

在当前数字技术飞速发展的情况下，我们必须提高对建筑数字技术的认识。

纵观建筑发展的历史，每一次建筑的革命都是与设计手段的更新发展密不可分的。建筑设计既是一项艺术性很强的创作，同时也是一项技术性很强的工程设计。随着经济和建筑业的发展，建筑设计已经变成一项信息量很大、系统性和综合性很强的工作，涉及建筑物的使用功能、技术路线、经济指标、艺术形式等一系列且数量庞大的自然科学和社会科学的问题，十分需要采用一种能容纳大量信息的系统性方法和技术去进行运作。而数字技术有很强的能力去解决上述的问题。事实上，计算机动画、虚拟现实等数字技术已经为建筑设计增添了新的表现手段。同样，在建筑设计信息的采集、分类、存贮、检索、分析、传输等方面，建筑数字技术也都可以充分发挥其优势。近年来，计算机辅助建筑设计技术发展很快，为建筑设计提供了新的设计、表现、分析和建造的手段。这是当前国际、国内层出不穷的构思独特、造型新颖的建筑的技术支撑。没有数字技术，这些建筑的设计、表现乃至于建造，都是不可能的。

建筑数字技术包括的内容非常丰富，涉及建筑学、计算机、网络技术、人工智能等多个学科，不能简单地认为计算机绘图就是建筑数字技术，就是 CAAD 的全部。CAAD 的“D”不应该仅仅是“Drawing”，而应该是“Design”。随着建筑数字技术越来越广泛的应用，建筑数字技术为建筑设计提供的并不只是一种新的绘图工具和表现手段，而是一项能全面提高设计质量、工作效率、经济效益的先进技术。

建筑信息模型（Building Information Modeling，BIM）和建设工程生命周期管理（Building Lifecycle Management，BLM）是近年来在建筑数字技术中出现的新概念、新技术，BIM 技术已成为当今建筑设计软件采用的主流技术。BLM 是一种以 BIM 为基础，创建信息、管理信息、共享信息的数字化方法，能够大大减少资产在建筑物整个生命期（从构思到拆除）中的无效行为和各种风险，是建设工程管理的最佳模式。

建筑设计是建设项目中各相关专业的龙头专业，其应用 BIM 技术的水平将直接影响到整个建设项目应用数字技术的水平。高等学校是培养高水平技术人才的地方，是传播先进文化的场所。在今天，我国高校建筑学专业培养的毕业生除了应具有良好的建筑设计专业素质外，还应当较好地掌握先进的建筑数字技术以及 BLM-BIM 的知识。

而当前的情况是，建筑数字技术教学已经滞后于建筑数字技术的发展，这将非常不利于学生毕业后在信息社会中的发展，不利于建筑数字技术在我国建筑设计行业应用的发展，因此我们必须加强认识、研究对策、迎头赶上。

有鉴于此，为了更好地推动建筑数字技术教育的发展，全国高等学校建筑学学科专业指导委员会在 2006 年 1 月成立了“建筑数字技术教学工作委员会”。该工作委员会是隶属于专业指导委员会的一个工作机构，负责建筑数字技术教育发展策略、课程建设的研究，向专业指导委员会提出建筑数字技术教育的意见或建议，统筹和协调教材建设、人员培训等的工作，并定期组织全国性的建筑数字技术教育的教学研讨会。

当前社会上有关建筑数字技术的书很多，但是由于技术更新太快，目前真正适合作为建筑院系建筑数字技术教学的教材却很少。因此，建筑数字技术教学工委会成立后，马上就在人员培训、教材建设方面开展了工作，并决定组织各高校教师携手协作，编写出版《建筑数字技术系列教材》。这是一件非常有意义的工作。

系列教材在选题的过程中，工作委员会对当前高校建筑学学科师生对普及建筑数字技术知识的需求作了大量的调查和分析。而在该系列教材的编写过程中，参加编写的教师能够结合建筑数字技术教学的规律和实践，结合建筑设计的特点和使用习惯来编写教材。各本教材的主编，都是富有建筑数字技术教学理论和经验的教师。相信该系列教材的出版，可以满足当前建筑数字技术教学的需求，并推动全国高等学校建筑数字技术教学的发展。同时，该系列教材将会随着建筑数字技术的不断发展，与时俱进，不断更新、完善和出版新的版本。

全国十几所高校 30 多名教师参加了《建筑数字技术系列教材》的编写，感谢所有参加编写的老师，没有他们的无私奉献，这套系列教材在如此紧迫的时间内是不可能完成的。教材的编写和出版得到欧特克软件（中国）有限公司和中国建筑工业出版社的大力支持，在此也表示衷心的感谢。

让我们共同努力，不断提高建筑数字技术的教学水平，促进我国的建筑设计在建筑数字技术的支撑下不断登上新的高度。

高等学校建筑学专业指导委员会主任委员　仲德崑

建筑数字技术教学工作委员会主任　李建成

2006 年 9 月

前　言

BIM 技术在我国建筑行业的应用越来越广泛，已经是未来的发展趋势。BIM 作为新理念和新技术，在中国的普及应用还是处于初级阶段，我们作为高校有责任普及给相关专业的学生。Autodesk Revit 是 Autodesk 公司在建筑设计行业推出的全三维 BIM 模型设计软件，是国内目前建筑行业应用较为广泛的 BIM 工具之一。

本书是根据高等院校在校学生通过对 Autodesk Revit 的应用完成课程设计的过程进行分析和讲解，梳理总结课程设计过程中运用 Autodesk Revit 技术的流程、方法及效果等。本书共分为 4 章。第 1 章主要对目前国内 BIM 现状进行分析，总结 Autodesk Revit 在院校推广的重要性，以及简单介绍 Autodesk Revit 操作界面和工具。第 2 章案例应用，篇幅较大，分为两部分：第一部分介绍某建筑学大二学生的住宅设计过程，详细介绍如何运用 Autodesk Revit 软件进行方案设计，从概念设计到方案的可实施性、从空间分析到独特的形体设计以及渲染等有关知识，并分析设计过程应用 Autodesk Revit 时出现的各种疑难杂症，能使初学的学生更容易理解和学习。第二部分介绍高校研究生的实际案例，在已有方案的基础上，运用 Autodesk Revit 进一步细化到扩初深度，详细讲解建筑构造及材料的应用，并分析和讲解运用 Autodesk Revit 软件扩初设计的优势、如何查证方案设计时出现的问题、在此阶段如何解决问题以及如何出图等。第 3 章介绍 Autodesk Revit 软件的插件 dynamo 和 Formit 以及 Greenbuilding 的运用。第 4 章总结 Autodesk Revit 在 BIM 技术中应用。

本书适用于建筑行业的建筑师、高校学生及建筑工程相关领域 BIM 学习者。编者希望读者通过案例的应用练习，能快速地掌握 Autodesk Revit 绘图设计的整个流程和重点技术，同时也能为 BIM 在中国市场的广泛应用尽一点微薄之力。

编者

2019 年 3 月

目 录

第 1 章　BIM 概述

1.1　BIM 在我国的发展现状和应用

BIM 是 Building Information Modeling 的缩写。2002 年，时任美国 Autodesk 公司副总裁菲利普·伯恩斯坦首次在世界上提出这个名词术语[①]。Building Information Modeling 直译为建筑信息模型，然而 BIM 并不是一个模型这么简单，它是建筑生命周内建筑信息的载体，提供完整、高效、科学的管理，同时体现了信息的机动性、灵活性、可传递性，并应用于建筑全生命周期。BIM 在建筑全生命周期中保持信息不断更新并可提供访问，使建筑师、工程师、施工人员及业主全面了解项目，这些信息在建筑设计、施工和管理的过程中能促进加快决策进度、提高决策质量，从而使项目质量提高、收益增加。

在我国 BIM 的应用和推广已有十余年，从对 BIM 的初步了解到走向应用，从初期的翻模扩展到设计、施工的应用，如今有少数项目正尝试着把 BIM 技术应用到运营阶段。同时政府对 BIM 技术的应用推广非常重视。2011 年 5 月，住房城乡建设部颁布了《2011~2015 年建筑业信息化发展纲要》，在总体目标中提出了"加快建筑信息模型（BIM）、基于网络的协同工作等新技术在工程中的应用，推动信息化标准建设"的目标。2015 年 6 月，住房城乡建设部印发《关于推进建筑信息模型应用的指导意见》，提出发展目标："到 2020 年末，建筑行业甲级勘察、设计单位以及特级、一级房屋建筑工程施工企业应掌握并实现 BIM 与企业管理系统和其他信息技术的一体化集成应用。"2016 年 12 月 2 日住房城乡建设部关于发布国家标准《建筑信息模型应用统一标准》的公告：现批准《建筑信息模型应用统一标准》为国家标准，编号为 GB/T51212-2016，自 2017 年 7 月 1 日起实施。可以看出 BIM 的发展前景十分广阔。

近几年来，国内很多大型工程都应用了 BIM 技术，如水立方（国家游泳中心）、鸟巢（国家体育场）、杭州奥体中心、上海中心大厦、北京的银河 SOHO 等大型项目，这些项目的成功建成使得 BIM 应用得到更好地推广。然而，BIM 技术在成为中国建筑业大势所趋的今天，应用 BIM 技术的普及度仍非常有限，国内绝大部分建筑设计单位仍然是 2D 的工程制图，建设行业对 BIM 的应用十分不足，在建筑设计单位的发展也十分缓慢。经调查发现，有部分设计单位已经成立了 BIM 中心，但是配备人员不齐，研

---

① 李建成，王广斌 . BIM 应用·导论 . 上海：同济大学出版社，2015.

发进展缓慢，与实际工程脱节。究其原因：国内 BIM 专业人才紧缺；BIM 相关标准和规范缺乏；BIM 本土化构件缺失；BIM 操作模式与 2D 不同，设计单位的设计模式过渡缓慢。

随着建筑行业界对 BIM 的认知度不断提升，许多房地产商和业主已将 BIM 作为发展自身核心竞争力的有力手段。一些大型项目开始要求在全生命周期中使用 BIM 技术，在招标合同中写入有关 BIM 技术的条款，BIM 技术逐渐成为建筑企业参与项目投标的必备手段。国内许多软件技术公司也积极开发适应国内建筑行业的 BIM 软件和构件。

1.2 高校 BIM 应用的发展状况及推广必要性

BIM 技术在国内的广泛推行及应用离不开从业人员的 BIM 技能，而高校是培养与输送建筑行业后备人才的基地。培养学生 BIM 技能，在传输知识的同时还要不断提高理论联系实际的能力，培养团队协同能力与合作精神，从而真正符合并适应社会的需求。在 BIM 进入中国以来，很多高校和 BIM 软件机构积极合作，努力开创 BIM 技能培养和实践。

从 2004 年开始，美国 Autodesk 公司推出“长城计划”的合作项目，与清华大学、同济大学、华南理工大学、哈尔滨工业大学四所在国内建筑业内有重要地位的著名大学合作组建“BLM-BIM 联合实验室”。Autodesk 公司免费向这四所学校提供 Revit，Civil3D，Buzzsaw……基于 BIM 的软件，四校为学生开设学习这些软件的课程[①]。2006 年，天津大学建筑学院、大连理工大学建筑艺术学院等多所学校纷纷引入 Revit 软件教学，鼓励学生在课程设计中使用。然而 BIM 软件在大学院校的普及度还不够，目前还有很多大学院校并未开设 BIM 软件课程。

2006 年，全国高校建筑学学科专业指导委员会举办了首届“全国建筑院系建筑数字教学研讨会”，至今已经举办了十一届，同时，还举办大学生设计竞赛，并积极探讨 BIM 相关课题及实践经验。

一些机构在软件商的赞助下通过组织 BIM 设计大赛的形式推广 BIM，中国建设教育协会在 2010 年成功举办首届“全国高等院校学生斯维尔杯 BIM 系列软件建筑信息模型大赛”，为促进 BIM 技术在高校的广泛应用提供了良好的媒介平台。

1.3 Revit 简介基本概念

1.3.1 Revit 基本概念

Revit 系列软件是由全球领先的数字化设计软件供应商 Autodesk 公

① 李建成，王广斌 . BIM 应用 · 导论 . 上海：同济大学出版社，2015.

司针对建筑的三维参数化设计软件平台，包括建筑、结构及设备。专业相关的功能模块，为建筑工程行业提供 BIM 解决方案。Revit 是一个综合型设计软件，不是简单的绘图工具。它能通过参数驱动模型及时呈现建筑师和工程师的设计；通过协同工作减少各专业之间的协调错误；通过模型分析支持能量分析和碰撞检查；通过自动更新所有变更减少整个项目设计失误，因此，其功能涵盖了从方案到施工图设计的全过程。

Revit 体现了 BIM 的思想，也是 BIM 的具体实现方法之一，其中参数化建筑图元和参数化修改引擎又是 Revit 的核心。Revit 提供了许多在设计中可以立刻启用的图元，这些图元以建筑构件的形式出现，包括墙、楼板、门窗、柱等，同一图元的不同类型通过参数的调整反映出来，例如不同厚度的砖墙、不同宽度的门窗等。Revit 也可以让用户直接设计自己的建筑图元，通过自定义“族（family）”，可以灵活地适应建筑师的创新要求。

1）图元

图元是 Revit 的基本对象，在 Revit 中包含 3 种图元：模型图元、基准图元、视觉专用图元。

模型图元代表建筑的实际三维几何图形，如墙、柱、楼板、门窗等。Revit 按照类别、族、类型对图元进行划分（图 1-1）。

基准图元是协助定义项目范围，如轴网、标高和参照平面。

视觉专用图元包括楼层平面视图、天花板平面视图、立面视图、剖面视图、三维视图及明细表等。

2）类别

类别是用于对设计建模或归档的一组图元。例如，模型图元的类别包括柱、楼板、门窗等。

3）族

族是一个包含参数信息和相关图形的组成图元构件。在 Revit 中有 3 种族：内建族、系统族、标准构件族。

内建族：在当前项目中新建的族，只能存储在当前的项目文件里。

系统族：已经在项目中预定义并只能在项目中进行创建和修改的族，如墙、楼板、天花板等。标高、轴网、图纸和视口类型的项目和系统设置也是系统族。

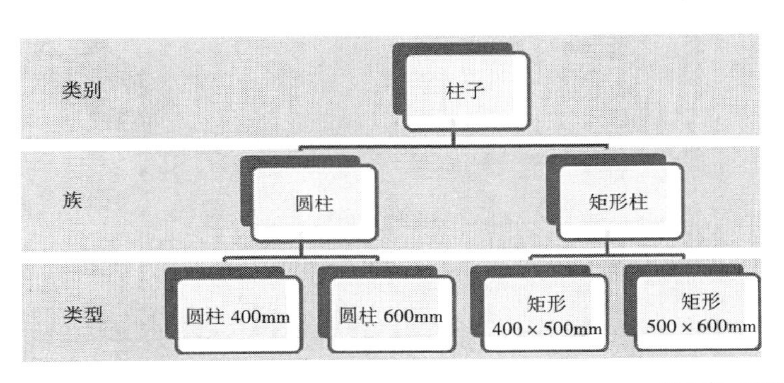

图 1-1　图元分类表

标准构件族：用于创建建筑构件和一些注释图元的族。

4）类型

族可以有多个类型。类型用于表示同一族的不同参数值。

5）实例

放置在项目中的实际图元，在建筑（模型实例）或图纸（注释实例）中都有特定的位置。

1.3.2 Revit 工作界面

Autodesk Revit 2018 界面与 2017 界面相似，界面同样由应用程序菜单、快速访问工具栏、功能区、上下文功能区选项卡、信息中心、选项栏、属性对话框、项目浏览器、命令提示栏、视图控制栏、工作集状态、选择控制栏、绘图区域、导航栏、三维导航工具组成，见图 1-2。Revit 2018 在软件协同、平台功能、建筑建模工具上有大量更新及功能增强。如在功能区管理按钮下拉的可视化编程面板内增加了 Dynamo 播放器的，在附加模块下增强了 Formit Converter 模块，见图 1-3。在建筑功能区内，增加了多层楼梯创建命令，由楼梯段根据立面或剖面视图内标高创建多层楼梯。同时，栏杆扶手的功能比 Revit 2017 版有所增强，栏杆扶手可识别更多不同形状复杂的主体，可简单、便捷地生成栏杆。文字及注释功能增强，方便文字说明，将符号或特殊字符添加到文字注释中，使用特殊字符在文字对话框内输入不同符号。Revit 2018 平台功能更强大，在插入下文功能选项卡内增加了协调模型选项卡。在结构和设备专业的建模工具上功能也做了大量的更新和增强。

图 1-2

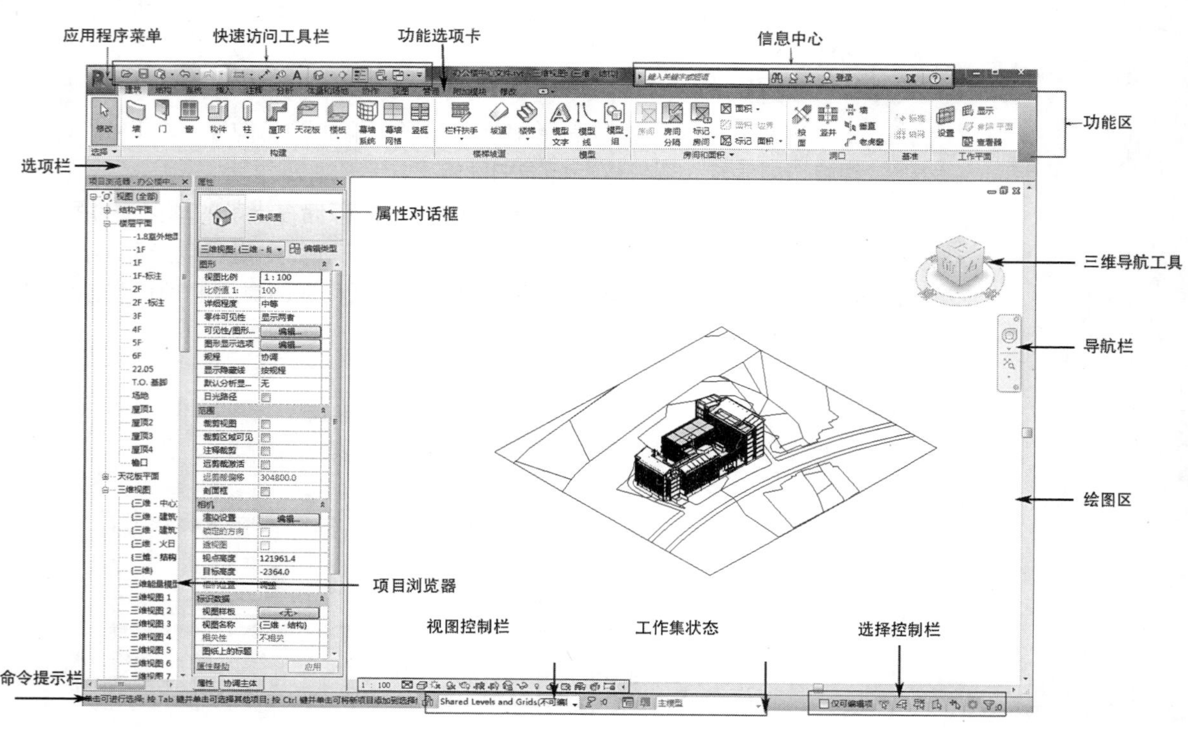

图 1-3

1.3.3 建模流程思路简介

Revit 建模的主要流程：首先新建项目样板，在新创建的项目样板中设置项目位置，创建地形，绘制标高和轴网，创建平面视图和立面视图。并在绘图区进行概念方案的设计创建，在概念方案确定后，创建详细建筑模型和结构模型。放置柱、放置结构梁、放置楼板、绘制墙体、创建屋面、创建门窗、标注，创建剖面视图，创建渲染透视图，明细表统计，最终创建图纸。建筑专业和结构专业模型可以用同一个 Revit 文件，也可以分开成两个专业文件，或是更多细分的模型文件。完成建筑和结构模型后，设备专业人员在建筑结构模型基础上再完成各自的专业模型。深化设计阶段，可以创建详图，生成构件轴测图等（图 1-4）。

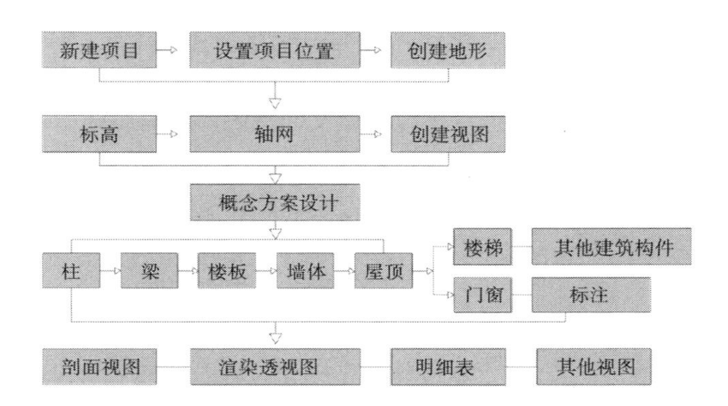

图 1-4 Revit 流程图

第 2 章　案例设计应用

2.1 【案例 1】：大二学生课程设计作业——独立住宅设计

2.1.1 任务书——要求与需要

拟在大连地区建独立式小住宅一幢，场地详见用地图纸。使用者身份和职业特点由学生按照任务书要求自定。建筑层数 1~3 层，结构形式和材料选择不限。建设地段内有水电设施，冬季采暖可采用壁炉或空调等。

以上内容供同学们参考，可根据使用者的不同特点自行调整，各部分房间面积亦可自定，总建筑面积控制在 350m^2 ，无顶平台不计面积，有柱外廊以柱外皮计 100% 建筑面积，有顶阳台计 50% 建筑面积。

2.1.2 解题分析与进度安排

1）设计安排

本设计共 7.5 周，分以下五个阶段进行：

（1）识题与解题：0.5 周

分析住宅案例。进行设计前期调研，查询基地相关资料，收集气候数据、周边环境等资料等，查阅设计规范；选定业主和收集整理基础资料。

任务书　　表 2–1

空间名称	功能要求	面积
起居空间	包含会客、家庭起居和小型聚会等功能，也可分设	自定
★工作空间	视使用者职业特点而定，可做琴房、画室、舞蹈室、娱乐室、健身房、茶室、工作室、书房等，可单独设置亦可与起居室结合	自定
主卧室（1 间）	可考虑做壁柜或衣物间等储藏空间，也可设小化妆间	自定
★次卧室（1 间）	可考虑做壁柜等储藏空间	不小于 12m^2
客卧室（1 间）	可考虑做壁柜等储藏空间	自定
餐饮空间	应与厨房有较直接的联系，可与起居空间组合布置，空间相互流通	自定
厨房	可设单独出入口，可设早餐台	不小于 8m^2
卫生间	可考虑主卧、次卧分设卫生间，亦可共用，其中一个卫生间至少设三件卫生设备（浴缸、坐便器、盥洗池），其他自定	自定
车库	放小汽车一辆	最小 3.6 × 6m
储藏间		自定
★工人房		自定
★洗衣房	考虑设于储藏室内	自定
交通空间	门厅、走廊、门廊、楼梯、电梯、坡道等	自定

备注：带★者为可设可不设，其余房间均应满足。

（2）分析体验：1.5 周

进行设计前期调研，基地相关资料的查询，气候数据，每人选择 2~3 个小住宅实例进行介绍分析和评论，分析该作品的特点；其中不少于 1 个案例应用节能技术。

（3）空间建构：2 周

总体构思，初步环境和场地设计；在总体构思基础上进行空间的组织和造型设计。

（4）设计深化：2 周

进一步丰富完善方案的构思，深入方案设计。

（5）设计表达：1.5 周

完善设计方案，注意建筑细部设计，绘制正式图纸，表现自己的设计意图。

2）建模进程

模型的建立过程与设计的进度安排基本一致。首先从场地的建造入手，接着在完成的场地上进行体量模型的推敲。这一点与同学们经常使用的 Sketch Up 有着异曲同工之处。

确立了基本形体之后，我们开始绘制轴网和标高来控制建筑的尺度。

接下来需要建立的是建筑的结构体系——梁、板、柱。此时方案还在不断修改，我们可以通过轴网与标高方便地对结构体系进行调整。

在建立好的结构体系基础上，进行墙、地基、屋顶的建立，并加入楼梯、台阶等组件处理高差。

随着方案的不断推进，在立面上加入门、窗或幕墙设计，室内增设隔墙，推敲它们之间的关系。并对周围场地进行加工，完成庭院、水池的建模。

最后，进行细部设计和家具的放置，可以根据自己的需要编辑族，以获得合适的组件。

2.1.3 设计过程

1）区位与环境分析

（1）自然条件的分析

大连位于暖温带，属暖温带亚湿润季风气候，冬无严寒，夏无酷暑，四季分明。因此建筑应以满足冬季保温设计要求为主，适当兼顾夏季防热。

冬季保温设计：

①建筑物宜设在避风、向阳地段、尽量争取主要房间有较多日照。

②外墙保温设计，即在建筑物垂直的砖石或混凝土建造的外墙的外表皮上建造保温层，绝热材料附和在建筑物外墙的外侧，这样建筑物的整个外表皮都被保温层覆盖，有效抑制了外墙室内外的热交换。

③外窗节能设计，需控制住宅窗墙比，窗户的面积既要满足采光率，还应兼顾节能保温。

④屋面、楼平面的保温设计。

夏季保温设计：

A 建筑物的夏季防热应采取环境绿化、自然通风、建筑遮阳和围护机构隔热等综合性措施。

B 南向房间可利用上层阳台、凹廊、外廊等达到遮阳目的。东、西向房间可适当采用固定或者活动式遮阳设施。

（2）场地分析

如图 2-1 所示，场地位于安波俭汤温泉附近，周围有地热，可以考虑利用地热能建立温泉。地块大致为方形，面积约 800 平方米。地形坡度较小，红线内最大高差不超过一米。在地块的西部有一条小河和沿河小道，设立主入口时由道引入。

（3）场地建造

➢ 打开 Revit 2018 界面，选择项目 / 新建，弹出新建项目对话框，选择建筑样板，见图 2-2，单击确认进入绘图界面。

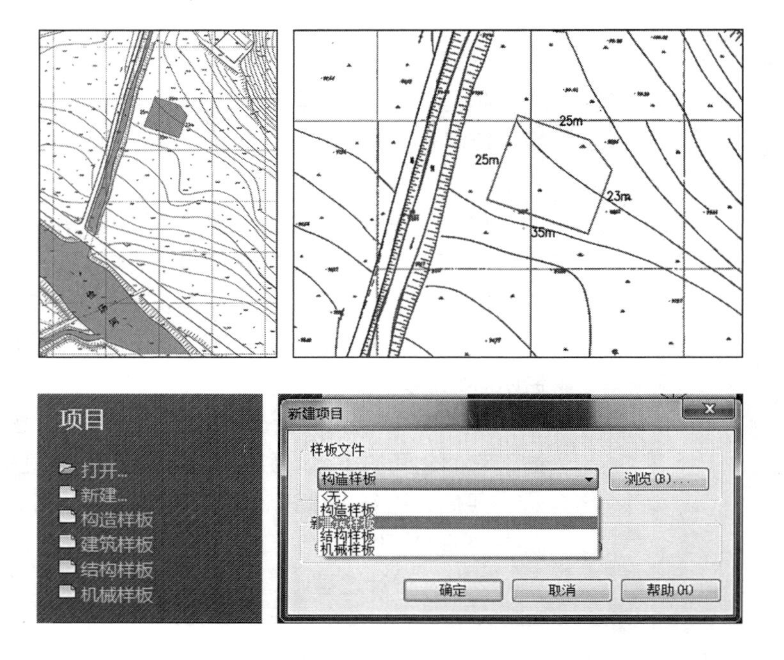

图 2-1

图 2-2

➢ 单击项目浏览器中视图 / 楼层平面 / 场地，进入场地视图绘制界面，单击功能区插入 / 导入 / 插入 CAD，弹出导入 CAD 格式对话框，选择文件夹案例 1/CAD/2-1/ 原始地形 .dwg。勾选仅当前视图，导入单位设置为米，定位栏设置为自动 - 中心到中心，其他为默认。再单击打开，完成 CAD 总图的导入，见图 2-3。

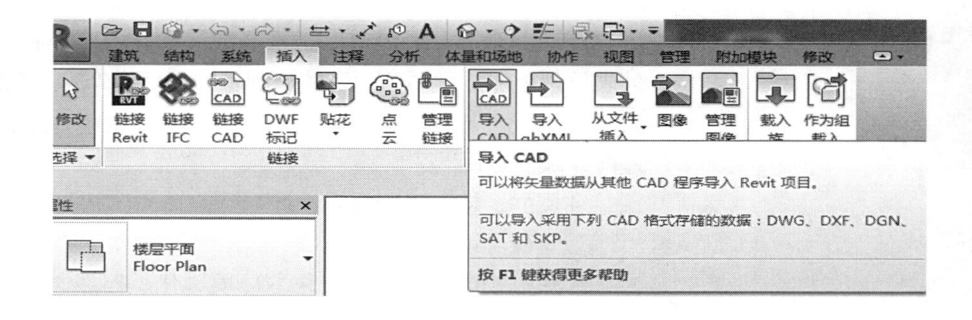

图 2-3

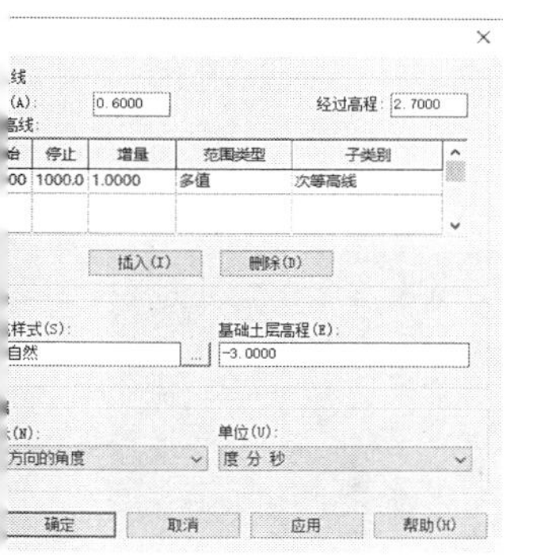

图 2-4

接下来根据 cad 地形创建地形表面。

➢ 单击体量和场地 / 场地建模面板右边向下小箭头，弹出“场地设置”对话框，根据原始地形设置等高线间隔为 0.6 经过高程 2.7，附加等高线不用设置、剖面填充样式选择土壤—自然、基础土层高程可根据项目地下室层高来设定参数，此处设置为 -3，单击确认见图 2-4。

> ❖ 知识扩展：如果发现导入的 cad 显示的线型太粗，可以点击快速访问工具栏内的细线工具。
> ❖ 在 Revit 中插入 cad 地形，还可以用链接 cad 的方法。

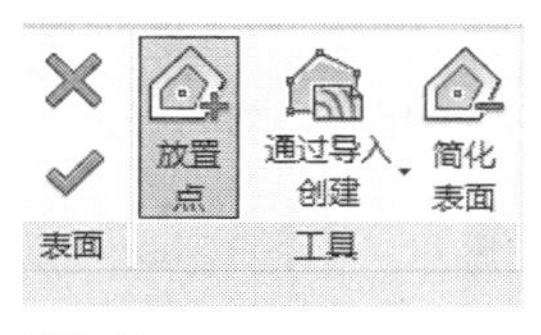

图 2-5

➢ 单击功能区体量和场地 / 地形表面 / 放置点命令，见图 2-5。同时在选项栏中高程处输入地形等高线某点的绝对高程值，并在绘图区相应等高线位置放置点，再重复放置点的操作步骤，按照 cad 地形不同等高线值分别输入放置，单击√ 完成地形绘制。

➢ 选择已建地形表面，在激活的地形表面属性对话框内点击材质和装饰里材质对应栏最右边的按钮，弹出材质浏览器，在上方搜索栏中输入文字“草地”，单击搜索，这时发现没有搜寻到。单击材质浏览器对话框右下角创建并复制材质按钮，选择新建材质，在项目材质内新增默认为新材质，用鼠标选中后单击鼠标右键，在弹出选项中选择重命名，改名为草地，同时，更改对话框右侧图形下着色的颜色为 RGB 38 199 20 ，表面填充图案的颜色为 RGB 67 217 23。单击确定，见图 2-6、图 2-7。

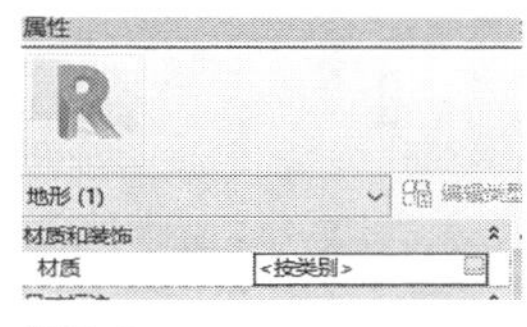

图 2-6

➢ 单击体量和场地 / 子面域命令。 选择修改 | 创建子面域边界 / 绘制面板内的工具命令，按照 CAD 地形绘制现有的道路场地。可采用拾取线以节省时间，绘制结束后单击 √完成模式，见图 2-8。

图 2-7

❖ 要点提示：绘制线需完全闭合，并且不能有重复的线。如线没有闭合和相交，可使用修剪命令完成线的闭合。

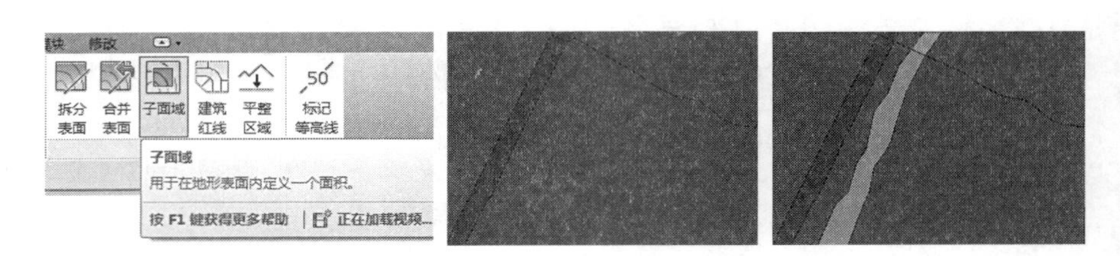

图 2-8（左）
图 2-9（中）
图 2-10（右）

➢ 选中绘制完成的子面域，在属性对话框中点击材质和装饰里材质对应栏最右边的按钮，弹出材质浏览器，选择创建并复制材质，重新命名为道路，然后打开资源浏览器，在文档资源的外观库文件里选择合适的材质，然后按确定，见图 2-9。

➢ 重复道路命令可创建河流子面域，单击体量和场地 / 修改场地面板里的拆分表面命令。然后点击地形，激活修改 | 拆分表面选项卡，用绘制的方法拆分地形，留出河流。双击河流地形，选择编辑表面，在绘图区域出现放置点，选中全放置点，把其高程降低 1000mm，同上添加水面材质，单击√完成河流绘制，见图 2-10。并将文件另存为 2-1 场地建造 .rvt 文件。

2）概念与体量

（1）尺度与环境

➢ 在 Revit 中可以用测量工具得到尺寸，默认单位为毫米。测量工具在修改 / 测量中，也可在上方工具栏找到，见图 2-11。

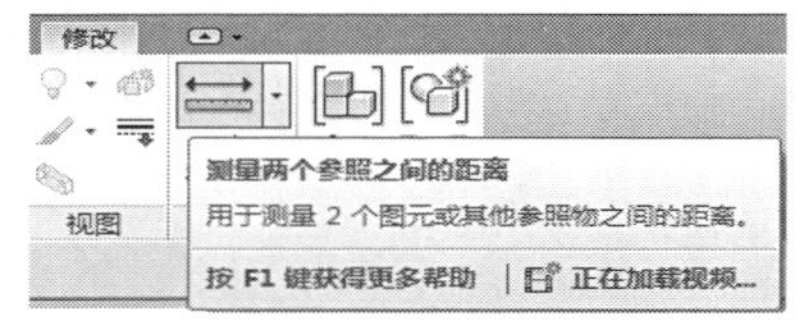

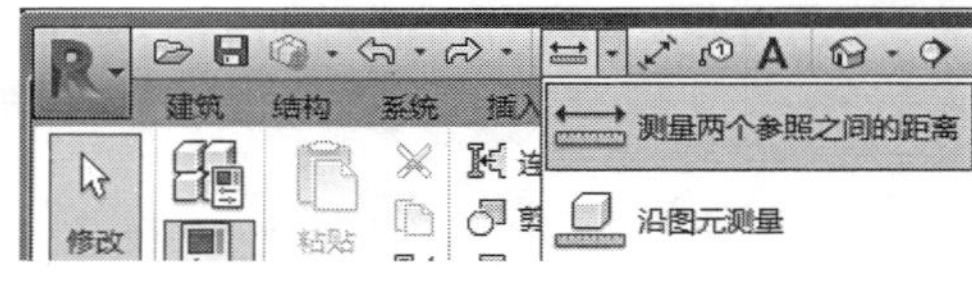

图 2-11

（2）概念体量创建

建筑概念设计形体的推敲，在 Revit 中运用内建体量模型来创建实现设计形状。在 Revit 中有两种方法，一是运用体量和场地中内建体量命令，先绘制线条，再执行“创建形状”命令来完成。二是运用建筑下构件内的内建模型，以常规模型样板为代表，根据制定的 5 种形状类型规则，来完成形状创建。

➢ 打开 2-1 场地建造 .rvt 文件，在场地平面图视图绘图界面，先运用第一种方法。单击功能区体量和场地 / 内建体量，见图 2-12，弹出名称对话框，输入体量模型 1，单击确定。激活创建选项卡和绘制界面。设置工作平面，单击工作平面 / 设置，弹出工作平面界面，见图 2-13，在指定新的工作平面下点选名称，并选择 F1，单击确定。

➢ 运用创建下模型线绘制工具，在绘制版面有 15 种方法绘制形状，见图 2-14，在模型线绘制出方案设计平面草图形体后，再执行“创建形状”命令，形成所需模型。

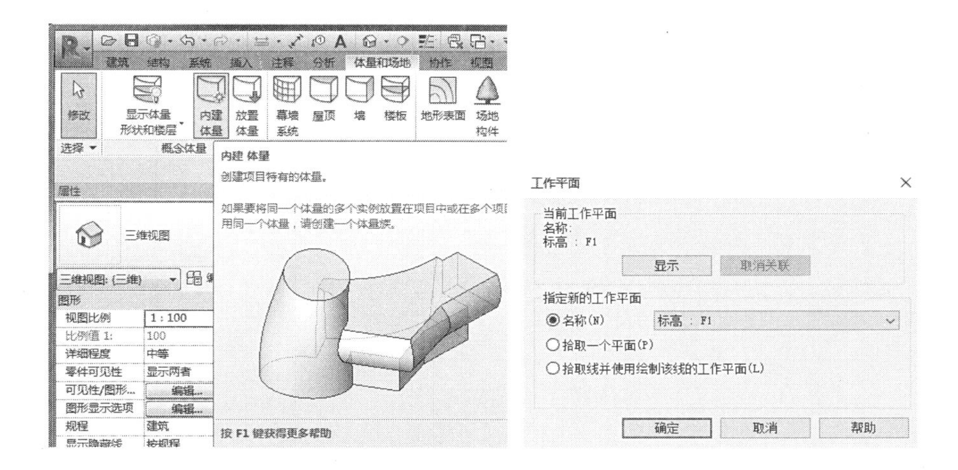

图 2-12（左）
图 2-13（右）

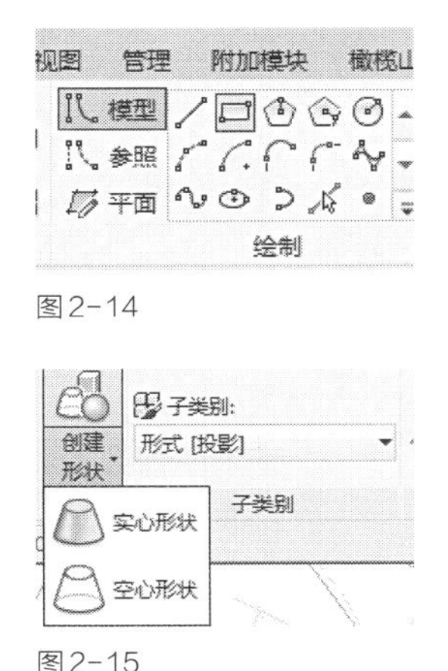

图2-14

图2-15

➢ 以本案为例，项目为独立住宅，根据分析形体易简洁、方正。可以选择线或是矩形绘制工具，单击模型 / 绘制 / 矩形，在建筑红线内绘制矩形，并单击形状 / 创建形状 / 实心形状，单击完成体量，即可创建出建筑的概念体量，见图 2-15。点击体块的点、线、面，会出现红蓝绿三色箭头，可向三轴方向任意移动，从而改变体块形状。通过多个体块的组合、穿插，生成建筑的大体形状。在项目浏览器中单击立面 / 东，设置体块的大致高度。此方法为第一种体量创建法。

➢ 第二种方法，回到 2-1 场地建造 .rvt 的初始界面，单击功能区建筑 / 构件 / 内建模型，弹出族类别和族参数对话框，选择常规模型参数，见图 2-16，单击确定。弹出名称对话框，需改名称为概念体量模型，单击确定，激活创建选项卡，见图 2-17。在形状面板中显示拉伸、融合、旋转、放样、放样融合等命令。

➢ 创建编辑拉伸，单击创建 / 拉伸，激活绘制工具界面，点选矩形命令，在绘图区域图纸的红线内绘制矩形图形，并在选项栏中输入 3000。点击√完成编辑模式。将视图切换到三维视图观察效果见图 2-18。此时点选已绘制体块，会出现前后上下左右箭头，可向三轴方向任意移动，从而来修改体块形状。最后点击√完成模型。

➢ 创建编辑旋转，单击创建 / 旋转，激活绘制工具界面，先点选绘制边界线工具，示范选择圆命令，在绘图参考界面绘制圆形；随后，点选绘制轴线工具，在圆形右侧绘制轴，完成线的绘制后，点击√完成编辑模式形成闭合圆环。将视图切换到三维视图观察效果见图 2-19。选中旋转好的图形，可在属性栏中修改约束见图 2-20，可形成不同角度的环。最后点击√完成模型。

➢ 创建编辑放样，单击创建 / 放样，激活放样绘制工具界面，第一步绘制新路径，单击绘制路径，选择线命令，在绘图区域绘制线形路径，点击√完成编辑模式。系统自动在路径中第一条线的中点位置，加入一个垂直于路径的轮廓平面标记，表示将在那里放置轮廓。完成路径编辑后，自动回到放样轮廓界面。第二步绘制轮廓，轮廓可以编辑和载入，这里运用

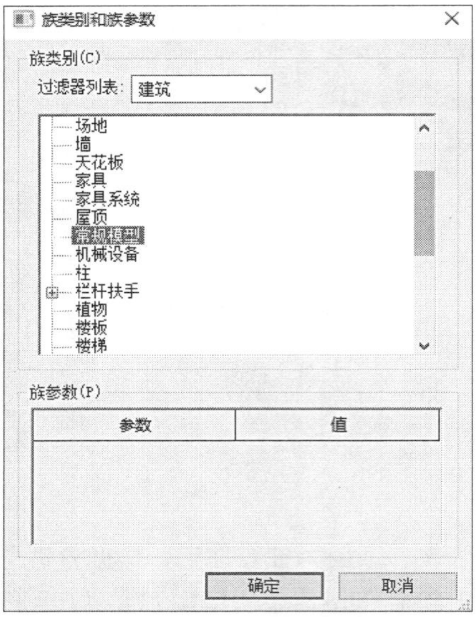

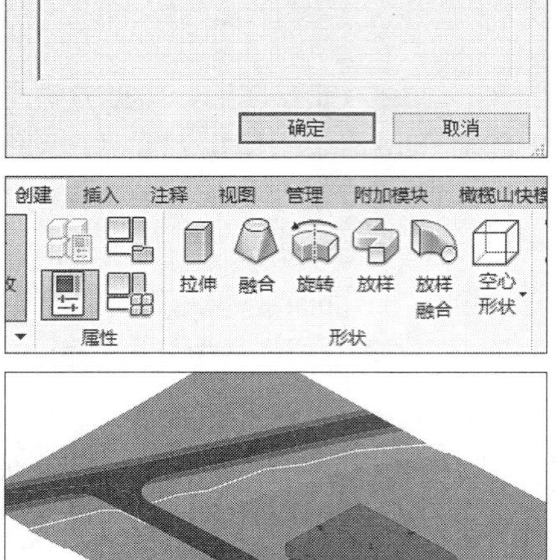

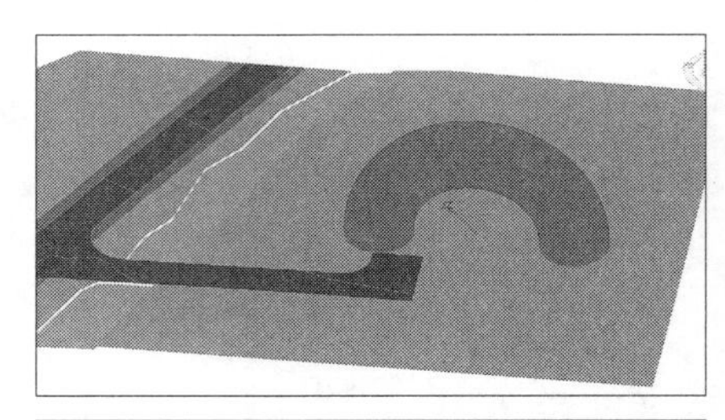

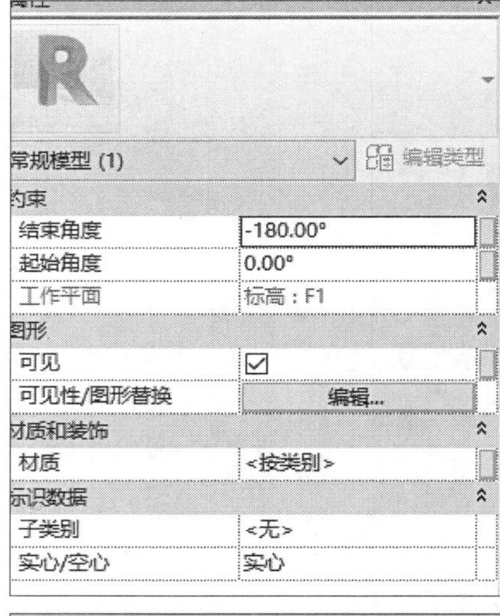

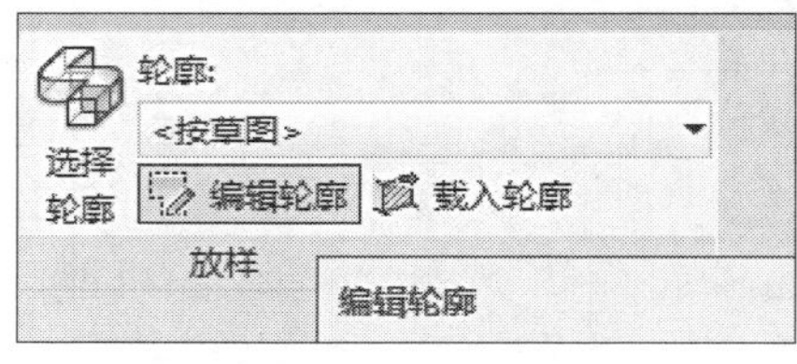

图 2-16（左上）
图 2-17（左中）
图 2-18（左下）

图 2-19（右上）
图 2-20（右中）
图 2-21（右下）

编辑轮廓的方法，单击编辑轮廓，见图 2-21。在绘图工具内旋转内接多边形，并将视图切换到三维视图，在垂直于路径的轮廓平面标记内绘制多边形图形，点击√完成编辑模式见图 2-22。最后点击√完成模型。

➢ 创建编辑融合，融合可以把两个轮廓边界按照给定的深度融合在一起生成实心或者空心形状，并沿着长度发生变化，从起始形状融合到最终形状。单击创建 / 融合，进入编辑模式。软件默认编辑底部边界，见图 2-23。选择矩形工具，在场地视图平面内绘制矩形，单击编辑顶部，选择圆形工具绘制，绘制完成后，选项栏中输入深度 6000，点击√完成编辑模式。将视图切换到三维视图观察效果见图 2-24。最后点击√完成模型。

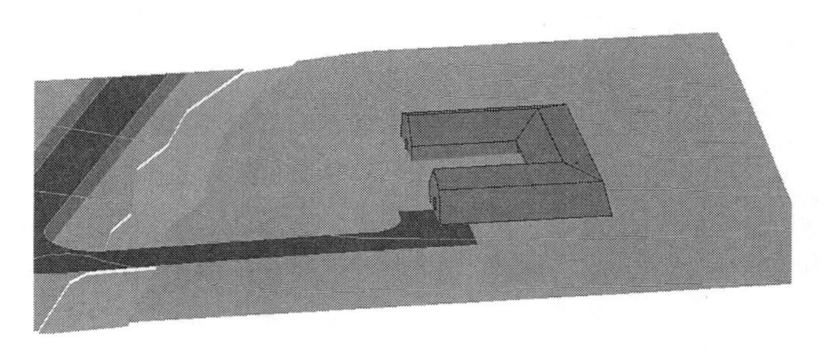

图 2-22

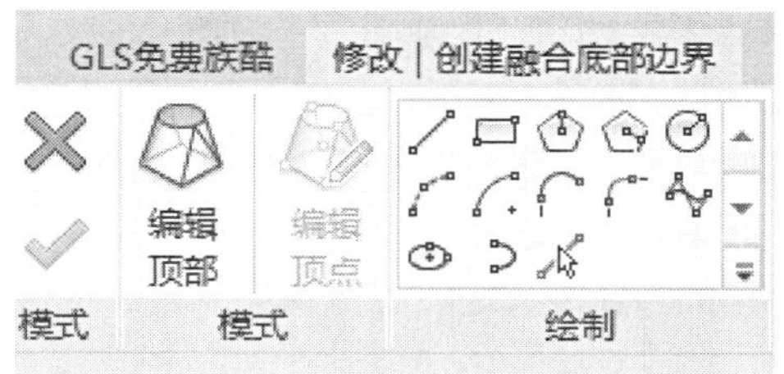

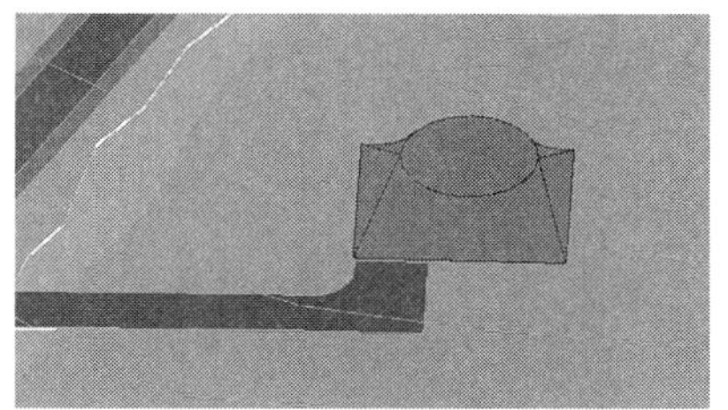

图 2-23（左）
图 2-24（右）

➢ 创建编辑放样融合，其形状由起始图形、最终图形和指定的二维路径确定。单击创建 / 融合，激活修改 | 放样融合功能选项卡，见图 2-25。单击绘制路径，绘制直线或曲线，点击√完成编辑模式。系统自动在路径直线的两端位置，各加入一个垂直于路径的轮廓平面标记。完成路径编辑后，系统自动激活轮廓 1 和轮廓 2 选项。单击选择轮廓 1/ 编辑轮廓，在起点的轮廓平面标记内绘制矩形，然后单击选择轮廓 2/ 编辑轮廓，在起点的轮廓平面标记内绘制内接多边形，点击√完成编辑模式。将视图切换到三维视图观察效果见图 2-26。最后点击√完成模型。

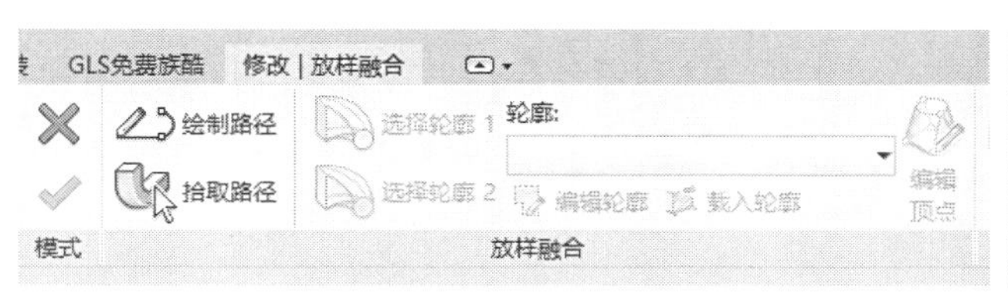

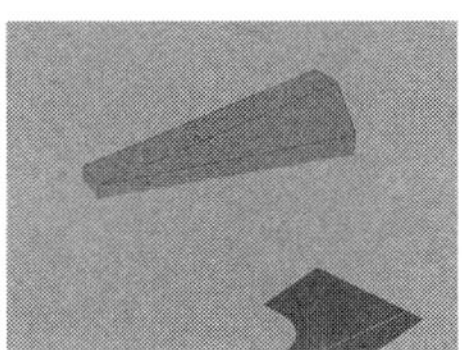

图 2-25（左）
图 2-26（右）

根据以上体量创建方法的分析，本案选用体量和场地内体量建模，矩形的创建方式更为方便。

（3）独立住宅概念体量确定过程

➢ 根据前文（1）环境分析和（2）场地条件的分析，用地大致呈长方形，宽 25m、长 35m，北高南低，西侧紧邻市政道路与河流，周边环境优美。

➢ 首先建一个长方形体块，设计两层，形成概念 1 体量，见图 2-27。再建一个一层的方形体块，形成概念 2 体量，见图 2-28。长方体相对舒展，受阳面多，但形体单调；方形体块，占地太满，进深太长，受阳面少。且两者与基地结合不密切。

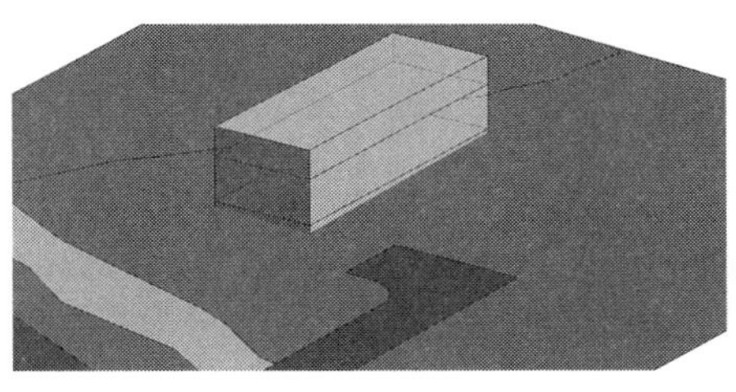
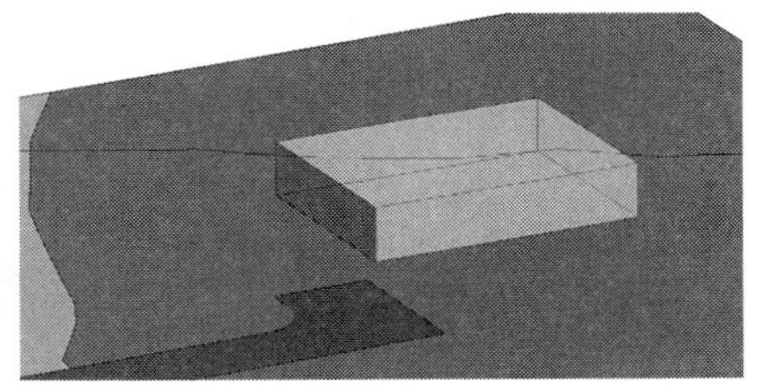

图 2-27（左）
图 2-28（左）

➢ 继续体量的构思，挖空概念 2 方型体块，呈“回”字型，再结合概念 1 长方形体块，把长方形体块放置于回字型北侧和东侧，这样二层呈“L”字型。再调整一层与二层的进退关系，形成概念 3 体量，见图 2-29。概念 3 体量，形体舒展，受阳面多，且空间丰富，同时也充分利用了地形优势。因此，接下来的方案设计在概念 3 体量的基础上深化。

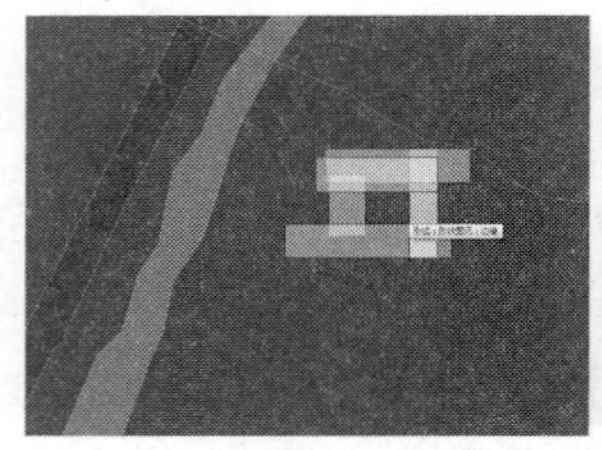

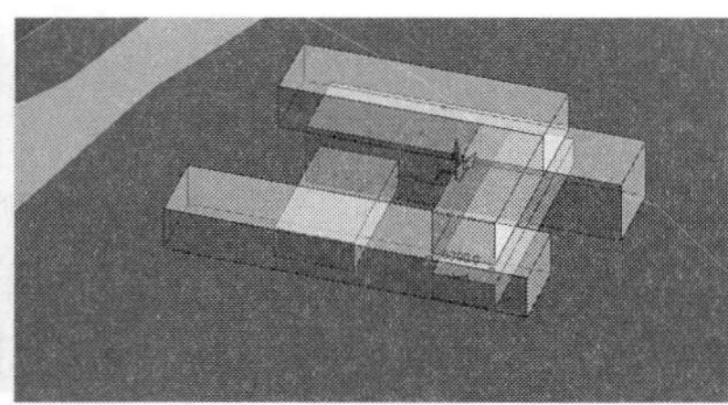

图2-29

❖ 知识扩展：体量创建楼层，运用修改 | 体量 / 模型 / 体量楼层命令。

3）方案设计

➢ 概念体量设计完后，接下来就开始运用 Revit 来实现方案设计。此时可将不需要显示的图元选中，输入快捷键 HH，即可隐藏，方便下一步建模。

❖ 知识扩展：隐藏图元、类别，除了用 HH 快捷键外，还可以输入快捷键 VV，在弹出的可见性 / 图形替换对话框内把需要隐藏的图元类别的可见性勾去掉。

➢ 点击进入项目浏览器中 1F 楼层平面视图，见图 2-30。在此基础上确定功能，南面一层体块为公共空间，设计车库、入口门厅、客厅、餐厅及厨房。东西两侧为廊道，北面两层体块，1F 为半私密空间，设计画室、家庭室、健身房，见图 2-31。2F 则为私密空间，设计主卧和客卧，见图 2-32。

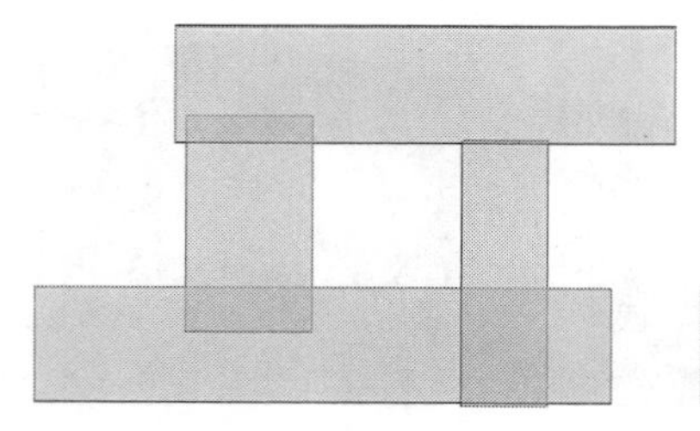

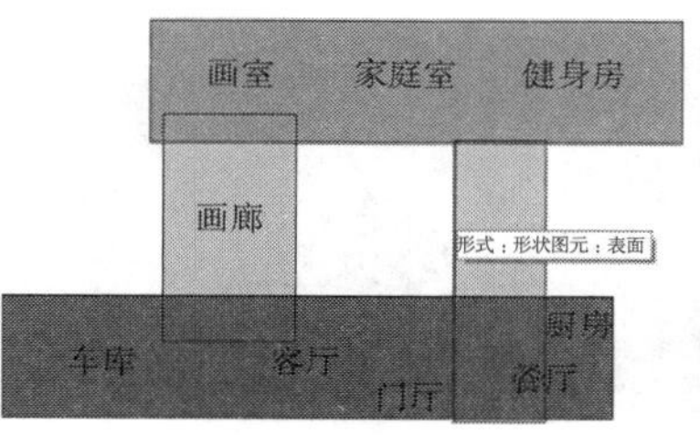

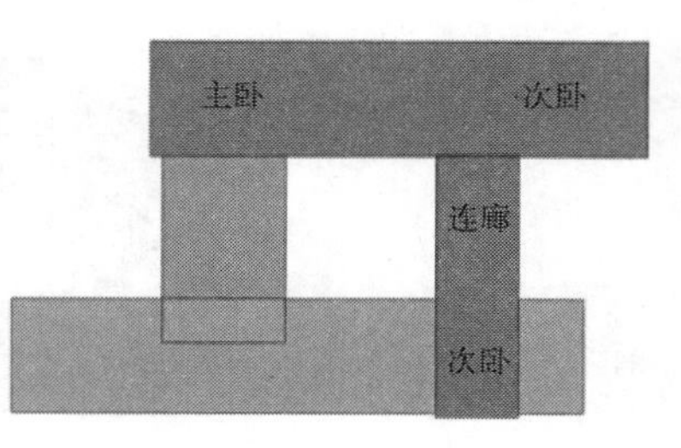

图 2-30（左）
图 2-31（中）
图 2-32（右）

➢ 接下来，根据概念 3 体量的首层平面范围及确定的功能，在 1F 平面视图内绘制轴网。

（1）创建平面轴网

➢ 单击项目浏览器面板中 1F 楼层平面视图,在 1F 楼层平面视图界面，单击功能区建筑 / 轴网工具，激活修改 | 放置轴网工具栏，选择绘制面板内的“拾取线”命令，见图 2-33。按创建好的体量边线拾取，水平轴线从下往上拾取，垂直轴线从左往右拾取，见图 2-34，拾取模型最左侧边线，生成轴线①。住宅左侧离道路出入口较近，平面左侧设计为车库，并考虑能停两辆小轿车，所以车库开间设计为 7200mm。重复之前的命令，拾取轴线①，在选项栏偏移量一栏中输入两轴线相距的数值 7200，见图 2-35。再将鼠标移至轴线①右侧边，右侧出现偏移预览虚线后，点击鼠标左键，即生成轴线②。廊道连接南北两房间，设计 3000mm，同理创建轴线③。

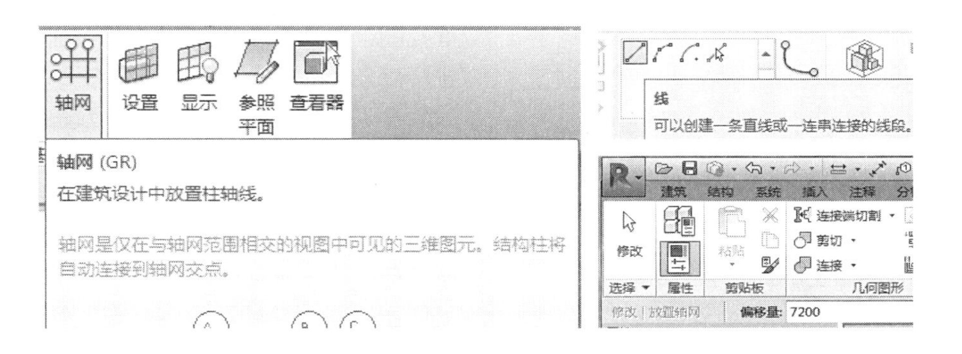

图 2-33（左）
图 2-34（右上）
图 2-35（右下）

➢ 接着南面紧连车库与廊道部分设计客厅，北面设计画室，客厅与画室开间设计为 8100mm，也就是说从轴线②往右偏移 8100mm。接着入口门厅 3300mm，楼梯间 3000mm，餐厅 5400mm，厨房 2100mm，北区休闲区开间 5700mm。完成平面开间轴线。绘制完第一条轴线后，轴号自动生成，从左至右为 1，2，3……8；

➢ 完成开间轴线后，再设计创建进深轴线。选择绘制面板内的拾取工具,拾取模型最南侧边线,生成 A 轴线。概念体量模型南北向分为 3 个部分，设计为每个部分进深 6000mm。重复开间偏移的命令,创建 B、C、D 轴线。

➢ 此时，发现轴号一端不显示，并且无连续轴线。那么，用鼠标点选已创建的任意一条轴线，点击属性 / 编辑类型，弹出类型属性对话框，见图 2-36。把参数轴线中段值设置成连续，勾选轴号端点 1 和端点 2，单击确认。最后根据定的轴网调整模型，见图 2-37。

（2）楼层标高

➢ 确定了平面轴网后，接下来确定住宅层高。小住宅设计为三层，包括地上部分两层和地下室。一层客厅与画室层高设定为 4.2m，其余层高为 3.6m；二层空间层高为 3.3m，地下室 2.7m；室内外高差 0.9m，且北侧建筑地面与地形结合，相对南侧建筑抬高 0.6m。

➢ 单击“项目浏览器”面板中“视图全部”/ 立面（建筑立面）/“北”

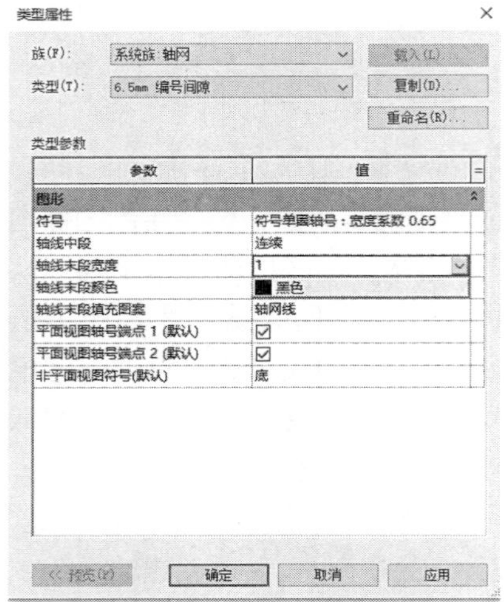

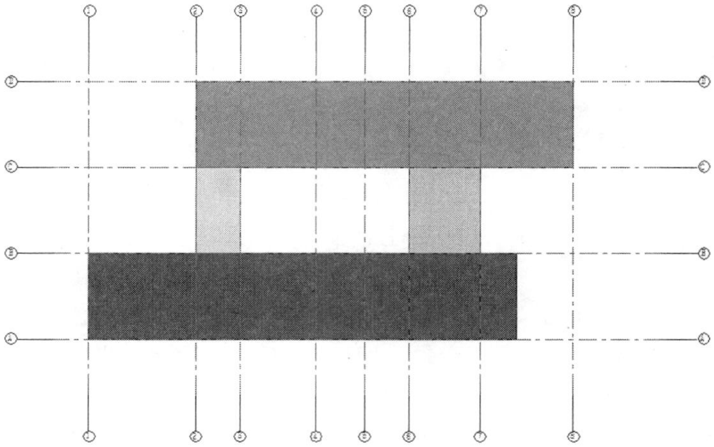

图 2-36（左）
图 2-37（右）

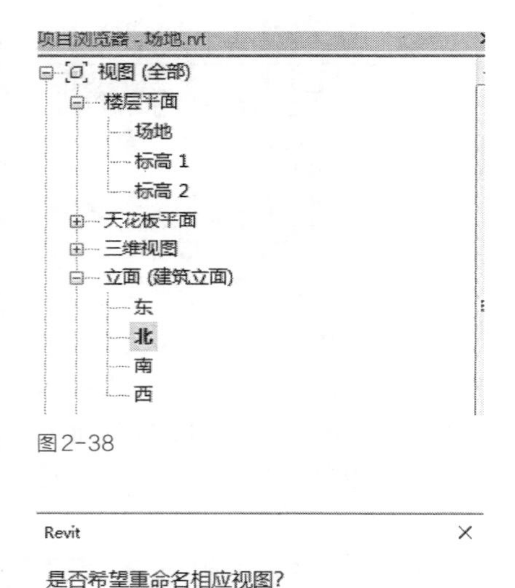

图 2-38

Revit
是否希望重命名相应视图?
是(Y) 否(N)

图 2-39

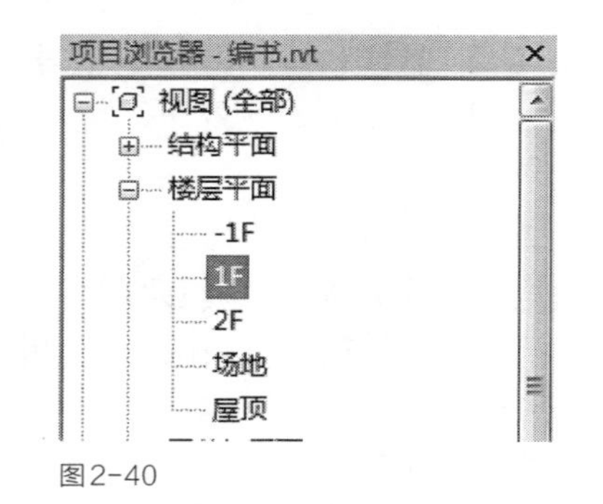

图 2-40

立面视图，见图 2-38，在绘图区域显示标高 1 和标高 2。通过双击标高 1，将标高 1 名称改变 1F；双击标高 2，将标高 2 名称改为 2F。鼠标移至标高参数，双击数值输入 4.200，鼠标点击空白处完成标高参数输入。然后新建屋顶标高和地下室标高。

➤ 单击功能区建筑选项卡，选择基准面板中标高工具。绘制 -1F 标高 -2.7m 的新标高线以及屋顶标高 6.9m 的标高线，并修改标高线右端名称分别为 -1F 和屋顶，在修改标高名称后，系统弹出"是否希望重命名相应视图"对话框见图 2-39。点击是，项目浏览器视图楼层平面内的命名与剖面视图名称显示一致见图 2-40。

➤ 绘制的新标高线高标数值与设计标高不同时，选中已绘制标高线，激活新标高线与相邻标高线的尺寸，鼠标移至尺寸参数值，点击数值，输入设计的对应标高，如地下室标高与相邻正负零标高距离 2700，此处输入数字 2700，见图 2-41。鼠标点击空白处，完成修改。最终独立住宅标高见图 2-42。

（3）柱与梁的建立

➤ 为保证建筑的使用功能和经济性，小住宅柱之间的跨度应在 6~8m 左右。一般采用 400×400 矩形柱，必要节点需加设 300×300 矩形柱。

➤ 打开楼层 F1 视图，单击功能区建筑 / 柱子 / 结构柱，此时激活修改 | 放置结构柱，系统默认垂直柱。在放置柱之前设置参数，在"属性"对话框内，单击"编辑类型"，见图 2-43、图 2-44。弹出"类型属性"对话框，见图 2-45。

➤ 单击"载入"按钮，弹出打开文件对话框，选择 china 文件夹下"结构 / 柱 / 混凝土 / 混凝土 - 正方形 - 柱，rfa"文件打开，在"类型属性"中单击"复制"，在弹出的名称对话框内输入"400×400mm"，新建一个族类型。点击确认见图 2-46。

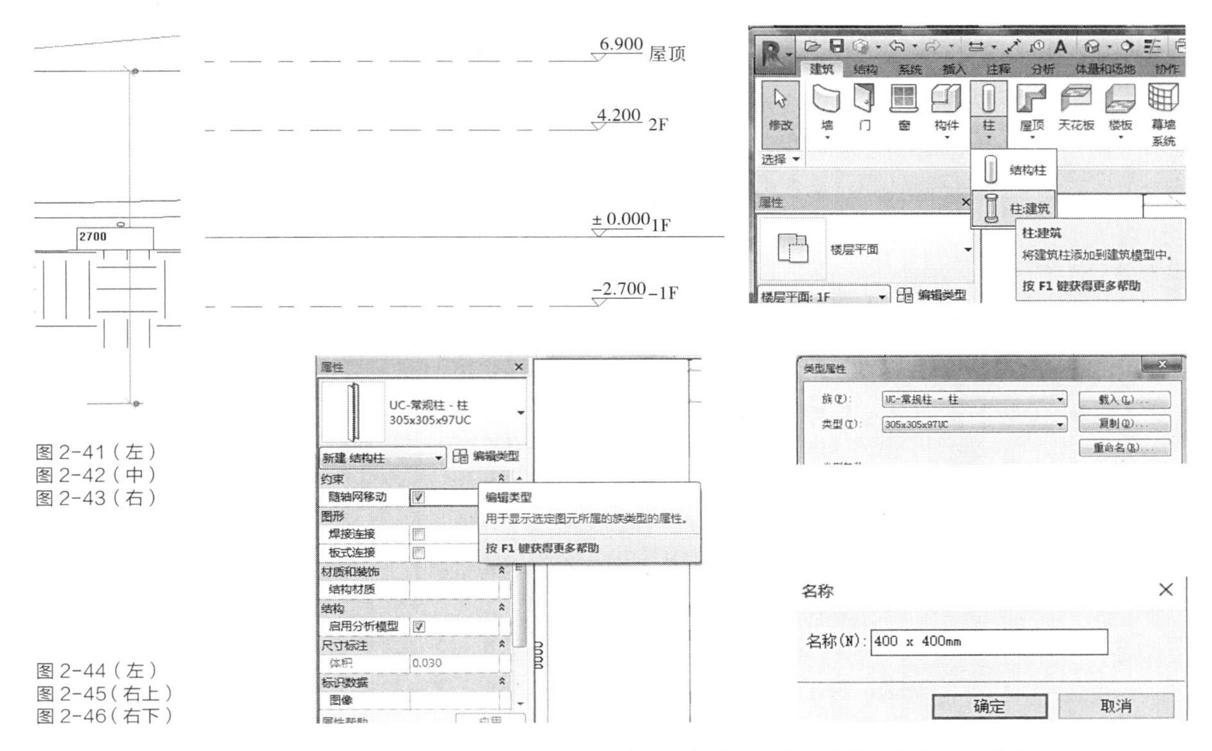

图 2-41（左）
图 2-42（中）
图 2-43（右）

图 2-44（左）
图 2-45（右上）
图 2-46（右下）

➢ 回到类型属性对话框，在“尺寸标注”栏中，h 输入 400mm，b 输入 400mm，点击确定。把选项栏中深度改为高度，顶部高度约束为 F2。同时在属性栏中可以修改顶部偏移参数。

➢ 完成参数编辑后，运用垂直柱命令根据设计功能分割及跨度要求，点击 1F 轴网相交点放置结构柱，修改柱子可以通过移动、复制、对齐等方式放置，完成首层柱子的创建，见图 2-47。

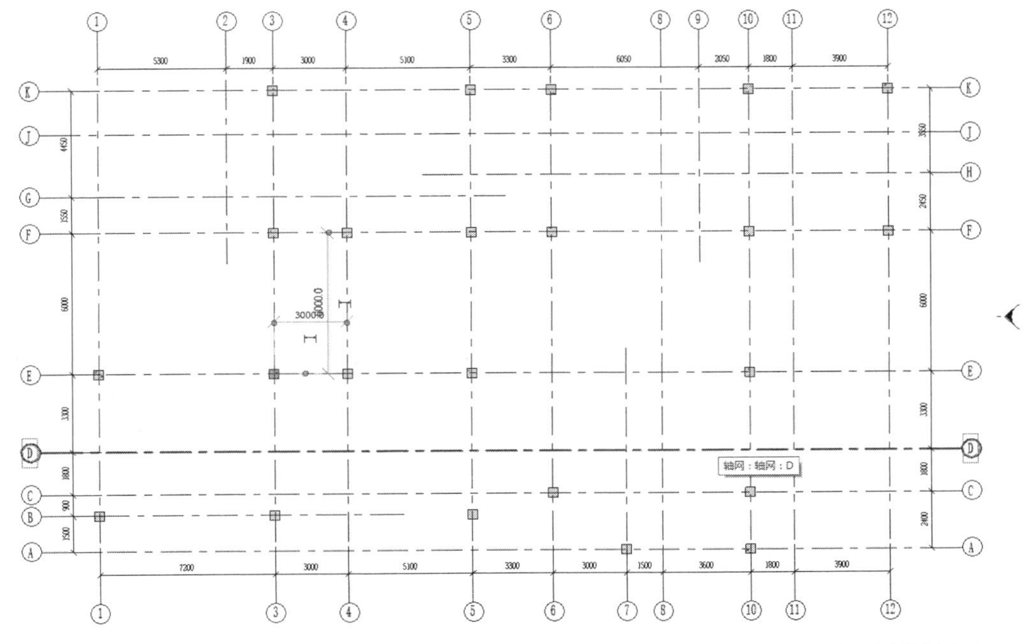

图2-47

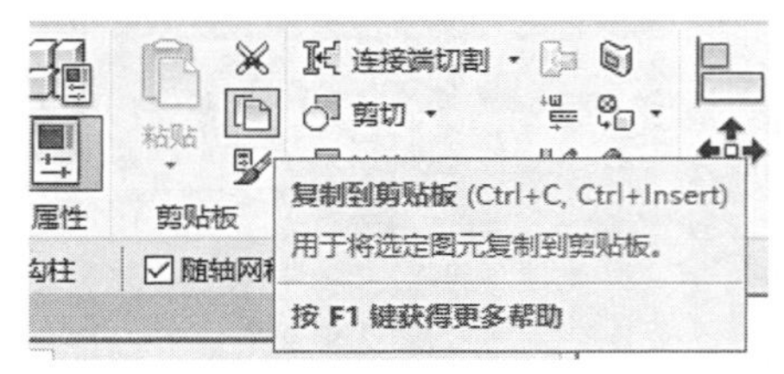

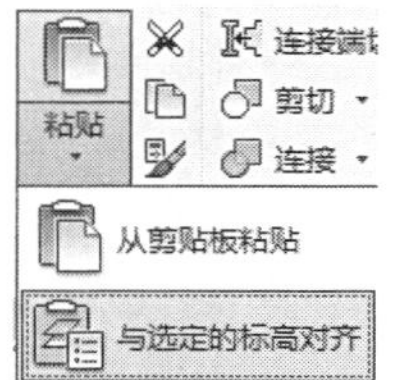

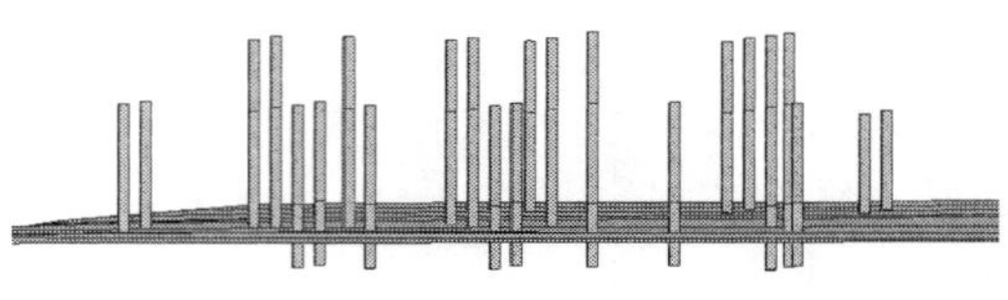

图 2-48（左）
图 2-49（中）
图 2-50（右）

➢ 同理完成 2F 和 -1F 的柱子。另外，2F 和 -1F 的柱子还可以用复制粘贴的办法将 1F 已建柱子全选中复制到 2F 和 -1F。选中 1F 已建柱子，单击剪贴板 / 复制到剪贴板，见图 2-48。这时剪贴板内显示灰色的“粘贴”工具被激活，下拉“粘贴”菜单，选择与选定的标高对齐命令，见图 2-49。弹出选择“标高对话框”，选中 -1F 和 2F，单击确认。再根据 2F 和 -1F 的方案设计删减柱子，完成独立住宅柱子的创建，将视图切换到三维视图观察效果见图 2-50。

➢ 柱网完成后创建结构梁。首先创建 1F 顶部结构梁，在视图浏览器中选择 2F 视图，在楼层平面属性中编辑视图范围的参数，设置底部为 -300，视图深度 -300，单击确定，见图 2-51，此步骤使绘制的梁可视。

➢ 单击功能区结构 / 梁，见图 2-52。激活梁属性对话框，点击编辑类型，弹出类型属性对话框，点击载入，弹出打开文件对话框，选择 china 文件夹下“结构 / 框架 / 混凝土 / 混凝土 - 矩形梁，rfa”文件打开。回到类型属性对话框，点击复制，在弹出名称对话框内输入 200×450mm，单击确认。回到类型属性对话框，在“尺寸标注”栏中，b 输入 200mm，h 输入 450mm，点击确定，见图 2-53。再设置属性参数，把 Z 轴对正设置为顶，见图 2-54。

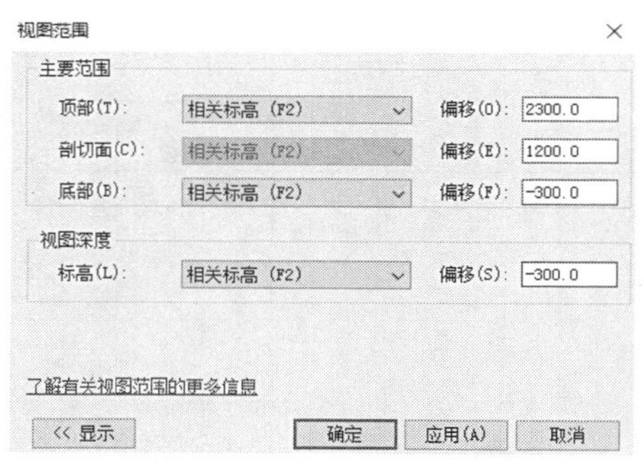

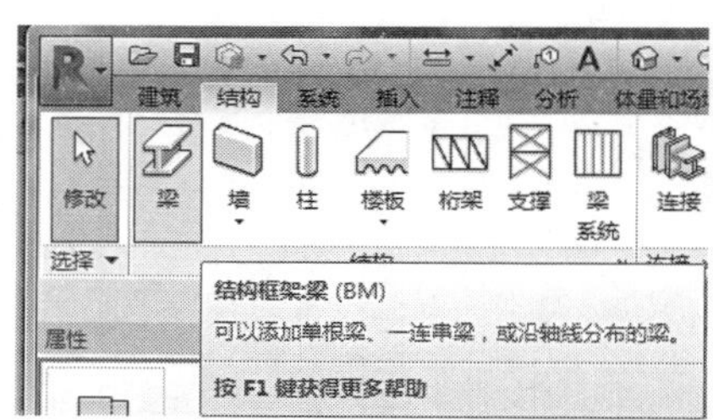

图 2-51（左）
图 2-52（右）

类型属性

族(F): 混凝土 - 矩形梁　载入(L)...
类型(T): 200 x 450mm　复制(D)...
重命名(R)...

类型参数

参数	值
结构	
横断面形状	未定义
尺寸标注	
b	200.0
h	450.0
标识数据	

几何图形位置	
YZ 轴对正	统一
Y 轴对正	原点
Y 轴偏移值	0.0
Z 轴对正	顶
Z 轴偏移值	0.0

图 2-53（左）
图 2-54（右）

➢ 设置完参数回到绘图区域，可以用直线工具、拾取工具，也可以使用在轴网上工具绘制，连接柱子。完成 1F 梁绘制完成后见图 2–55。用同样的方法绘制 2F 及 –1F。

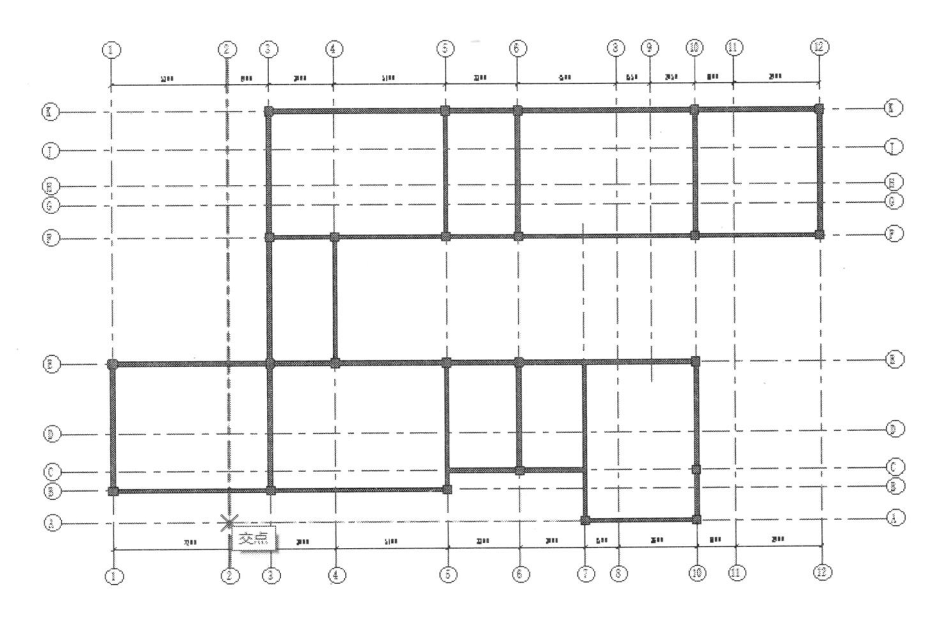

图 2–55

➢ 二层平面标高局部存在高差，南侧房间比北面房间低 600mm，选中 2F 南侧房间的梁，把其属性参数 Z 轴偏移值输入 –600mm。同理创建 2F 顶部及 1F 顶部梁。完成梁的创建后将视图切换到三维视图观察效果见图 2–56。

（4）墙和楼板的创建

➢ 完成结构柱和梁后，创建楼板和墙体，楼板的厚度通常在 100~200mm 之间，本案把楼板厚度设置为 100mm。根据地势北高南低，因此北侧建筑底层地面设计高于南侧地面 600mm。

➢ 单击功能区建筑或结构 / 建筑楼板或结构楼板，见图 2–57。在属性对话框选择楼板类型为“常规 –150– 实心”，并确定绘制标高，在属性栏里标高参数设置为 F1，勾选房间边界，见图 2–58。

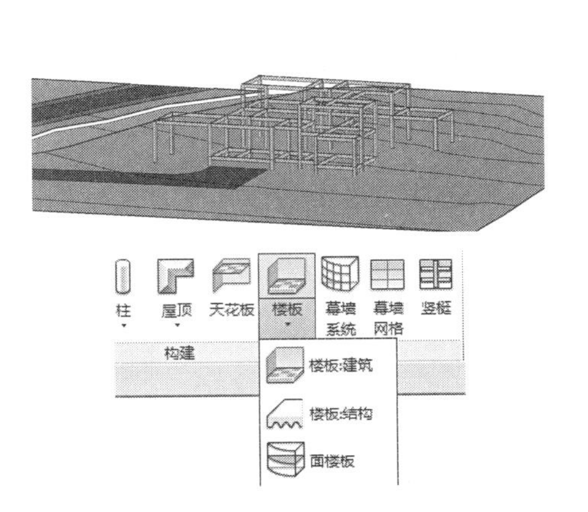

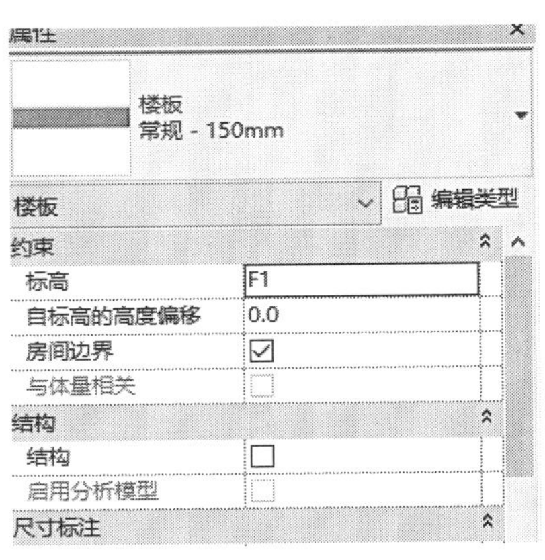

图 2–56（左上）
图 2–57（左下）
图 2–58（右）

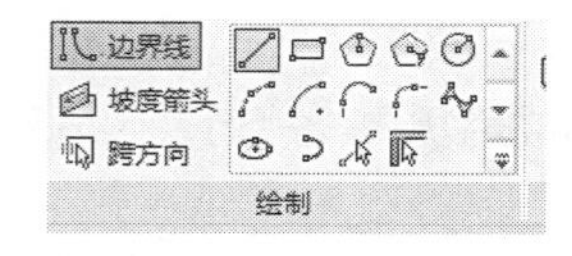

图2-59

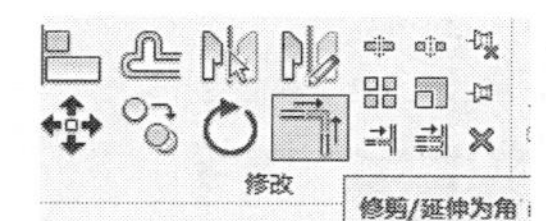

图2-60

➢ 在修改 | 创建楼层边界下的“边界线”绘制面板里的“绘制命令”中，这里我们选择“直线”工具来绘制楼板边界，见图 2-59，沿着柱边以及外两边绘制。由于南北两楼首层标高不同，绘制楼板时分开绘制，绘制北楼 1F 楼面时，属性参数“自标高的高度偏移”输入 600，然后重复之前的绘制工具命令绘制楼地面，绘制要求所有的线闭合，如没有完全闭合，用“修改”面板内的修剪命令，把所有的线闭合，见图 2-60，点击√完成楼板的绘制，见图 2-61。

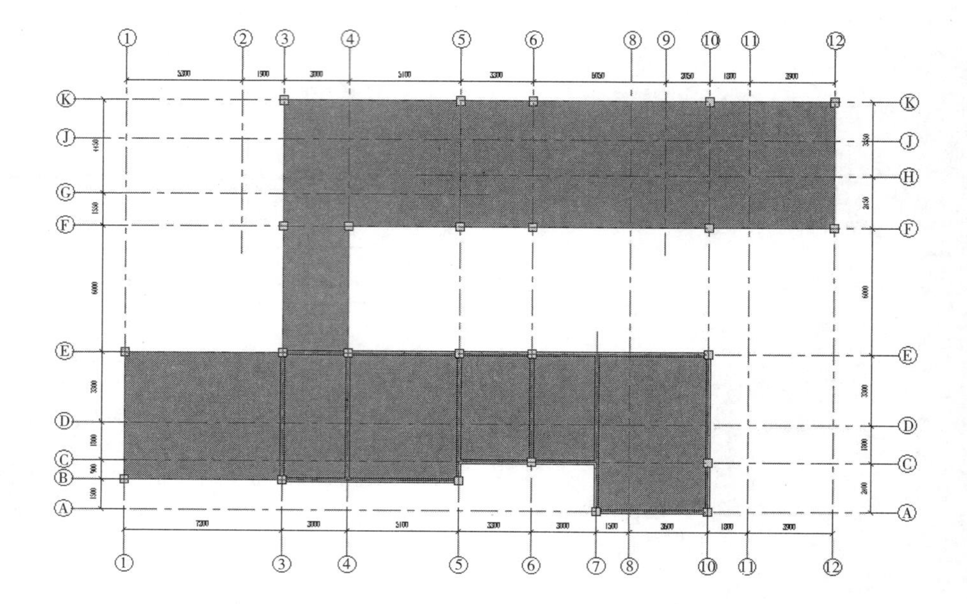

图2-61

➢ 2F 和屋面用同样的方法创建，见图 2-62。楼板建立完成后我们可以隐藏掉不需要显示的图元。在三维视图中点击选中柱子图元，按鼠标右键点选“选择全部实例”/“在视图中可见或在整个项目中”，点击视图控制栏内临时隐藏图元即可，见图 2-63。同理隐藏梁，这样在三维视图中只显示楼板了，见图 2-64。如需显示隐藏的图元，单击重设临时隐藏 / 隔离即可。

接下来设计建立墙体，墙体分内墙和外墙。我们设置外墙的厚度为 300，内墙为 200。先创建外墙，再建立内墙和隔断。

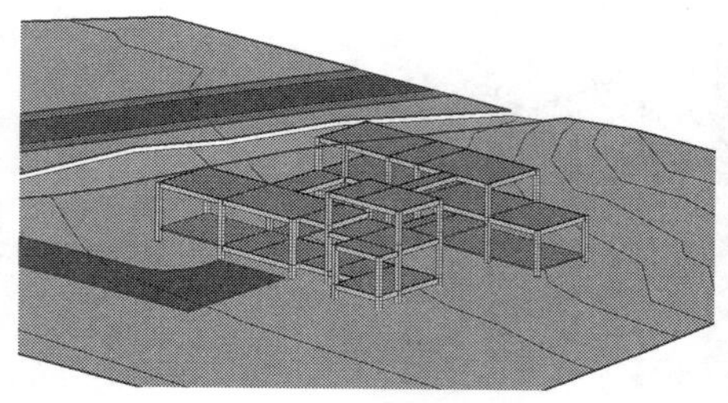

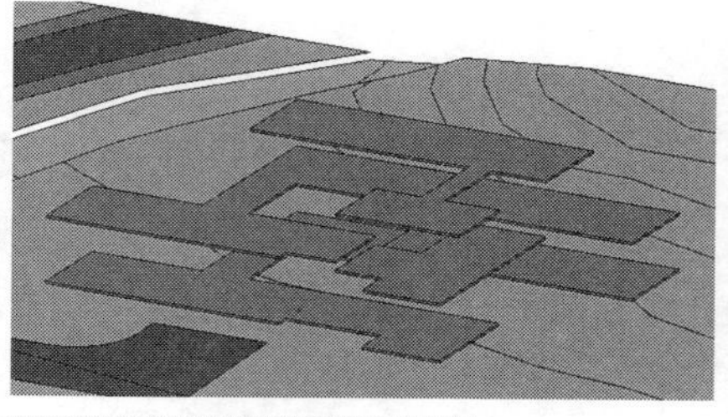

rl 键并单击可将新项目添加到选择集 临时隐藏/隔离 单击可取消选择。

图 2-62（左）
图 2-63（下）
图 2-64（右）

➢ 打开 1F 平面视图，由于建筑为框架结构，墙体不承重，单击建筑 / 墙，选择“墙：建筑”，见图 2-65。在选项栏里编辑参数，将高度约束定为 2F，外墙定位线可选“墙中心线”后拾取轴线，也可选择“面层面—外部”来拾取楼板边界，在属性栏中选择外墙类型，选择基本墙—常规外墙 300，绘制时按顺时针绘制，完成后按 Esc 退出外墙绘制界面。绘制内墙在属性栏中选择内墙类型为常规 -200mm- 双面涂料，完成首层墙体绘制，见图 2-66。

图 2-65

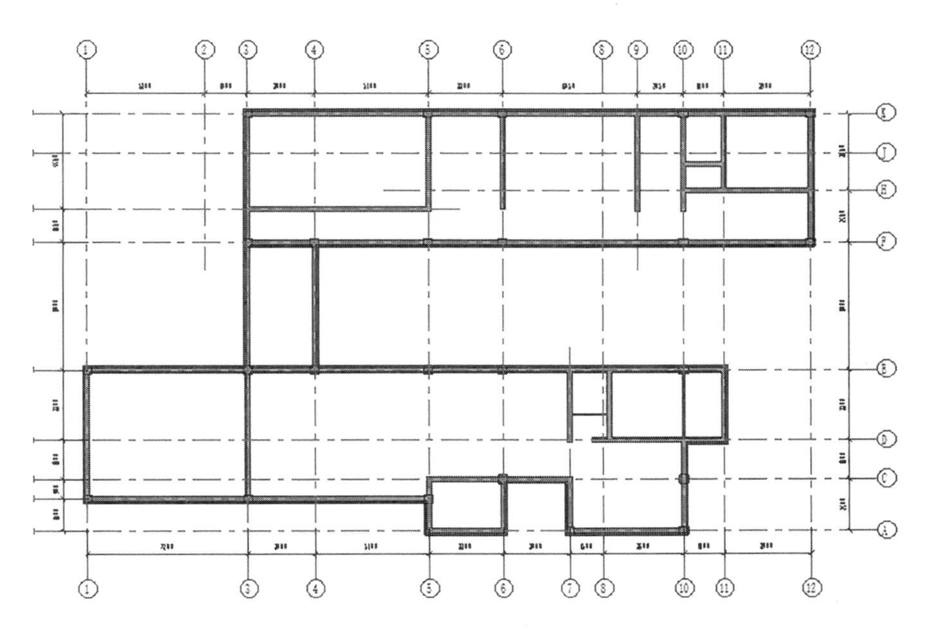

图 2-66

➢ 同理创建 2F 和 -1F，在设计建立墙体过程中，南侧建筑层高有 4.2m 和 3.6m，这时点击“属性”，选中层高 3.6m 的墙体，将墙的“顶部偏移”按设计的值设置即可，见图 2-67。将视图切换到三维视图观察效果，见图 2-68。

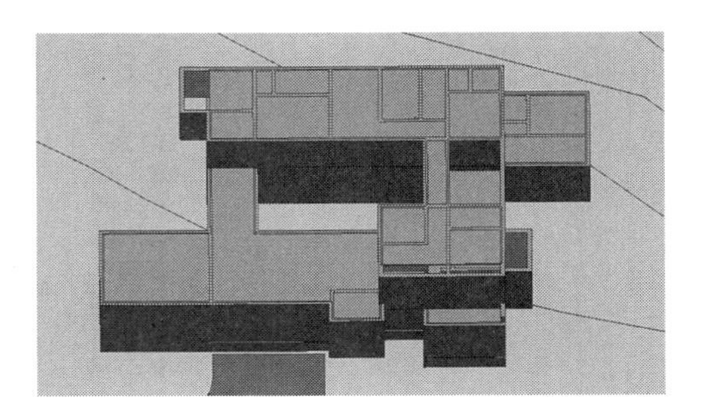

图 2-67（左）
图 2-68（右）

➢ 如果要改变墙的厚度，可以点击属性编辑类型，在弹出的类型属性对话框中，单击参数“结构”值编辑，弹出编辑部件对话框，修改厚度参数，见图 2-69、图 2-70。

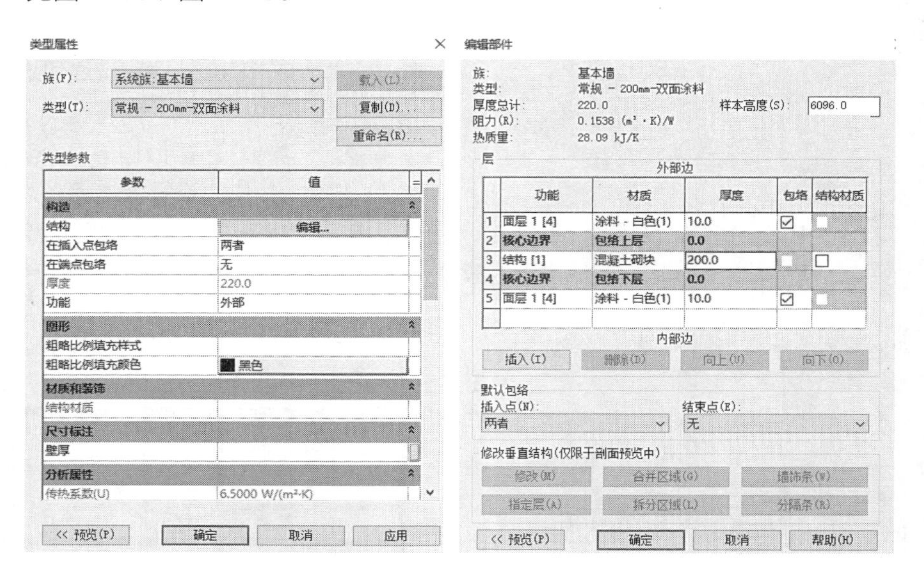

图 2-69（左）
图 2-70（右）

（5）楼梯与台阶

本案设计两楼梯，南侧建筑门厅右侧和北侧建筑画廊右侧设计楼梯。南侧设计为三跑楼梯，北侧设计为两跑楼梯。根据规范，小住宅的踏面尺寸为 260-300mm，踢面尺寸 150-175mm。

➢ 建立楼梯之前需在平面视图中建立楼梯间楼板洞口，单击建筑 / 洞口 / 竖井命令，见图 2-71。激活竖井绘制工具，选择边界线工具绘制洞口形状，设置属性约束，底部约束 -1F，顶部约束直到标高屋顶，顶部偏移 -1000，见图 2-72。点击√完成编辑模式见图 2-73。同理创建北侧建筑楼梯间楼板洞口。

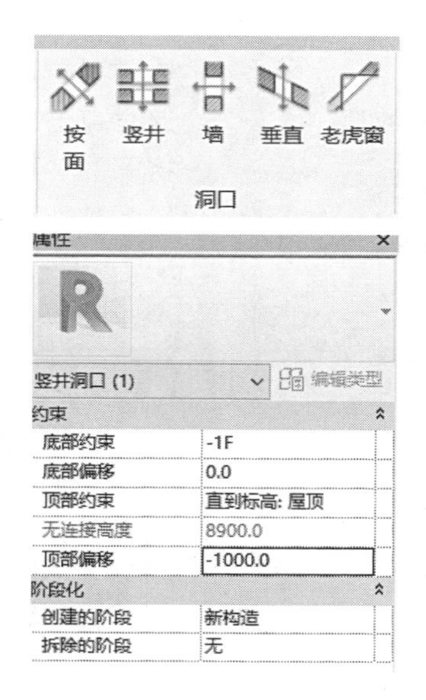

图 2-71（左上）
图 2-72（左下）
图 2-73（右）

➢ 完成楼板洞口的创建后，回到平面视图 -1F，单击功能区建筑 / 楼梯坡道 / 楼梯工具，激活修改 | 创建楼梯选项板，点击“梯段”，在构件面板内选择“直梯”绘制楼梯工具，见图2-74。在选项栏内设置定位线为梯段一中心、实际梯段宽度输入 1000，勾选上自动生成平台。在属性栏里编辑约束参数，底部标高 -1F，顶部标高 1F，所需踢面数输入 16，实际踏板深度输入 260，单击应用，见图 2-75。

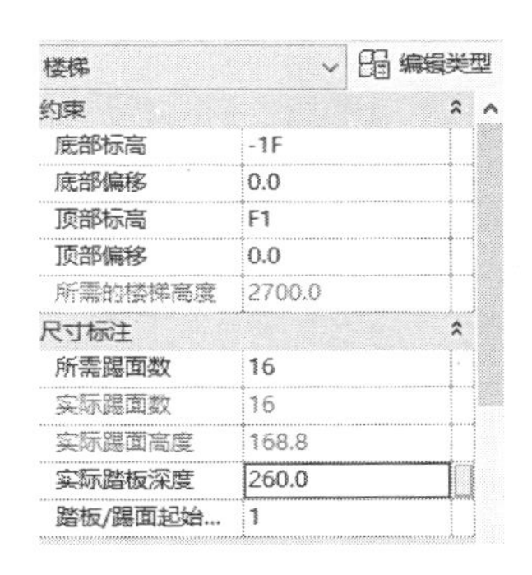

图 2-74（左）
图 2-75（右）

➢ 根据计算第一跑 7 步，第二跑 9 步。鼠标点击第一跑起始中点后开始绘制，完成第一跑后点击第二跑的起始点中间绘制，见图 2-76。休息平台和栏杆即可自动生成见图 2-77。单击√完成，-1F 楼梯创建完成，见图 2-78。

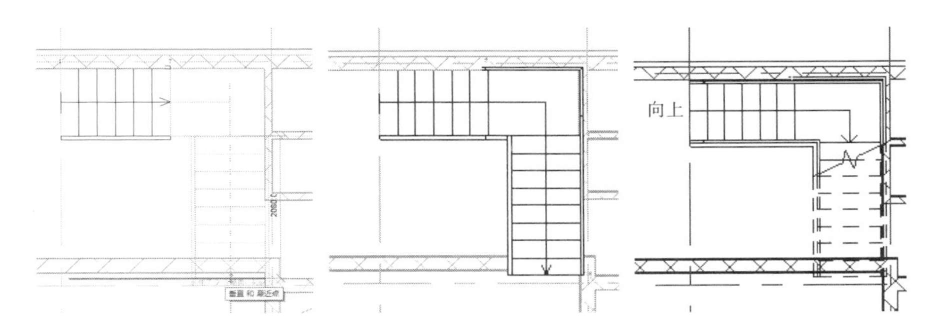

图 2-76（左）
图 2-77（中）
图 2-78（右）

➢ 完成 -1F 楼梯后，双击视图楼层平面 1F，打开 1F 楼层视图，计算好楼梯每跑的步数，第一跑 9 步，第二跑 4 步，第三跑 9 步，梯段宽度设置为 900。重复 -1F 楼梯创建方法，完成楼梯的创建见图 2-79。将南侧建筑创建完成的楼梯视图切换到三维视图观察效果，见图 2-80。

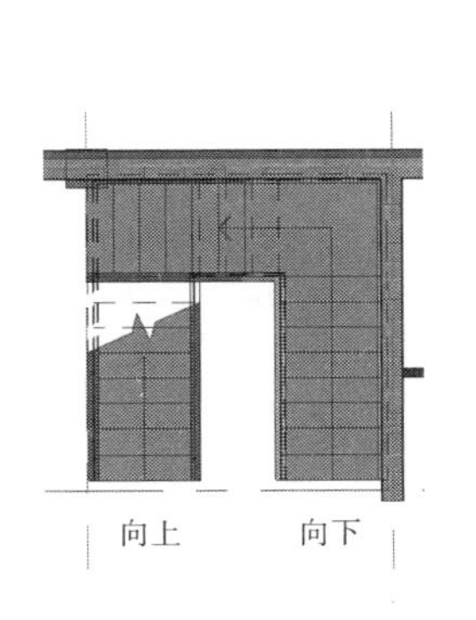

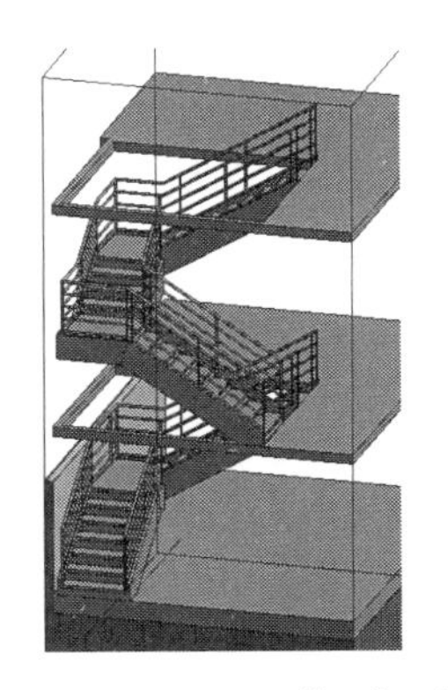

图 2-79（左）
图 2-80（右）

接下来创建室外和室内台阶。根据规范，踏面尺寸为 300mm，踢面尺寸为 150mm。我们先设踢面深度为 300，高度为 150。

➢ 台阶的绘制与创建楼梯的方法相同，选择建筑 / 楼梯坡道 / 楼梯工具，单击梯段 / 直梯，在选项栏中设置合适的参数，入口台阶宽度设计为 4300mm，在属性栏里编辑台阶参数，设置底标高为室外地坪，顶部标高 F1，所需踢面数输入 6，实际踏板深度输入 300，参数设置完成后点击应用，见图 2-81。

➢ 在绘图区用模型线绘制好台阶和平台的范围线，见图 2-82。接着开始绘制台阶，鼠标点击起始中点开始绘制，鼠标拉至平台边线点击鼠标左键，再点击√完成编辑模式。

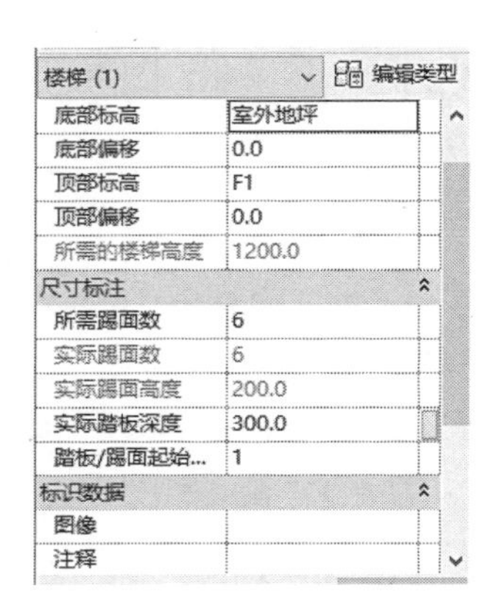

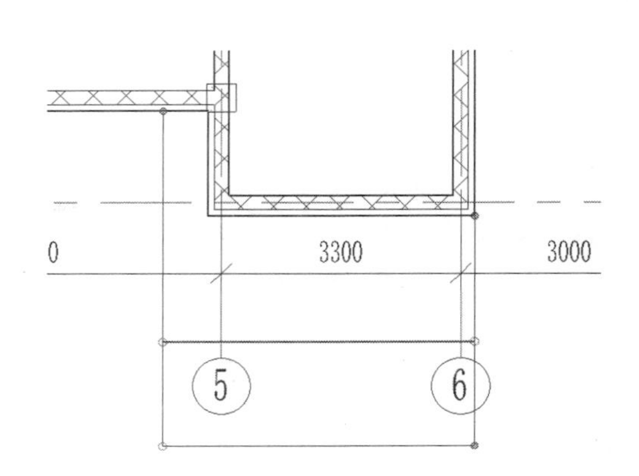

图 2-81（左）
图 2-82（右）

➢ 平台这里用楼板的命令绘制，绘制完成在平台两侧绘制栏杆扶手。单击建筑 / 楼梯坡道 / 栏杆扶手，下拉菜单选择绘制路径，激活绘制工具，选择直线绘制，见图 2-83。完成将视图切换到三维视图观察效果，后见图 2-84。

➢ 由于地形存在高差，设计也是因地制宜。在楼板的三维图中能看到北楼首层地面存在落差 600mm，见图 2-85。回到 1F 平面图，在选项栏内梯段宽度输入 1330，在属性栏里编辑台阶参数，设置底标高为 1F，顶部标高 1F，顶部偏移 600，所需踢面数输入 4，实际踏板深度输入 300，参数设置完成后点击应用，见图 2-86。鼠标点击起始中点开始绘制，鼠标拉至较高地坪边线点击鼠标左键，再点击√完成编辑模式，见图 2-87。完成后删掉多余的栏杆将视图切换到三维视图观察效果，后见图 2-88。

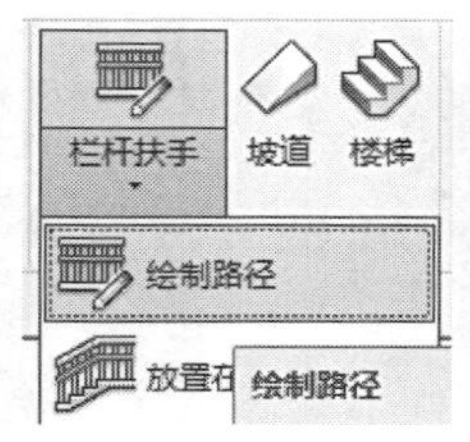

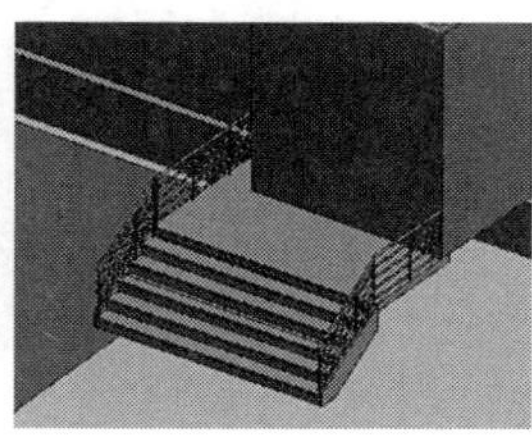

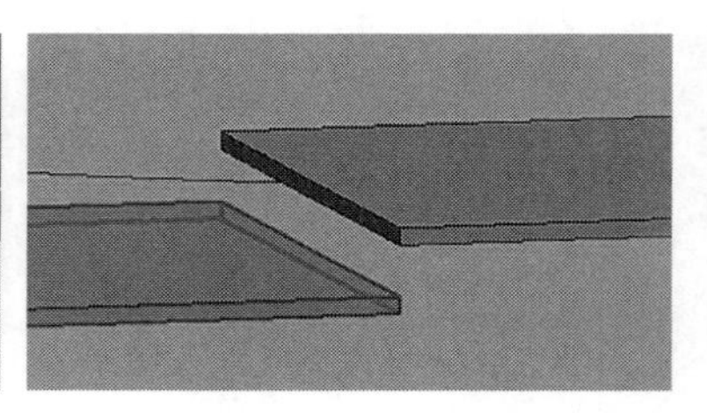

图 2-83（左）
图 2-84（中）
图 2-85（右）

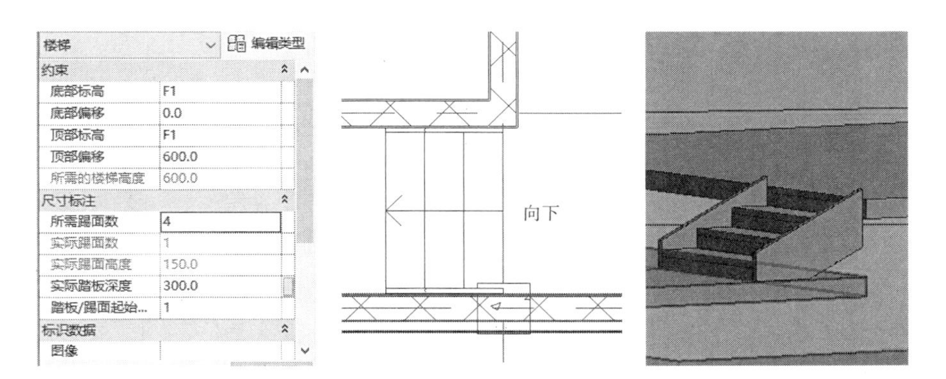

图 2-86（左）
图 2-87（中）
图 2-88（右）

➢ 在楼梯或台阶的起始、结束高度并非楼层平面标高的情况下，修改"属性"中的"底部偏移"或"顶部偏移"为需要的数值即可。创建楼梯或台阶时应注意，Revit 默认由下至上绘制楼梯，即绘制起点为标高低的一端。

（6）屋顶形式

➢ 为了方案的推进，前面的模型中一直使用楼板来代替屋顶。从功能、形式、与场地的结合等方面对比屋顶样式，选择出最合适的屋顶方案。

➢ 首先打开"屋顶"平面视图，选择功能区建筑 / 屋顶，我们可以看到，有迹线屋顶、拉伸屋顶和面屋顶三种选择，见图 2-89。其中，迹线屋顶是建立坡屋顶的主要方式，拉伸屋顶可以通过将线条拉伸为面的方式建立斜屋顶。面屋顶可以通过拾取一个面体量来建立不规则的、曲面模型。

➢ 初步拟定采用平屋顶与坡屋顶两种形式中的一种。选择迹线屋顶画出屋顶轮廓，输入坡度为 30°，见图 2-90。Revit 将自动生成同坡屋顶，见图2-91。若想生成不同坡度的屋顶，只需单击要变化的边线，在激活的"属性"栏中把定义屋顶坡度的勾选去掉，见图 2-92。或将所有边的坡度都输入 0，就可得到平屋顶了。

➢ 两种屋顶绘制完成后如图 2-93 所示。周围地形较为平缓，而建筑本身也没有巨大的高差；风格设计为现代式建筑，因此从建筑形态上来看，本案采用平屋顶。

➢ 设计到此，已经完成了平面内部功能及整体的基础模型。在此基础上，进一步设计外围造型。

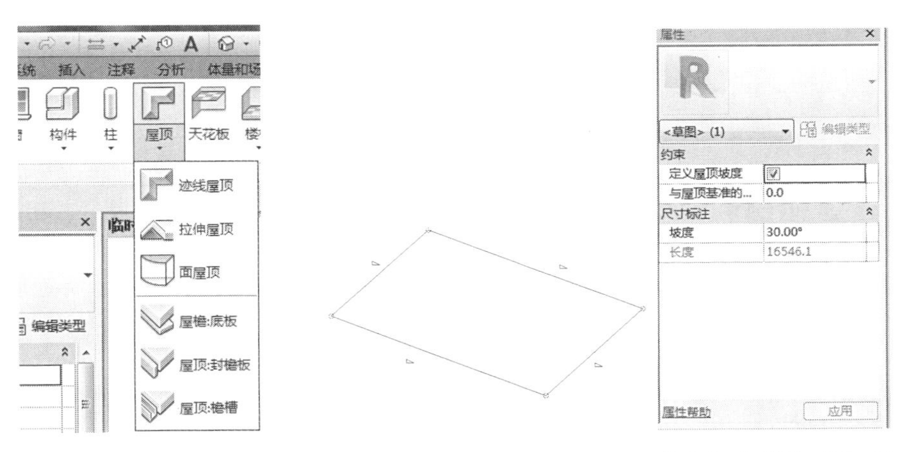

图 2-89（左）
图 2-90（中、右）

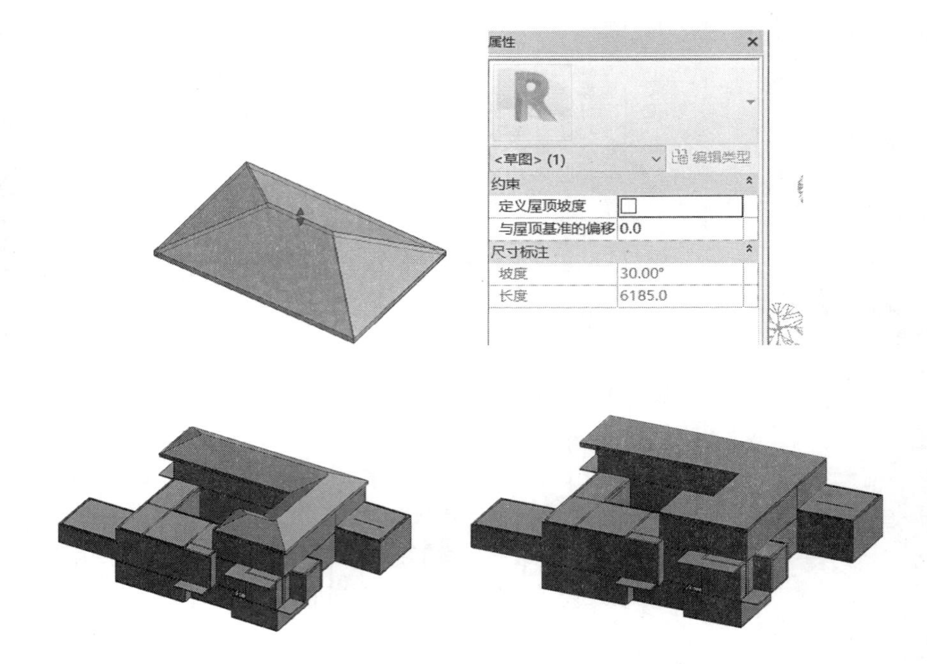

图 2-91（左）
图 2-92（右）

图 2-93

4）模型修改与深化

（1）建筑地坪

➢ 首先，看一下基础模型与地形的关系，地形在概念设计阶段已建，方案设计阶段增加了地下室，而此时地下模型与地形是叠加的，也就是说，地下室的大半部分是在地形中，见图 2-94。因此要建立地坪，并处理好建筑与地形的关系。

➢ 切换到楼层平面的场地视图，单击功能区体量和场地 / 建筑地坪，激活修改 | 创建楼层边界，选择直线边界线工具，见图 2-95、图 2-96。设置属性约束参数标高 1F，自标高的高度偏移参数输入 -2700，勾选房间边界。由于方案设计南侧建筑设置地下室，根据首层地面边线绘制地下室地坪，不同的标高分开绘制，完成后，隐藏其他图元，将视图切换到三维视图观察效果见图 2-97。

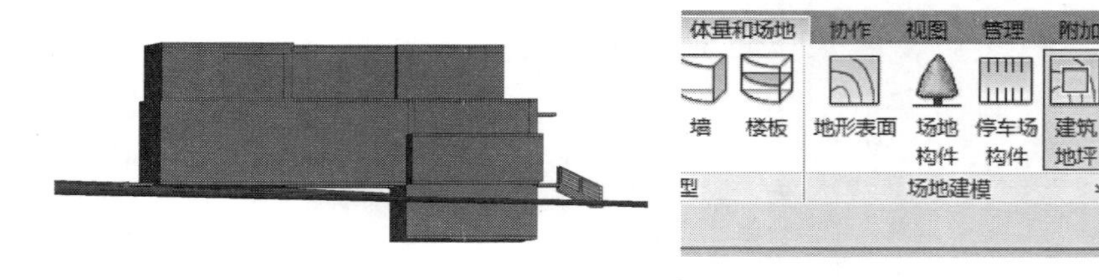

图 2-94（左）
图 2-95（右）

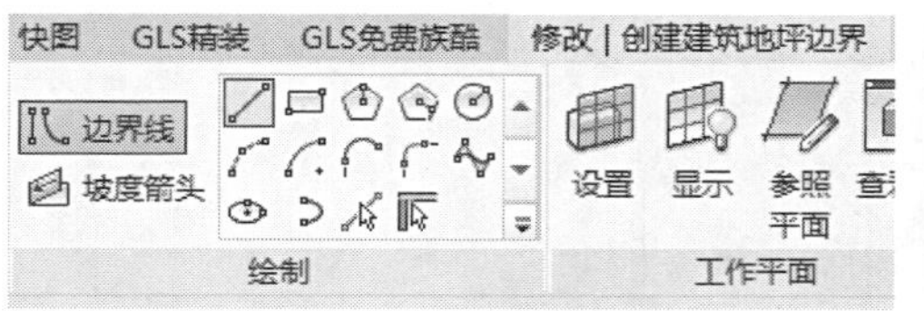

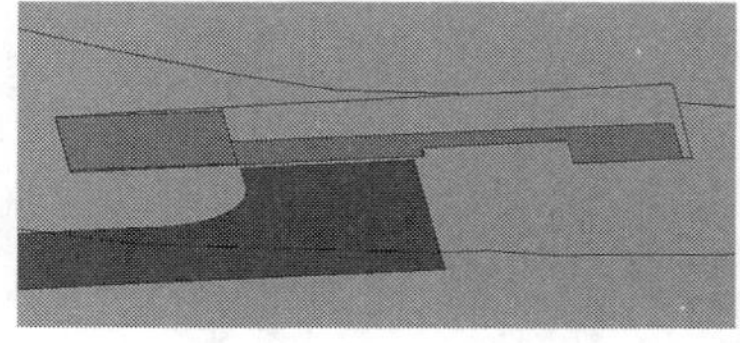

图 2-96（左）
图 2-97（右）

❖ 要点提示：根据个人绘制习惯，在完成首层地面绘制后，可以在此时根据首层和地下室的关系绘制建筑地坪。

（2）墙的细节

➢ 在 3）方案设计（4）墙的创建中我们简单创建了墙，使用的类型为"基本墙"，现在需要考虑外墙的材质结构等细节。激活墙属性，在属性栏内点击编辑类型，单击复制，为了方便以后的使用，将复制的族命名为即将设置的参数。例如，在此案例中我们将新的族命名为"300mm 混凝土外墙带 80mm 保温"，见图 2-98。点击结构编辑，激活编辑部件界面，点击插入设置保温层和面层，并输入新插入层的材质和厚度，1 面层材质普通砖，厚度输入 10；2 保温层材质设置空心填充，厚度输入 80；4 结构材质设置为混凝土砌块，厚度为 200mm；5 面层材质白色涂料，厚度为 10mm，见图 2-99。

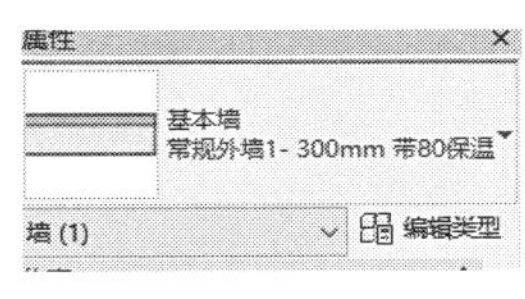

图 2-98

➢ 右键点击已模型中的外墙，点选"选择全部实例"/"在整个项目中"，然后替换类型即可。此处要注意使面层在外部。然后点击视图控制栏的显示精度，设置为中等及以上，便可观察到墙的材质了，见图 2-100。

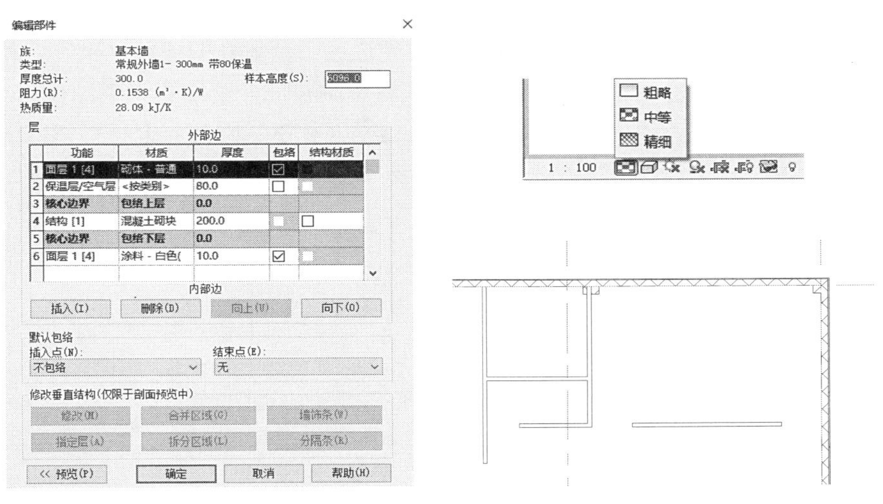

图 2-99（左）
图 2-100（右）

➢ 在住宅中，客厅、走廊、工作室等朝向好、需要大量采光的地方只采用开窗的方式不能满足使用需要，因此需要设立玻璃幕墙。

➢ 在平面视图中点击外墙，单击修改 / 拆分图元命令，将需要设立玻璃幕墙的部分拆分出来，见图 2-101。然后在属性对话框中将墙的属性类型设立为"幕墙"即可，见图 2-102。

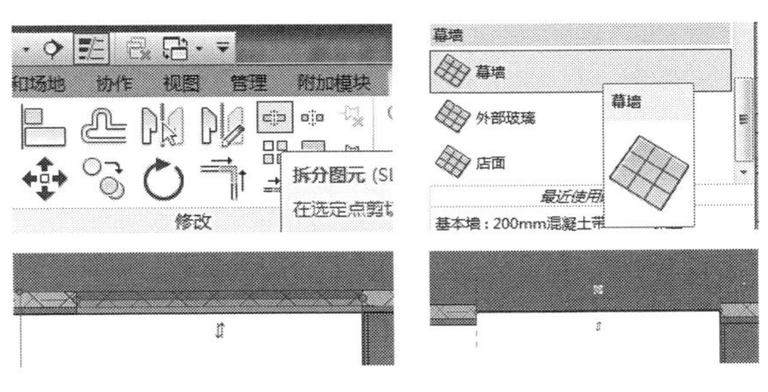

图 2-101（左）
图 2-102（右）

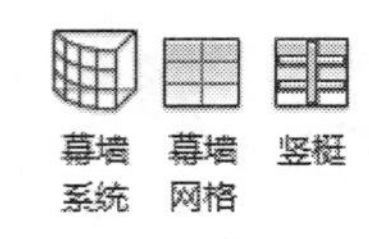

图 2-103

➢ 对于幕墙可以使用“幕墙系统”、“幕墙网格”、“竖梃”命令，见图 2-103。“幕墙系统”可以在体量面或常规模型上创建幕墙体系，见图 2-104。“幕墙网格”在幕墙或幕墙系统中创建幕墙玻璃分割线，见图 2-105。而竖梃是在幕墙网格上创建水平竖梃或垂直竖梃，见图 2-106。

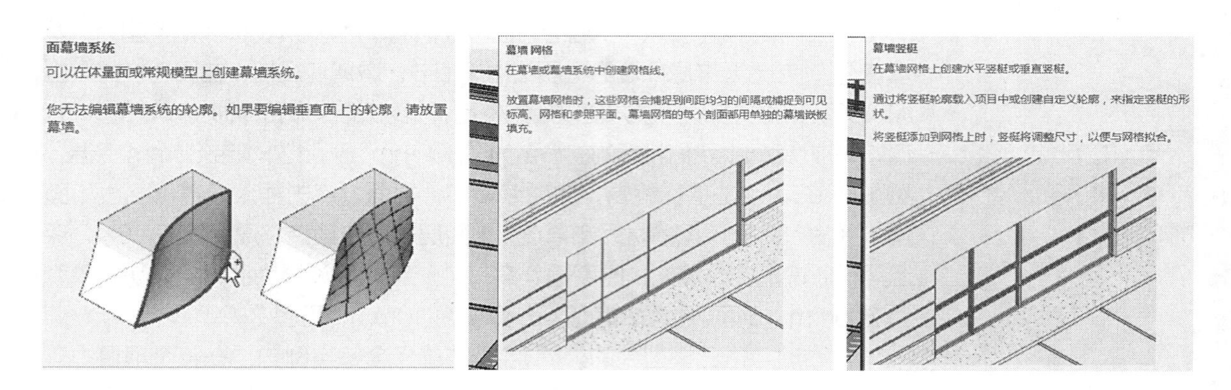

图 2-104（左）
图 2-105（中）
图 2-106（右）

➢ 将本案视图切换到三维视图，先将之前创建好的幕墙分割为需要尺寸的网格，经过推敲设计美观合适的网格。创建网格线可以用幕墙网格命令或在幕墙类型属性里设置垂直网格和水平网格参数，此处应用后者。点选已建幕墙，激活幕墙属性，单击编辑类型按钮，弹出类型属性对话框，设置类型参数垂直网格和水平网格。把布局参数设为固定距离，间距参数输入 900，勾选参数调整竖梃尺寸，见图 2-107、图 2-108。

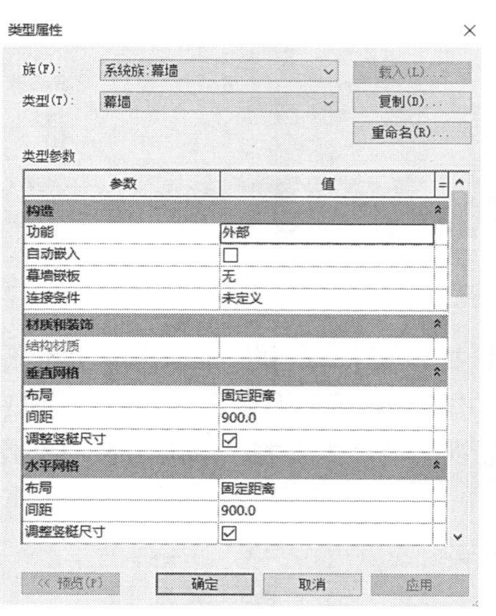

图 2-107（左）
图 2-108（右）

➢ 接下来创建竖梃，使用“竖梃”命令装饰幕墙，在属性栏内选择类型 30mm 正方形竖梃，见图 2-109。接着鼠标点中已建水平和垂直网格线。用同样的方法创建幕墙边界竖梃，选择 50mm × 150mm 类型矩形竖梃，鼠标点中幕墙边界网格线，系统自动生成竖梃。并在弹出的类型属性表内，修改材质为金属白色铝合金。完成绘制，见图 2-110。其余幕墙同理创建。

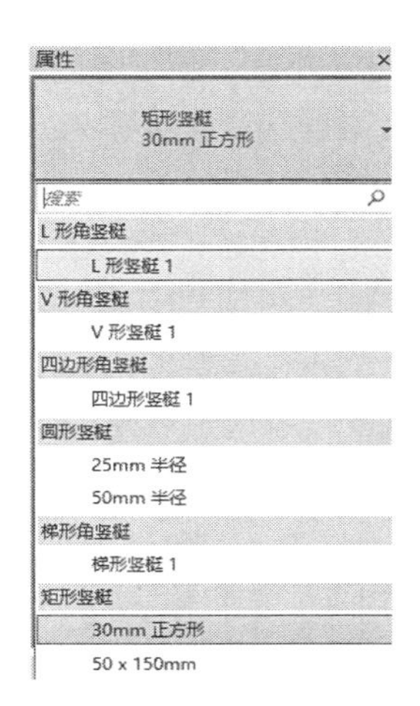

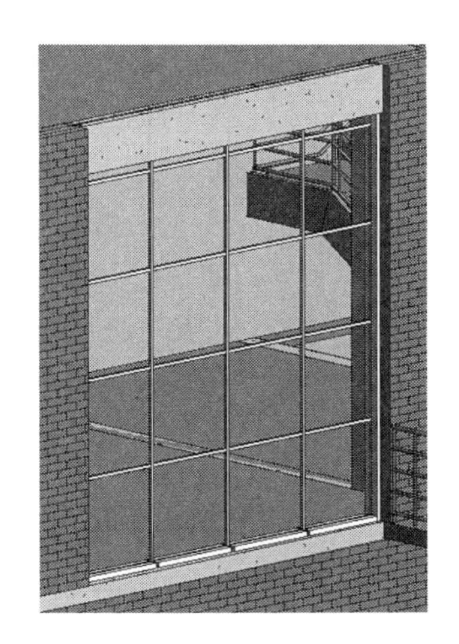

图 2-109（左）
图 2-110（右）

（3）门与窗

本案到目前为止，已经创建好独立住宅的主体，接下来创建门窗。门的尺寸按规范来设置。

➢ 首先进入平面视图，单击功能区建筑 / 门，见图 2-111。激活门属性，点击属性对话框内的“编辑类型”，弹出类型属性对话框，点击载入，弹出打开文件选项框，先绘制内墙门，选择 china 文件夹下“建筑 / 门 / 普通门 / 平开门 / 单扇 / 单嵌板木门”文件打开，点击复制重新命名名称，然后设置需要的尺寸标注参数 900×2100、材质位木材等，完成门类型的设定。

➢ 然后回到绘图区域，单击墙体上适当的位置放置门，见图 2-112。注意，门与窗都必须基于墙体，否则不能创建。创建完成后可以点击双向箭头来反转门的内外、左右方向，完成见图 2-113。

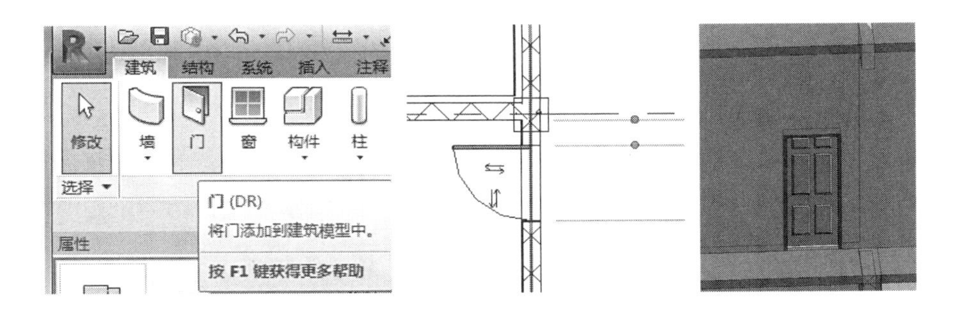

图 2-111（左）
图 2-112（中）
图 2-113（右）

➢ 同理创建卫生间门，尺寸选择 750*2100，绘制时需复制并重新命名。

➢ 绘制入口大门时，选择双扇门，绘制过程方法与单扇门相同，绘制完成见图 2-114。

➢ 窗的建立与门相似，单击功能区建筑 / 窗，见图 2-115。点击属性对话框内的“编辑类型”，载入窗族，选择 china 文件夹下“建筑 / 窗 / 普通窗 / 推拉窗 / 推拉窗 6”文件打开，复制重命名为所需要的尺寸，在属性类型内设置各种参数。回到平面视图绘制界面，基于墙体放置到合适的位置即可。

➢ 窗和门不同之处在于窗可以自由设置底部高度、顶部高度，此功能在“属性”栏中底高度约束参数输入 900，见图 2-116。完成窗的创建见图 2-117。

➢ 此时，会发现创建好的窗图上有窗宽度和高度的标记，而之前创建门图上没有，那是因为在创建门的时候没有点选修改 | 创建楼梯 / 标记 / 在放置时进行标记，而在创建窗时点选了此命令，见图 2-118。将完成的窗视图切换到三维视图观察局部效果见图 2-119。

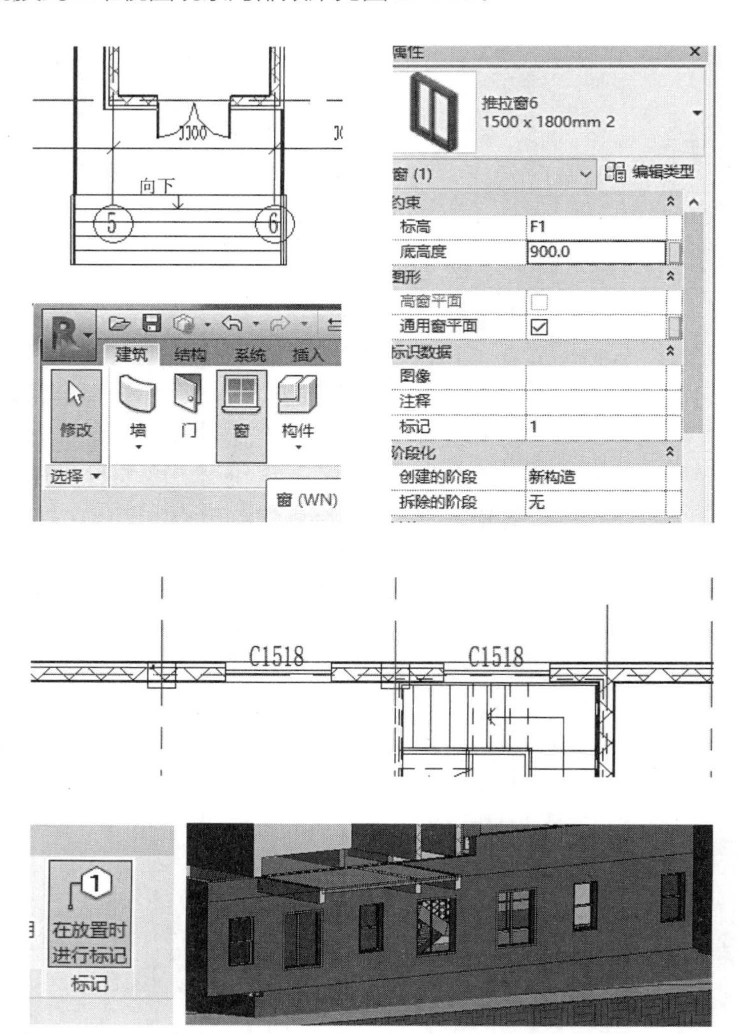

图 2-114（左上）
图 2-115（左下）
图 2-116（中）

图 2-117

图 2-118（左）
图 2-119（右）

❖ 要点提示：在设计创建门窗时系统自带的门窗族，满足不了设计创作，因此，要自行创建设计的门窗族。族的创建见 2.1.4-4）。

2.1.4 三维细化

至此，我们的方案建筑基本模型已经完成，但是作为一个完整的项目，方案阶段同时需要考虑室内布局和室外景观的设计。

1）家具

➢ 打开楼层平面中的 1F 平面视图，单击建筑 / 构件 / 放置构件，在类型属性中载入或直接选择需要的家具，放置到合适的位置即可，见图 2-120、图 2-121。家具有三维和二维可选，建议选择二维家具，以保证软件运行速度。

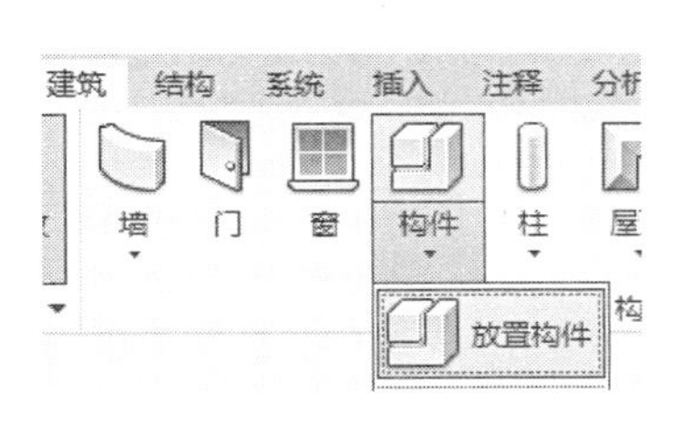

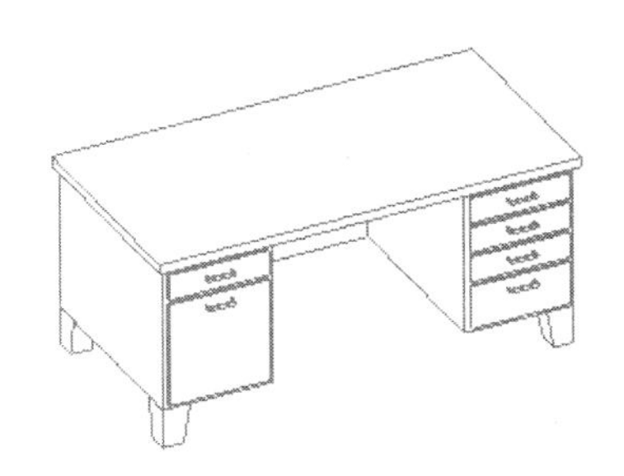

图 2-120（左）
图 2-121（右）

2）庭院与道路

住宅设计除了单体还需要对场地进行设计处理，用地处于温泉地带，可以利用地热，进行庭院设计。建筑与门前道路的结合也需要考虑，我们将道路穿过河流，引至车库。

➢ 打开场地视图，单击体量和场地 / 子面域工具绘制入口门前道路和铺地，见图 2-122。使用建筑地坪创建温泉，运用墙命令创建温泉挡土墙。温泉周边的铺地设计采用栈桥的形式，根据竖向设计，此处栈桥运用楼板命令，按照不同标高创建。完成庭院与道路设计后见图 2-123。

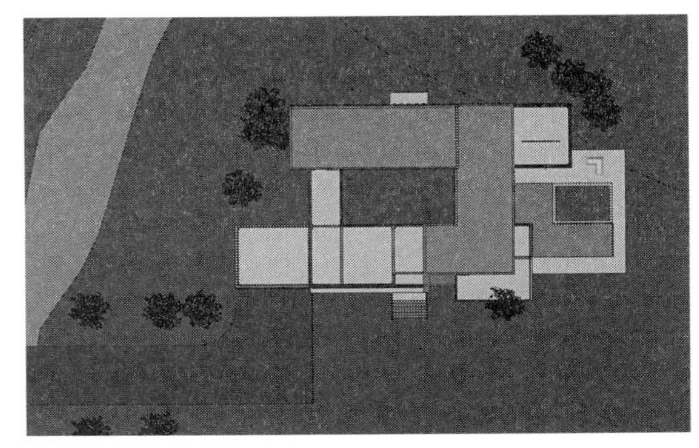

图 2-122（左）
图 2-123（右）

3）材质与色彩赋予

➢ 色彩和材质的设计赋予建筑新的活力，这时候就要自定义修改模型原本图元的材质和色彩了。首先选择不同类别的图元，激活图元属性对话框，有的在属性对话框中直接修改材质；有的需要点击“编辑类型”，在弹出的类型属性中修改材质。比如墙体、楼板、屋顶，在类型属性对话框内，单击在构造一栏中结构后的“编辑”，选择结构的材质，见图 2-124。在“材质浏览器”的左下角打开资源管理器，载入材质并重新命名即可，见图 2-125。在材质浏览器的右边可以改变渲染外观、表面填充图案、截面填充图案等，见图 2-126。

	功能	材质	厚度	包络	可变
1	核心边界	包络上层	0.0		
2	结构 [1]	阶段 - 现有	400.0		
3	核心边界	包络下层	0.0		

图 2-124

➢ 色彩的赋予也可以使用右键点击图元，然后选择“按照图元替换”，然后点击视图专有图元图形，改变颜色，将填充图案设置为实体填充即可，见图 2-127~ 图 2-129。

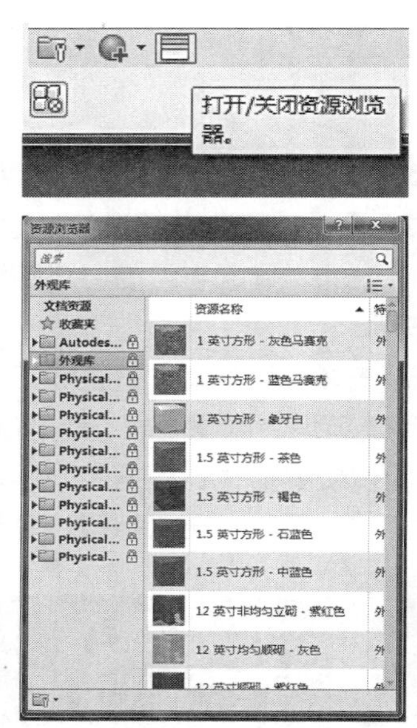

图 2-125（左）
图 2-126（右上）
图 2-127（右下）

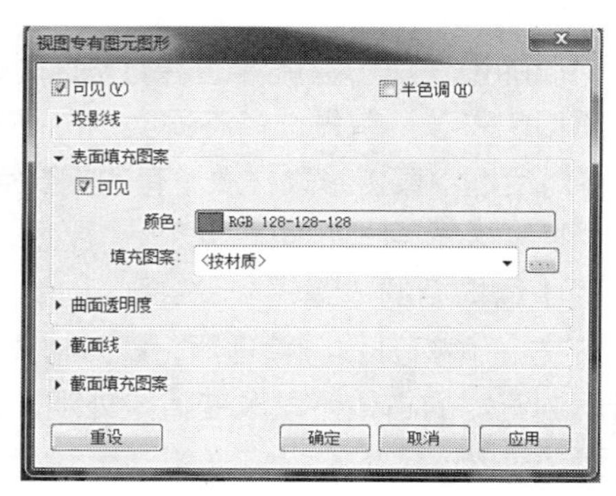

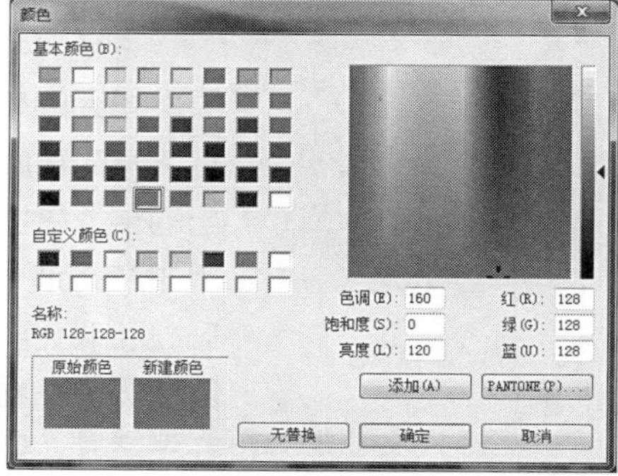

图 2-128（左）
图 2-129（右）

➢ 另一种方法是利用过滤器改变颜色，通过过滤器规则，将过滤器显示图案设置为合适的颜色。快捷键“VV”调出图形替换窗口，可以自定义改变表面和截面的线、填充图案，见图 2-130。

图 2-130

❖ 知识扩展：过滤器是一个很实用的工具，可以按类别筛选出想要的物件或过滤掉不想要的。当选择多个物件时，上方工具栏会出现过滤器图标，点击图标，见图 2-131。弹出过滤器对话框，勾选需要选中的物件类别，点击确定，则只有勾选的类别被选中，见图 2-132。比如，我们选择所有物体，在过滤器中将墙取消选择，然后隐藏所有选中的物体，就只有墙留下来了，见图 2-133。

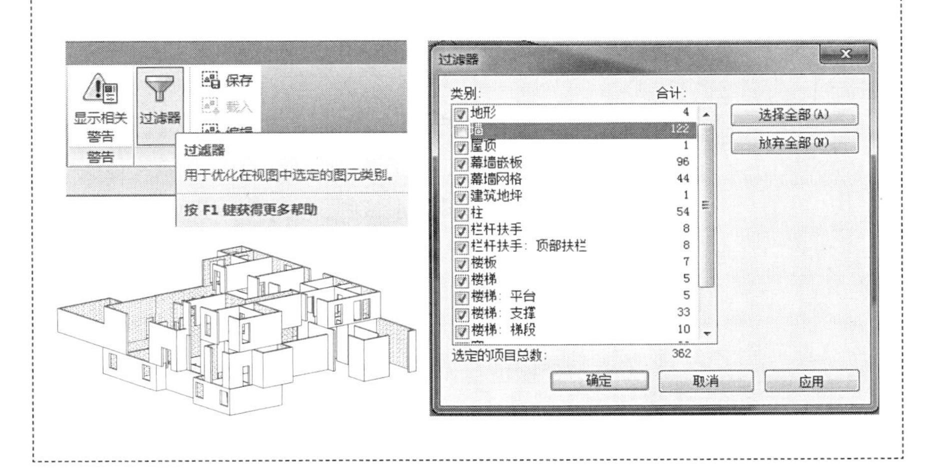

图 2-131（左上）
图 2-132（右）
图 2-133（左下）

4）族的建立

➢ 由于系统族中门窗样式较为单一，我们需要创建与建筑方案设计相配套的独特门窗，以满足立面造型的美观。这时我们可以自己建立想要的族来使用。

➢ 新打开 Revit 2018 界面，鼠标点击文件激活下拉菜单，单击新建 / 族，见图 2-134。弹出“新族 - 选择样板文件”文件选项框，选择“公制窗 .rft”样板后点击打开，见图 2-135。

图 2-134（左）
图 2-135（右）

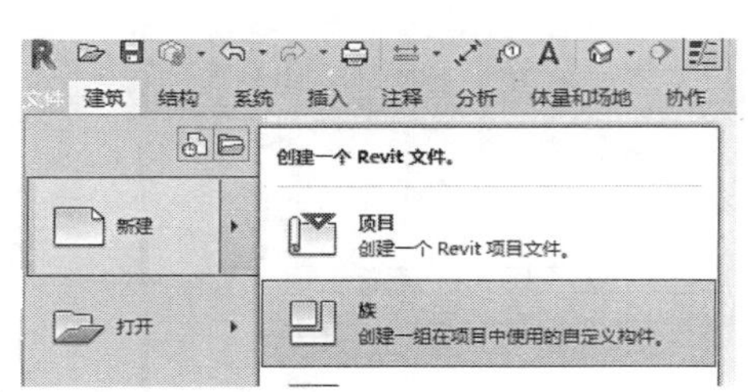

➢ 打开楼层平面内的“参照标高”视图，我们可以看到已有窗洞存在。鼠标双击视图中宽度参数，重新调整宽度为 2400。打开立面内部视图，重新调整高度参数改为 1800，见图 2-136。

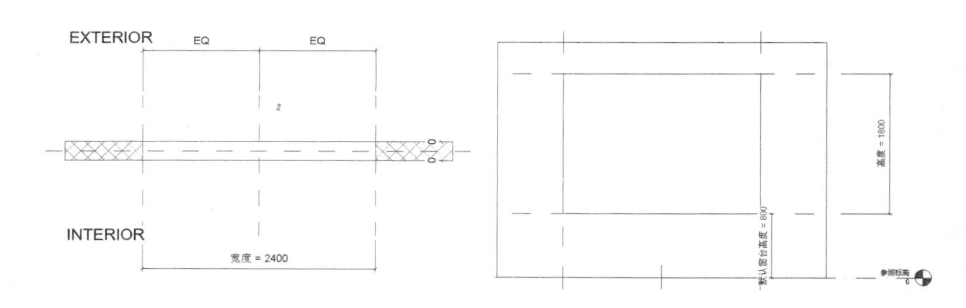

图 2-136

➢ 洞口确定后，根据洞口宽度，设计窗扇形式。回到“内部”立面视图，单击创建，在形状面板里单击拉伸，见图 2-137。激活修改 | 创建拉伸窗口，选择矩形绘制工具在外部立面视图内绘制窗框外边框线。接着选择偏移命令，在选项栏内修改参数，点选数值方式，偏移参数输入 60，见图 2-138。把鼠标移至要偏移方向的已建边框线旁，自动产生偏移后的虚线，点击鼠标左键，其余三遍依次完成偏移。完成偏移后，选择修剪命令，将相交线进行修剪。完成见图 2-139。

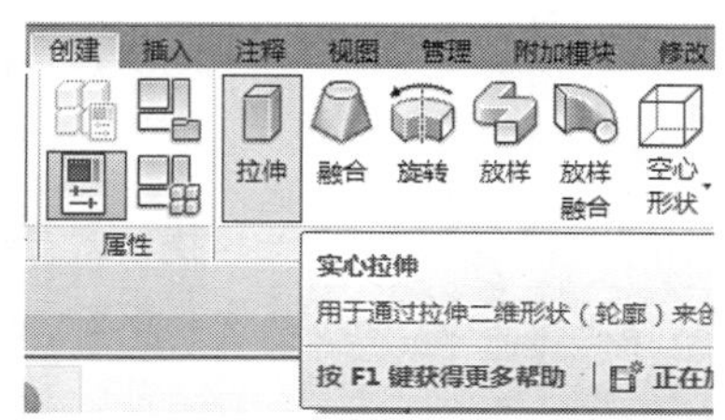

修改 | 创建拉伸　○图形方式　◉数值方式　偏移: 60.0　□复制

图 2-137（左）
图 2-138（右）

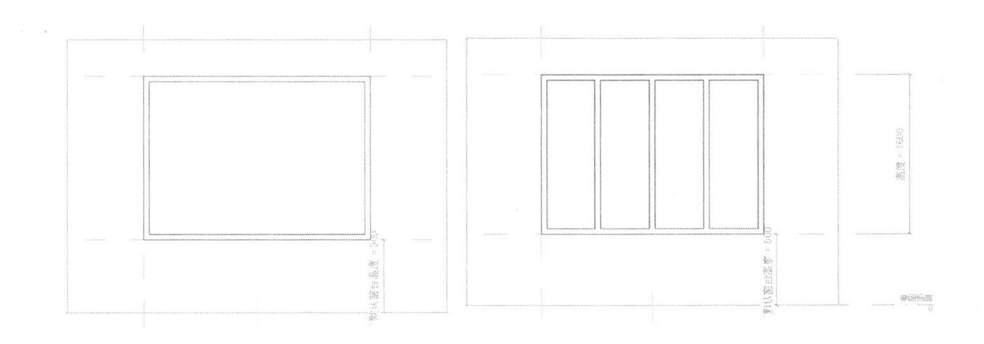

图 2-139（左）
图 2-140（右）

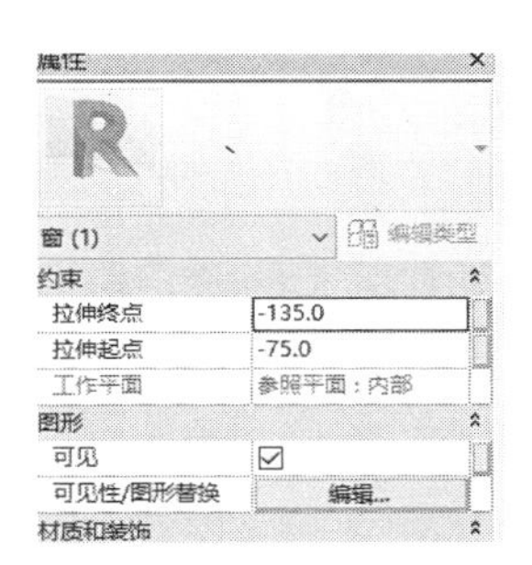

图 2-141

➢ 根据设计窗口形式继续增加竖框，同样运用绘制工具、偏移和修剪以及拆分图元修改工具，完成后完成见图 2-140。

➢ 接下来，在属性对话框内设置拉伸参数，拉伸终点输入 -135，拉伸起点 -75，见图 2-141。单击√完成编辑模式，将完成的视图切换到三维视图观察效果见图 2-142。

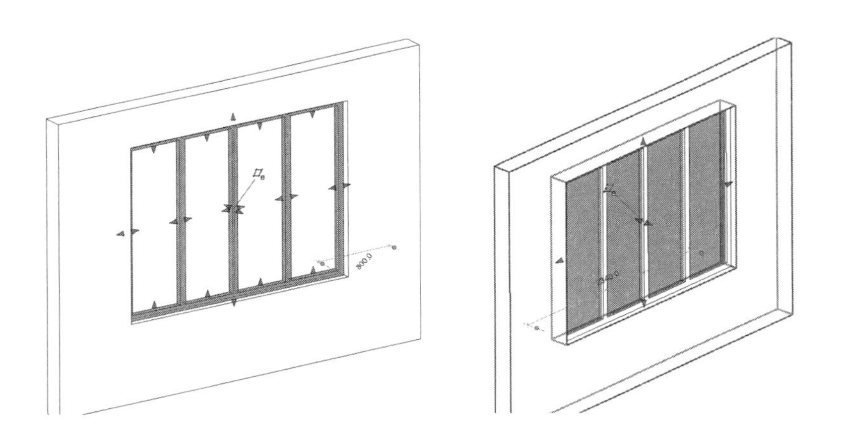

图 2-142（左）
图 2-143（右）

➢ 完成窗框后，回到立面视图，重复拉伸命令，设置拉伸起点和终点，确定玻璃位置和厚度，完成见图 2-143。

➢ 完成窗族模型后，设置其材质参数，选中已创建的窗框，在属性对话框中找到“材质”栏，单击材质栏左侧的关联按钮，弹出关联族参数对话框，见图 2-144，单击对话框内“添加”按钮，弹出参数属性框，见图 2-145，设置参数数据，把名称命名为“窗框”点击确认。回到视图选中玻璃，重复在属性对话框的设置过程，把名称命名为“玻璃”，确认后回到视图界面，把文件另存为窗 2418.rfa。并载入住宅项目中，放置于墙上。同理创建其他造型窗族。

➢ 门族的创建与窗族同理，只是打开公制门族样板。

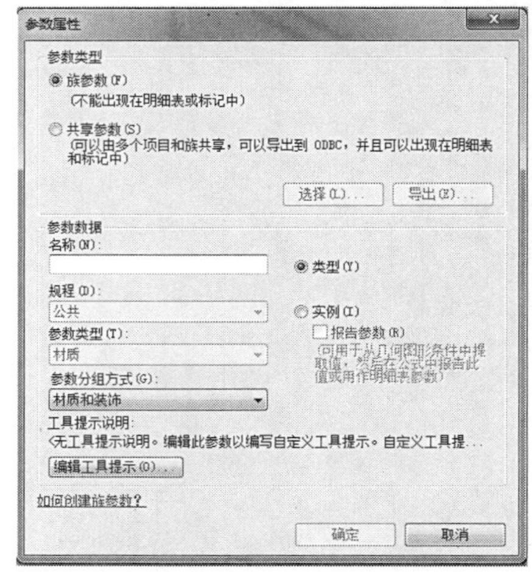

图 2-144（左）
图 2-145（右）

❖ 要点提示：在属性框设置拉伸参数时注意，外部立面视图时，拉伸参数设置为正数，内部立面视图时，拉伸参数设置为负数。

5）三维状态的透视设计

➢ 我们可以看到，在Revit的三维视图中，默认为轴测显示而不是透视模式，若想切换到透视模式观看就要使用相机工具。点击上方工具栏的相机工具，将相机放到合适的位置，选择相机的视角和方向即可。我们可以看到项目浏览器的三维视图中多了一个选项“三维视图 1”，即设置相机位置的透视视图，见图 2-146、图 2-147。拉动视图框可以调整图的范围，并且可以旋转视图进行观察。我们可以对比一下默认三维状态视图与透视状态下的视图，见图 2-148。

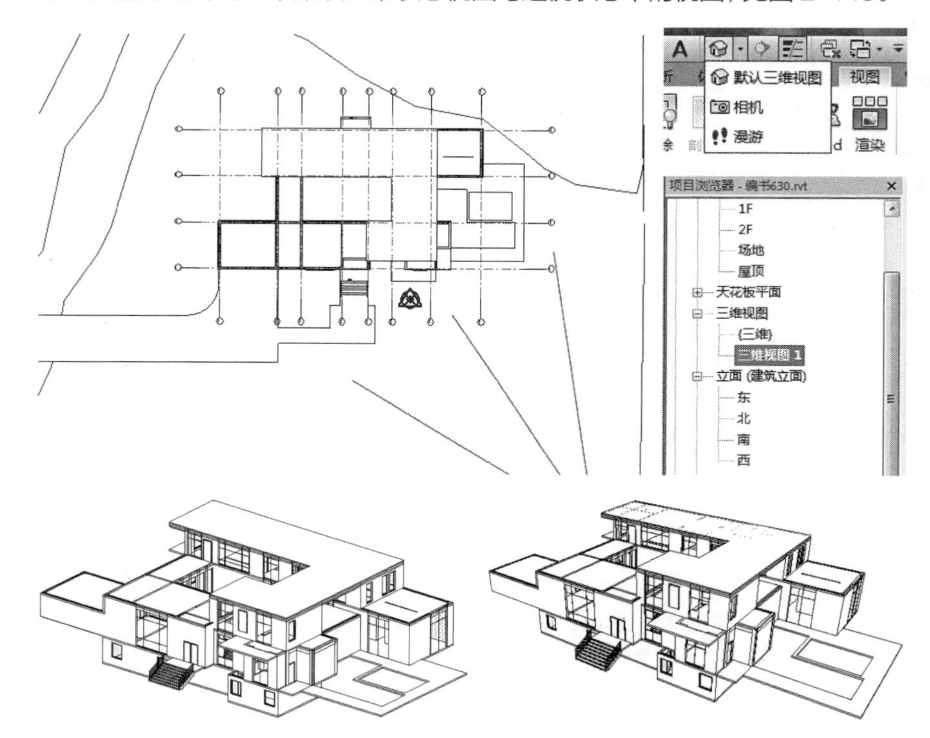

图 2-146（左）
图 2-147（右）

图 2-148

6）适用性与模拟感受

➢ 在建模的过程中，我们只能从外观体量上来观察建筑，而内部的空间却无法进行仔细推敲。此时，就要用 Revit 中的漫游工具来模拟在建筑内部空间的感受，来保证方案的适用性。

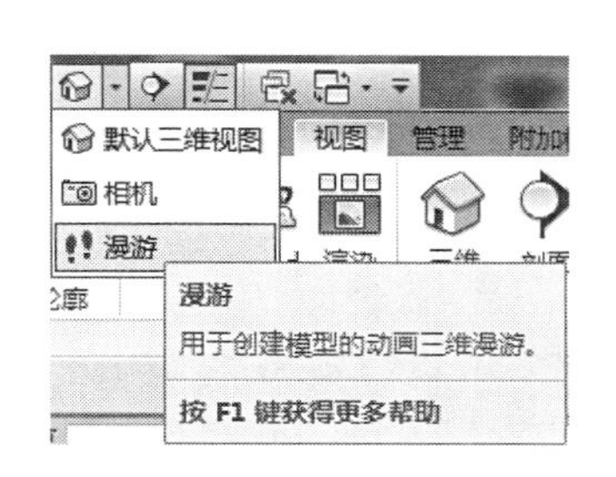

图 2-149

➢ 打开场地平面视图，单击功能区视图 / 漫游工具，开始绘制漫游路线，见图 2-149。

➢ 如图 2-150，建立漫游路线后在项目浏览器中会出现漫游视图，进入“漫游 1”视图后,点击左上角的“播放”按钮,见图 2-151。Revit 就会以视频的形式模拟人在建筑中以设定的路线前进，见图 2-152。

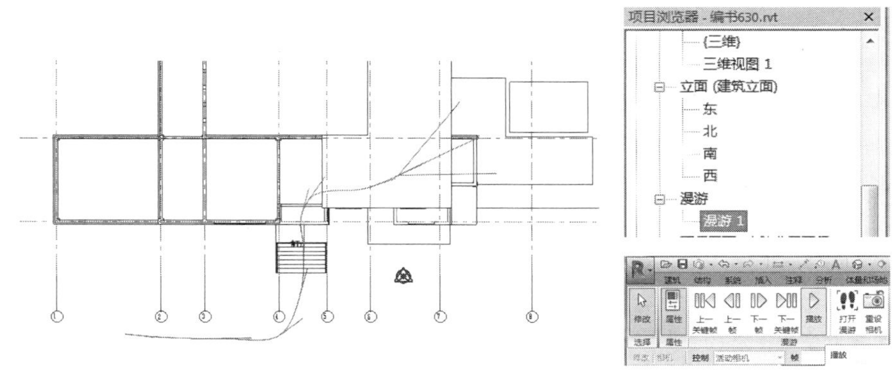

图 2-150（左）
图 2-151（右）

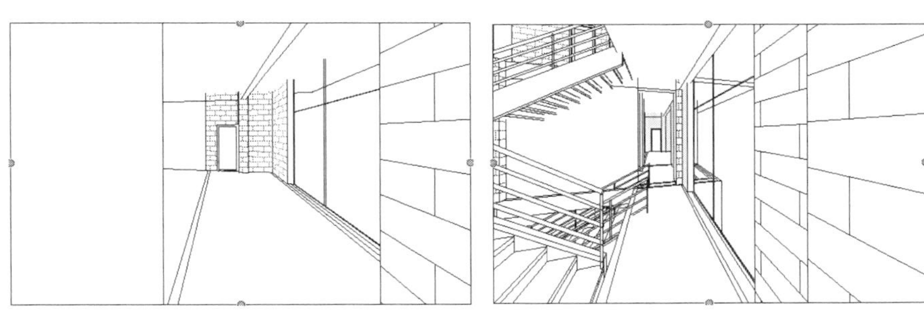

图 2-152

2.1.5　调整与出图

1）建筑造型调整

➢ 至此模型仍不能满足设计要求，需要继续调整及材质，增加立面构建。墙体、楼板、门窗按照造型要求，选择已建图元，更换属性类型，编辑修改边界，修改属性参数以及材质。门窗、幕墙除玻璃外其他材质均改为“金属 - 钢 -345MPa”;屋顶外表面材质也改为“金属 - 钢 -345MPa”，见图 2-153。除此之外，外墙还需添加构建如下：

（1）创建栏杆扶手

➢ 阳台与露台应创建栏杆扶手，点击建筑 / 栏杆扶手，选择栏杆扶手类型为 900mm 圆钢，见图 2-154。选择绘制路径，在平面视图相应的位置画出线段即可。切换到三维视图,我们可以看到栏杆已经绘制完毕,见图 2-155。

❖ 知识展示：可以通过编辑类型对话框中的扶栏结构（非连续）增加或减少栏杆横向扶栏，以及修改轮廓和材质。
通过编辑栏杆位置，修改栏杆族为玻璃嵌板。从而创建玻璃栏杆。

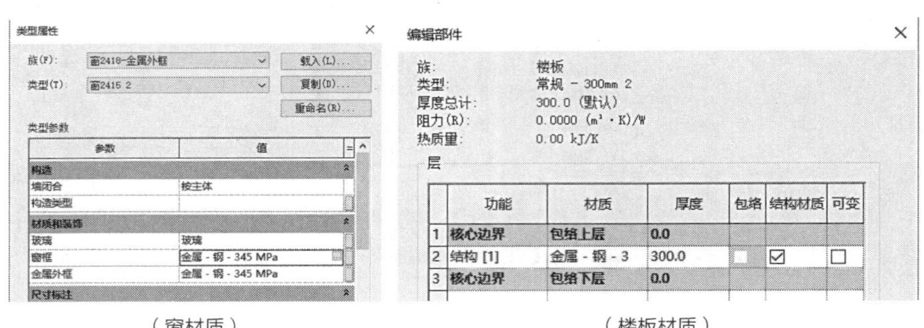

（窗材质）（楼板材质）

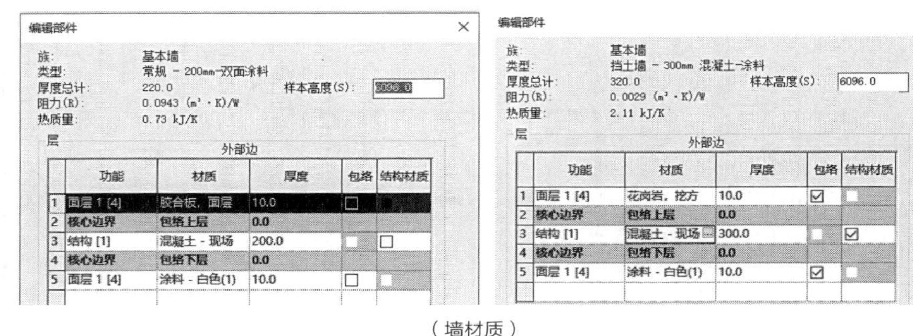

图 2-153（墙材质）

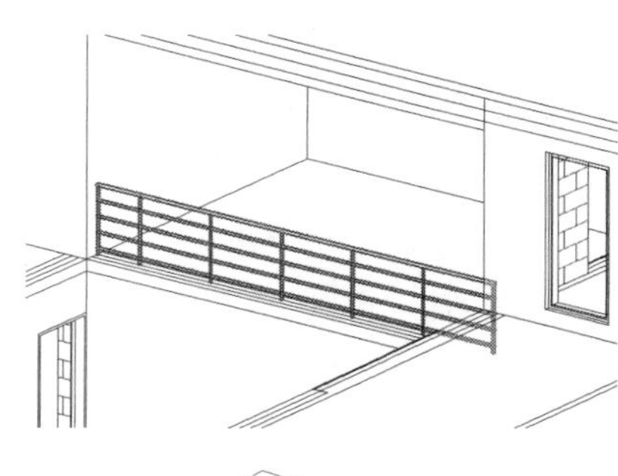

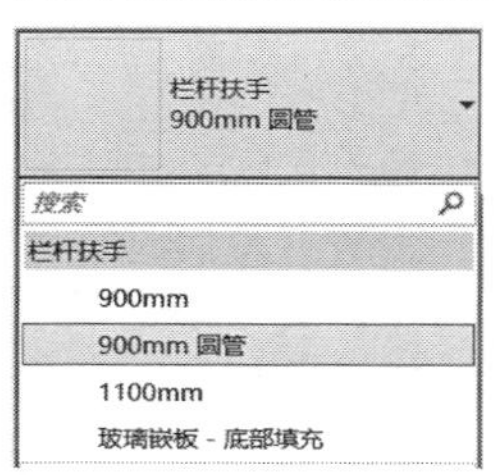

图 2-154（左）
图 2-155（右）

（2）创建卷帘门

➢ 车库卷帘门的创建除了应用门的命令外，可以使用洞口命令，单击建筑 / 洞口 / 墙命令，见图 2-156。用鼠标选择要插入洞口的墙，绘制洞口，见图 2-157。选中洞口，在属性对话框里修改需要的参数，然后在洞口上绘制隔墙，调整隔墙厚度为 60，并调整其结构材质为金属，即可用墙体代替卷帘门，完成后效果见图 2-158。

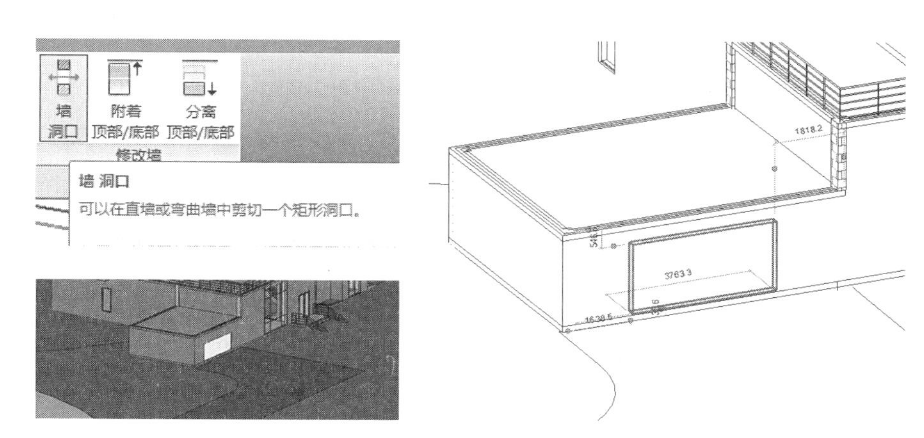

图 2-156（左上）
图 2-157（右）
图 2-158（左下）

（3）创建外立面构建

➢ 丰富外立面造型，南侧建筑局部墙体增加竖向构件，北侧建筑与东侧二层立面增加竖向构件。

➢ 把视图切换到 1F 平面视图，一层客厅南面幕墙宽度延伸至左侧柱，删除原有墙体。单击建筑 / 柱命令，在属性类型内设置 100*60 柱子，鼠标移至幕墙左侧外边放置柱子，并设置金属材质。再选中已建柱子，单击修改 / 陈列命令，设置陈列选项栏参数，见图 2-159。向右陈列至幕墙一半。完成后效果见图 2-160、图 2-161。

➢ 二层南北相连的连廊改成玻璃连廊，东西两侧增加竖向格栅构建，创建方法同上，选择属性类型是 60 × 100 的柱子，材质为“木材 - 刨花板”。然后用陈列或复制命令完成，见图 2-162。

图 2-159

图 2-160

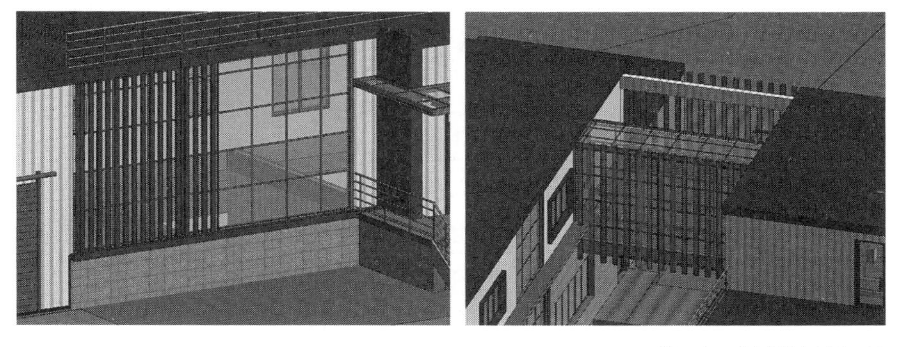

图 2-161（左）
图 2-162（右）

（4）创建雨篷

➢ 给入口和阳台添加雨篷，雨篷设计为工字钢玻璃雨篷。先绘制主入口玻璃雨篷，打开 1F 平面视图，单击建筑 / 屋顶 / 迹线屋顶命令，进入绘制屋顶迹线模式，在绘制面板选择直线工具，取消选项栏“定义坡度”勾选，然后绘制雨篷边线，见图 2-163。

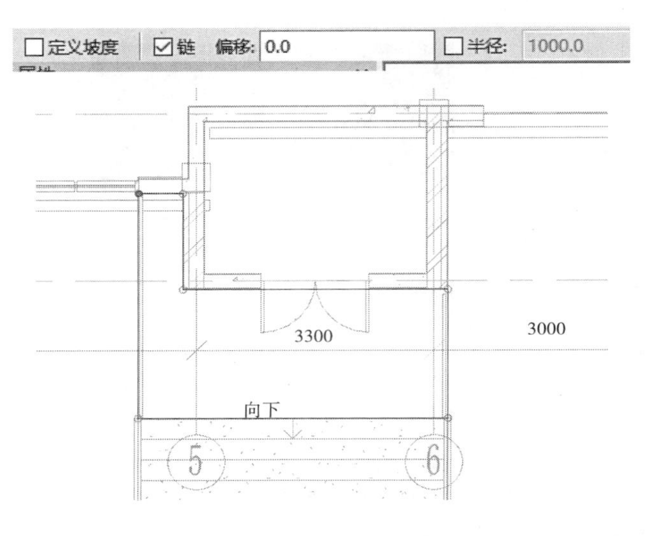

图 2-163

➢ 在属性栏内选择屋顶类型为“玻璃斜窗”，设置约束参数，底部标高为 1F，自标高的底部偏移输入 2700，见图 2-164。单击√完成编辑模式，视图切换到三维视图观察效果见图 2-165。

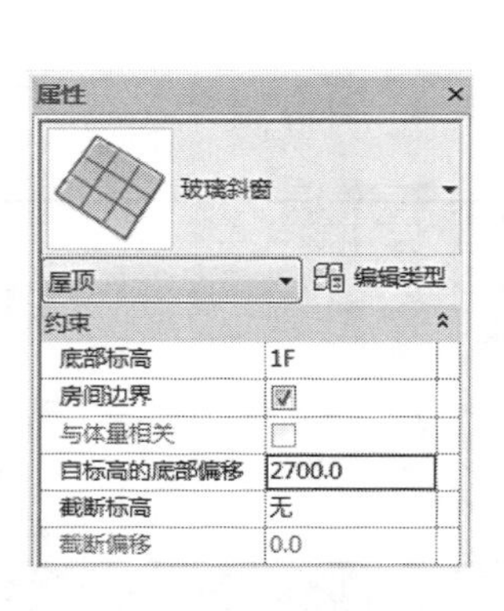

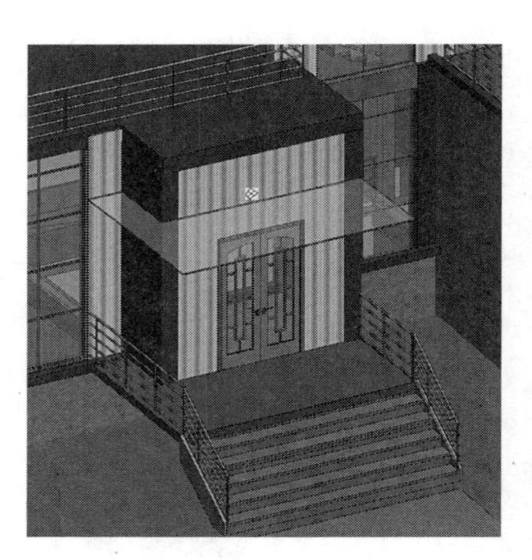

图 2-164（左）
图 2-165（右）

➢ 创建完雨篷玻璃后，添加雨篷工字钢。回到 1F 平面视图，单击建筑 / 构建 / 内建模型命令，弹出“族类型和族参数”对话框，选择“屋顶”，单击确认，见图 2-166。在名称对话框里输入“入口雨篷”见图 2-167，单击确认进入族编辑模式。

➢ 单击创建 / 放样命令，在工作平面面板内单击设置，弹出工作平面对话框，指定新的工作平面，点选“拾取一个平面”，见图 2-168。将鼠标移至已建玻璃斜窗，表面高亮显示时单击鼠标左键确定。

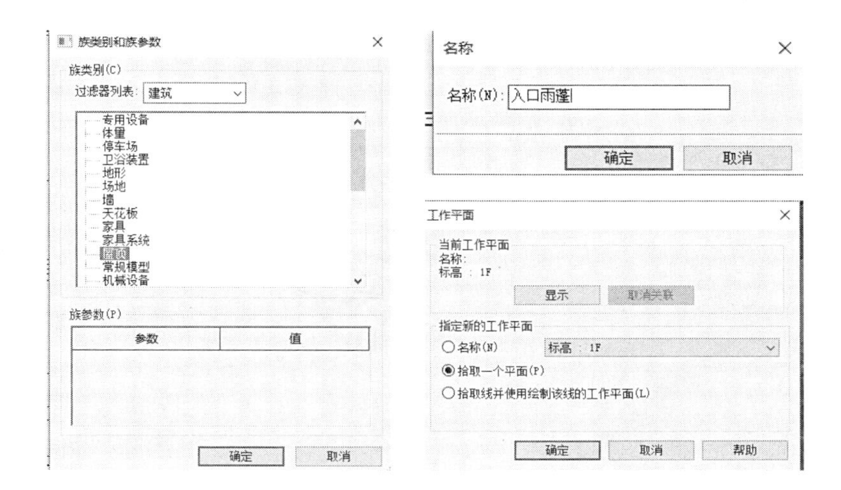

图 2-166（左）
图 2-167（右上）
图 2-168（右下）

➢ 单击拾取路径命令，见图 2-169。用鼠标点选已建玻璃斜窗外边线，拾取后见图 2-170，单击√完成。将试图切换至立面 / 南视图，单击编辑轮廓命令，绘制工字钢轮廓，见图 2-171，在属性栏里设置材质为“金属 - 钢 -345MPa”，单击√完成编辑模式见图 2-172。

➢ 回到 1F 平面视图，单击创建 / 拉伸命令，在工作平面面板内单击

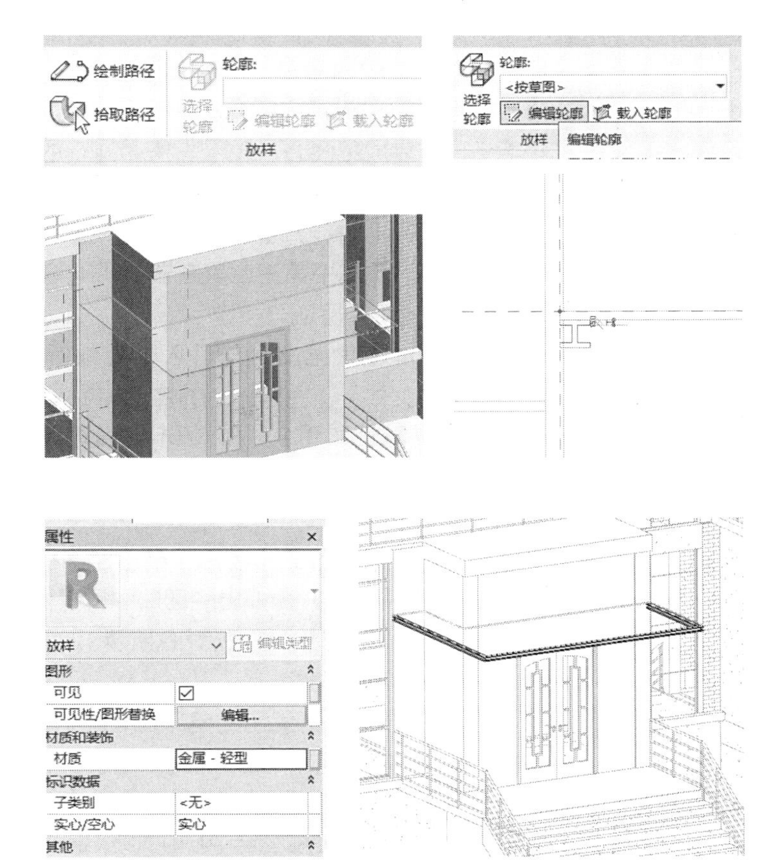

图 2-169（左上）
图 2-170（左下）
图 2-171（右）

图 2-172

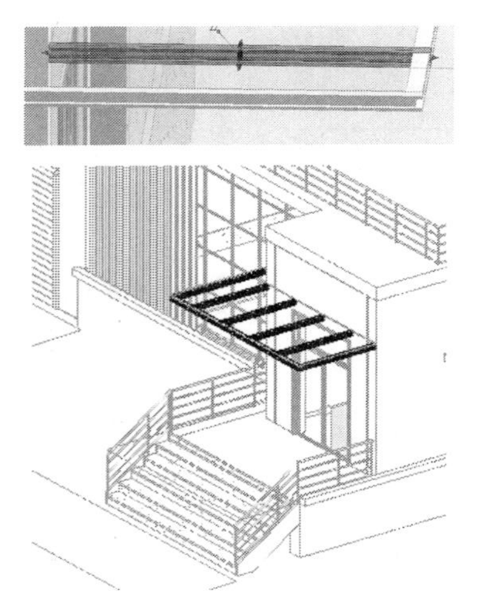

图 2-173（上）
图 2-174（下）

设置，弹出工作平面对话框，指定新的工作平面，点选“拾取一个平面”，在 1F 视图用鼠标点选 A 轴，在弹出的“进入视图”对话框中选择立面 / 南视图，单击打开南立面视图。选择绘制工具“直线”，在雨篷玻璃斜窗底部绘制工字钢轮廓，单击√完成编辑模式，切换至三维，用鼠标拉伸创建的工字钢梁至雨篷边，见图 2-173。在属性里设置与外边工字钢相同的材质。回到南立面视图，选择刚创建的工字钢，使用陈列命令向右陈列，陈列组输入 4。单击完成，见图 2-174。

➢ 其余雨篷同理创建。

（5）调整室外场景

➢ 游泳池与室外草地可利用建筑地坪进行高差处理，运用建筑地坪设置水位的高度，利用墙体对泳池进行围合，室外铺地运用楼板创建命令，创建室外铺地和木栈道，界定完区域后可对地坪表面附材质，见图 2-175~图 2-177，运用最终效果见图 2-178。

（6）房间标记

➢ 打开 1F 视图，单击建筑 / 房间和面积 / 房间命令，见图 2-179。鼠标移至要标记的房间，显示房间后点击鼠标左键确定。双击房间字激活修改字框，改成设计房间名称，见图 2-180。把 1F 房间所有房间按设计功能标记，完成见图 2-181。-1F 和 2F 的房间标记用同样的方法创建。

2）环境与能源的技术分析

在用 Revit 进行方案设计时，可对建筑在节能方面进行优化，如日照、采光分析，详见本书第三章第三节，利用 Green Building 软件技术分析。

3）导出所需图纸与模型

在 Revit 里导出文件与导入文件都很方便，打开 Revit 2018 界面，单击R下拉菜单，点击导出，选择 CAD 格式。选择 CAD 选项可直接导出项目的 cad 图纸如图 2-182 所示。如需导出实体模型，则在导出设置中修改项勾选“ACIS 实体”，可导出三维模型，如图 2-183，可用于 CAD 或 Sketch UP 软件。

也可导出线稿等二维图形。单击R下拉菜单，点击导出，选择图像和动画。选择“图像”，在弹出的窗口中设置像素与目标文件夹，即可导出二维图形，如图 2-185、图 2-186 所示。

4）渲染与表达

➢ 最后一步就是我们的渲染出图，Revit 的渲染方式主流分为两种。一种是 Revit 本身自带的渲染器，采用脱机渲染，根据用户设置的渲染质量、光照等方面的参数以及电脑的性能来进行不同时长的渲染。第二种是云渲染，使用者联网上传模型至 AUTODESK 的云渲染库中，联网渲染，不占

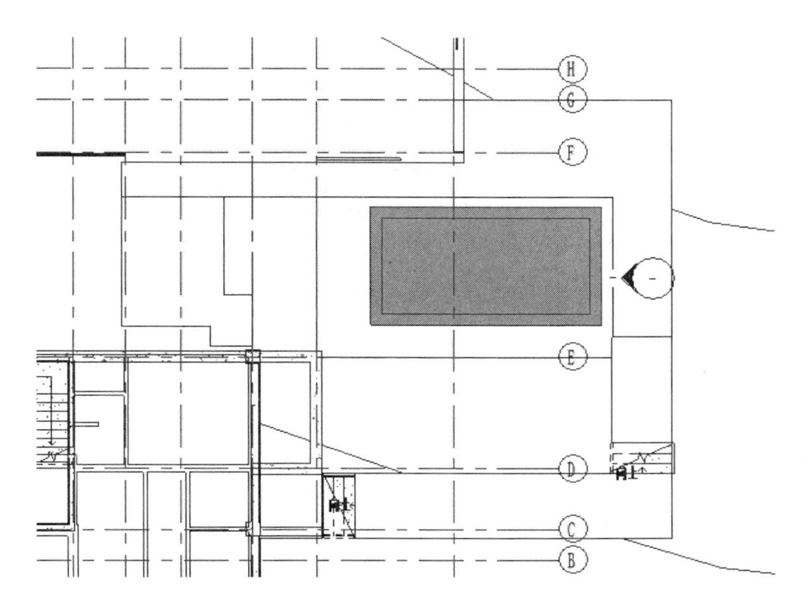

图 2-175

图 2-176

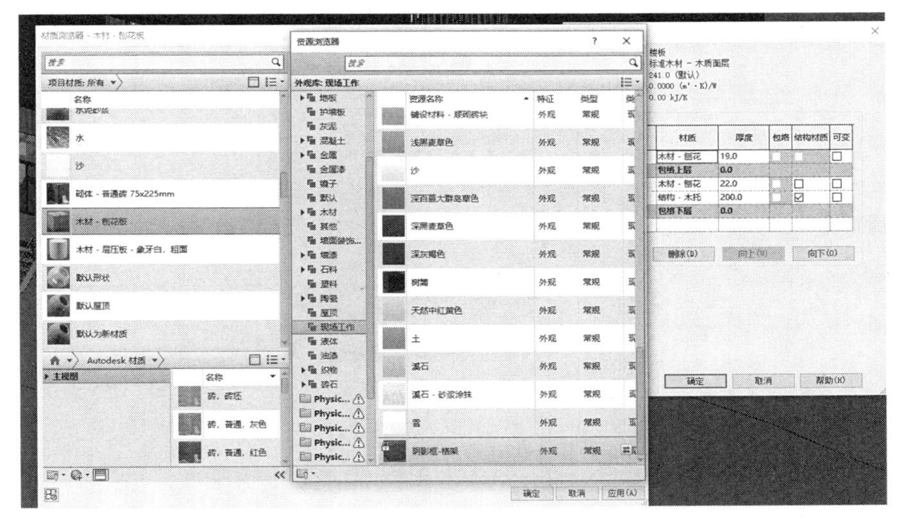

图 2-177

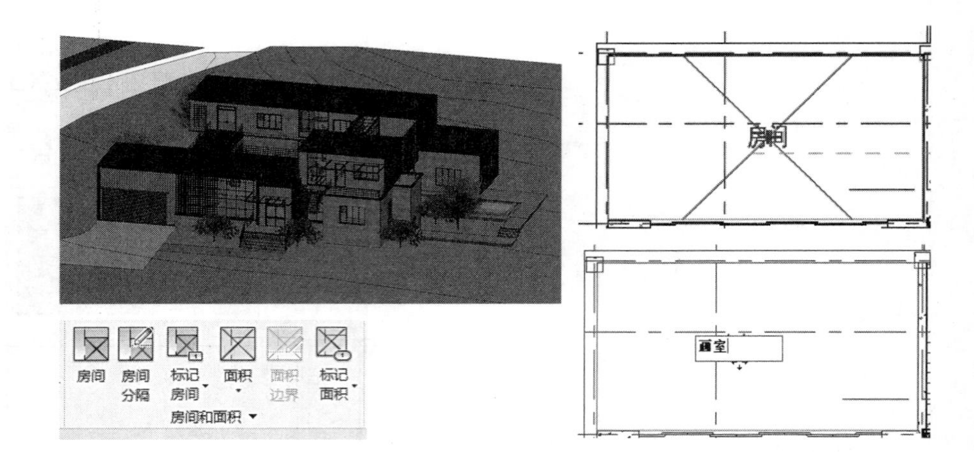

图 2-178（左上）
图 2-179（左下）
图 2-180（右）

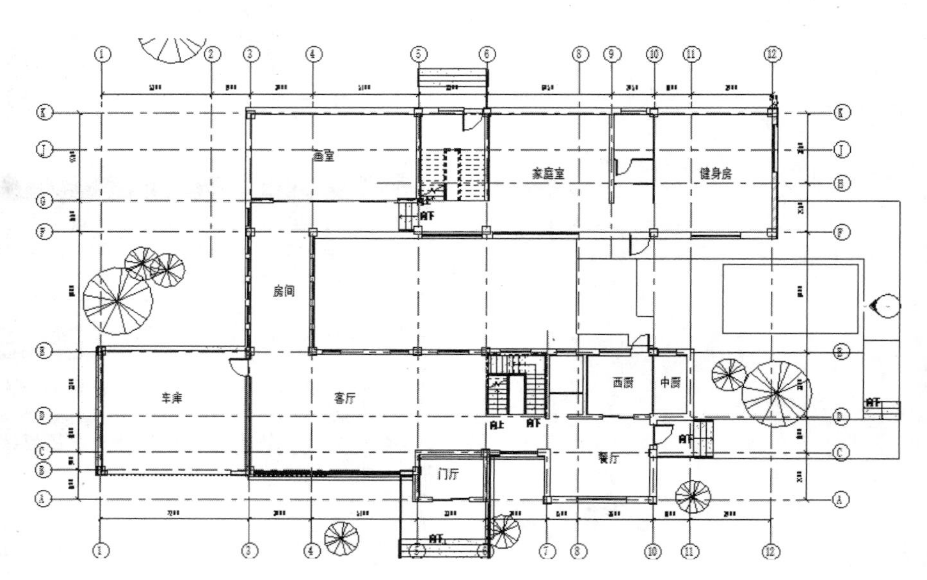

图 2-181

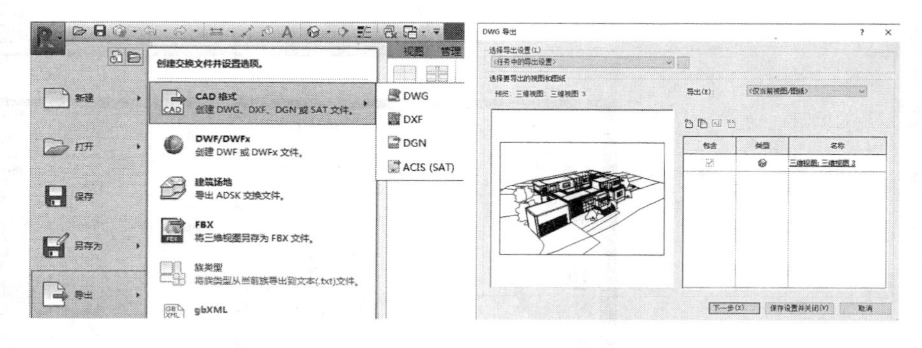

图 2-182

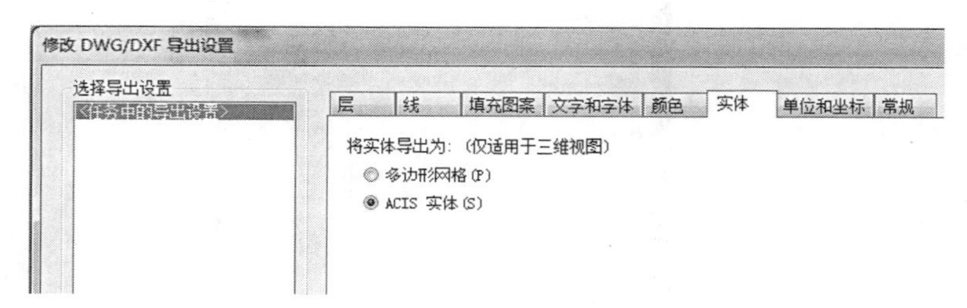

图 2-183

❖ 要点提示：如需打印出线稿图，可选择导出图纸，在视图栏中找到图纸图标，点击进行图纸大小的选择，可对图形框进行尺寸裁剪见图 2-184。

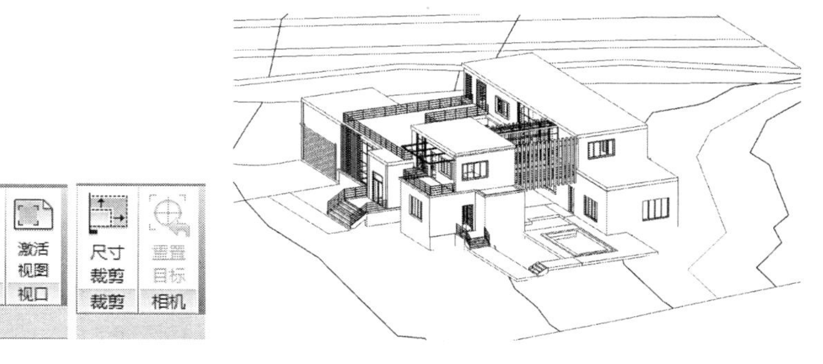

图 2-184

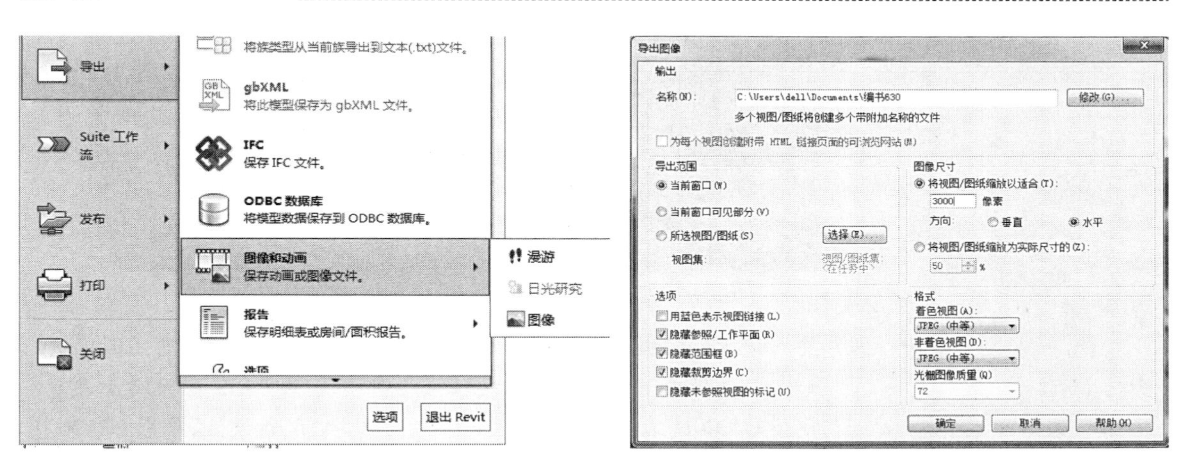

图 2-185（左）
图 2-186（右）

用电脑内存。比较两种方式，推荐使用第二种方式，无论是从渲染质量还是时间成本来说，云渲染都更具有优势，同时，云渲染还可以进行全景渲染与照度渲染，可随时调整图片的几项基本参数，并将渲染图永久保存在用户的云数据库中，便于随时访问下载。

（1）云渲染的操作

➢ 首先介绍如何进行云渲染。需要在登录了 AOTUDESK 的账号后使用此功能。在视图栏里点击 CLOUD 渲染，见图 2-187 弹出对话框，点击继续开始设置渲染参数。三维视图可选择渲染的界面，输出类型可选择全景，静态图像以及照度等模式，渲染质量根据所需图像大小精细度进行选择，曝光对光照环境进行设置，宽度可设置图像大小。在右下方可现实预计渲染时间，在设置完成后便可自动计算出大致时间，点击开始渲染便可传至云渲染库中，见图 2-188。可选择后台运行，继续进行其他操作，见图 2-189。

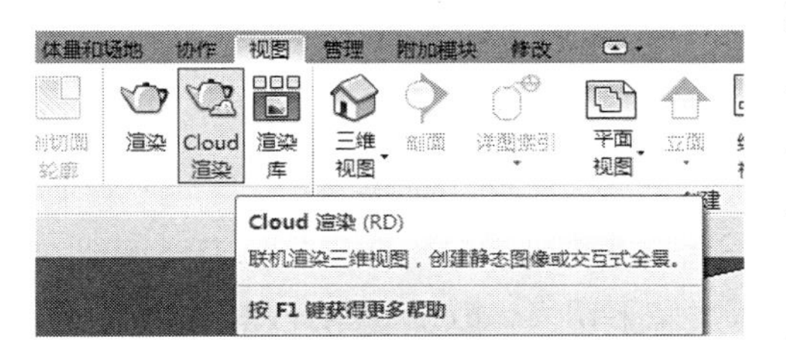

图 2-187

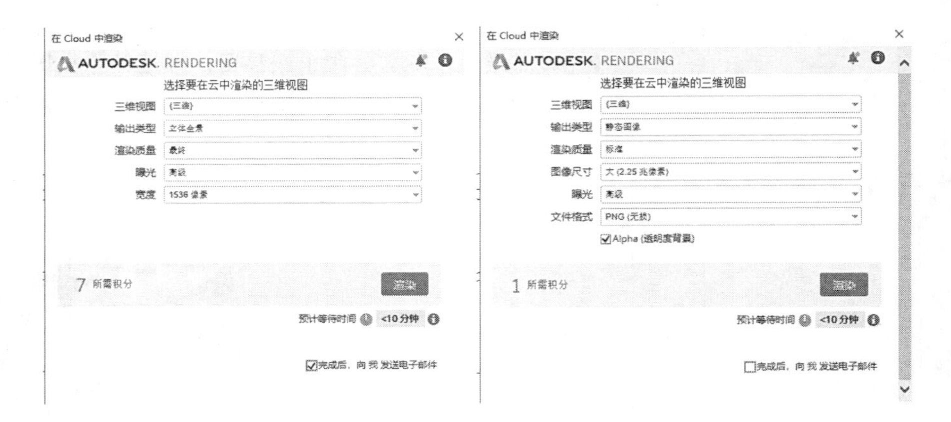

图 2-188

图 2-189

❖ 要点提示：根据选择的输出类型的不同，设置方法会有所不同，例如在照度模式下，需要对基地位置与时间进行确定，同时对于天空模型的 DNI（直接辐射）与 DHI（散射）参数进行设置，见图 2-190。

图 2-190

➢ 云渲染完成后我们需要到用户的 AOTUDESK 账号中去查看渲染图像。点击右上方的用户连接到云渲染库或者直接点击视图下方的渲染库图标，在弹出网页上查看。

➢ 进入网站后，将会出现最新渲染的模型图片，见图 2-191。

➢ 在上方可选择性显示需要展示的图片类型，在全景、静态图片、照度、日光研究等类型下切换，以及后期处理、下载、删除，见图 2-192。

图 2-191

图 2-192

（2）云渲染效果展示

（3）本地渲染的操作

➢ 本地渲染可用于一些小图或者效果预览，在不联网的情况下可根据设置进行不同精度的渲染。

图 2-193

图 2-194（左）
图 2-195（右）

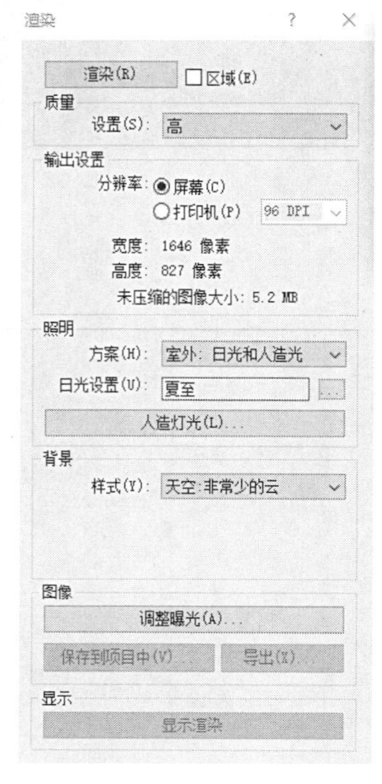

图 2-196

➢ 点击视图下的渲染图标，弹出渲染设置对话框，渲染质量，输出设置根据精细度要求进行设置，可实现渲染的图像大小。照明设置可进行室外与室内的光环境设置，在模型中加入的灯具可渲染成光源，背景样式中有对天空的设置，见图 2-196。

➢ 渲染完成后，可在渲染对话框中进行曝光调整，点击保存到项目中，在后续使用中可在项目浏览器的渲染中调出查看。点击导出即可保存图像到电脑上。

➢ 本地渲染的过程中，基本难以进行其余操作，但用户可及时看到渲染效果，以便于可及时中断以进行修改材质等操作，见图 2-197。

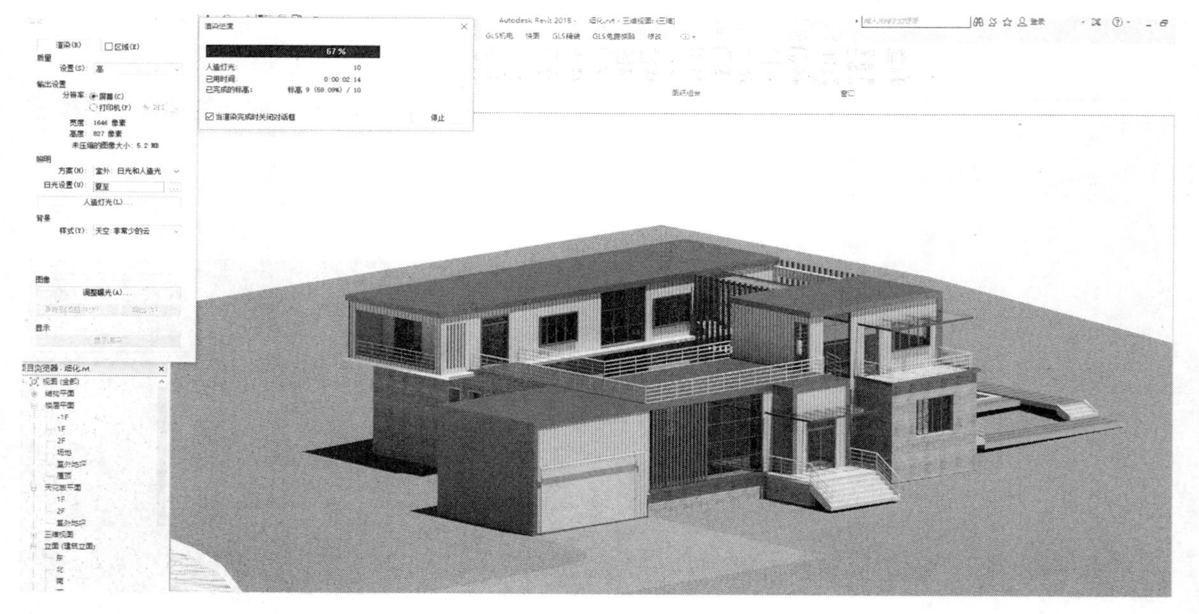

图 2-197

图 2-198

❖ 要点提示：在本地渲染时，通常会选择相机模式，在相机模式中经常会出现导入的 CAD 图像，此时快捷键 VV，在导入图像中取消勾选导入的 CAD 图名称即可。

（4）渲染效果图展示

图 2-199

5）关于 Revit 渲染拓展

Revit 的渲染方式多种多样，下面我们就来介绍几类。

（1）3Dmax 渲染

如果导入 3Dmax 渲染，设置参数多、渲染虽然效果好，但材质有可能会丢失，还需要重新附材质，而且渲染参数比较专业，对软件技能掌握要求高。

（2）Lumion/Fuzor/Twinmotion 渲染

导入到 lumion（Fuzor、Twinmotion）等虚拟现实软件进行渲染，操作简单，可保留材质，重新附材质简单、光线调节简单。对显卡要求较高，渲染效果比较不写实，需要进行后期处理。

（3）导入到 Autodesk Naviworks 进行渲染（Autodesk Rendering 渲染引擎）

操作简单、易学易用，材质不会丢失。RPC 材质需要重新给、由于设置简单也难以渲染出高品质图形。

（4）Vray for Revit

有预置的环境光、曝光设置，非常方便。两种渲染模式，可以导出渲染设置。可以保存多种格式（通道）的图片，方便后期 PS。

渲染器多种多样，如何选择还是需要根据自己的渲染要求、后期处理、软件要求与软件掌握度综合选择。只要有兴趣和时间，软件值得尝试一下，毕竟这些渲染器与插件并不是那么简单，也寓意着 BIM 时代数据集成的大趋势。

2.2 【案例 2】：研究生实践案例

2.2.1 项目简介

该工程为某企业生产办公楼，项目贯彻可持续建设的理念，拟运用工程总承包模式开发建设，目标是建造成一个舒适、低碳的绿色建筑。办公楼为 4~6 层，主要功能为科研、生产、会议室、办公、职工餐厅、地下车库等。

2.2.2 项目特点与主要解决问题

该项目在考虑绿色建筑的同时，要求在设计成本上精细化控制，建筑设计有要求精细，工期紧张等特点。拟运用 BIM 技术，更好控制设计质量、降低成本、进行节能分析等，以达到优化设计质量、节约成本、提高施工效率，缩短施工时间的要求。

2.2.3 任务书——目的和要点

1）目的：本节学习如何在工程建筑初步设计阶段应用 Revit 技术。

2）要点：深化场地、深化平立剖、细部深化

2.2.4 创建模型

1）创建场地

（1）创建项目坐标位置

➢ 打开 Revit 2018 界面，单击 R 下拉菜单 / 新建，弹出新建项目对话框，选择建筑样板，单击确认进入绘图界面。

➢ 单击项目浏览器中视图 / 楼层平面 / 场地，进入场地绘图界面，单击管理 / 项目单位，单击功能选项卡插入 / 导入 cad，弹出导入 CAD 格式对话框，选择文件夹案例 2/CAD/2.2.4/ 总图 .dwg，见图 2-200。勾选仅当前视图，导入单位设置为米，定位栏设置为自动 - 中心到中心，其他为默认。再单击打开，完成 CAD 总图的导入，见图 2-201。

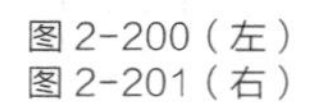
图 2-200（左）
图 2-201（右）

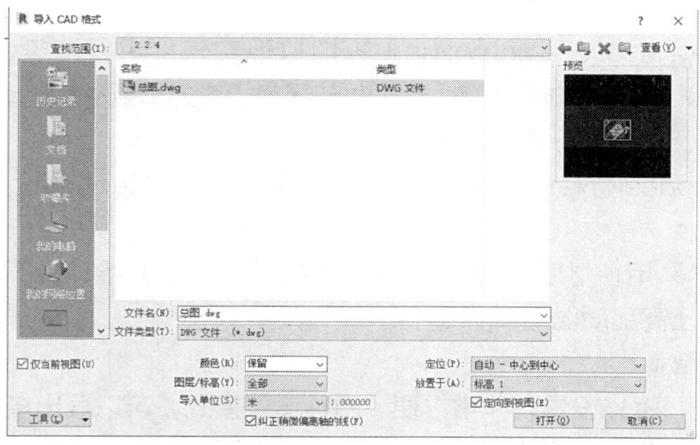

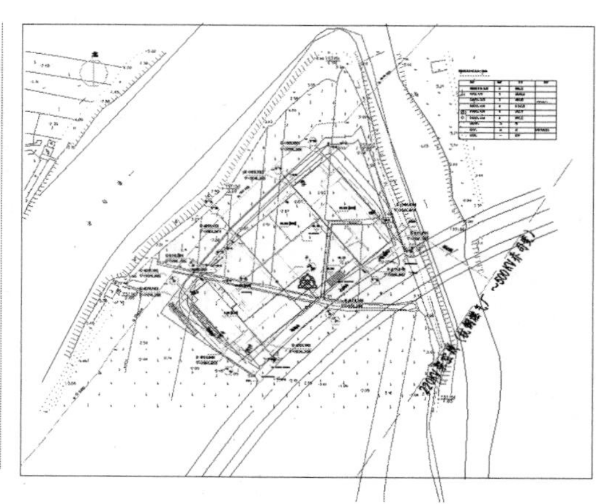

❖ 知识扩展：导入的 cad 如果线条显示较粗，单击快速访问工具栏内的细线，完成粗线变细线的转变。

➢ 回到已导入 CAD 地形总图的场地视图绘制界面，单击功能选项卡管理 / 地点，弹出位置、天气和场地对话框，在项目地址栏内输入杭州，单击搜索，见图 2-202。单击确定后回到场地绘制界面。

➢ 在 Revit 场地平面视图中有两个点，圆形点是项目基点，三角形点是测量点。项目基点表示项目坐标系的原点，此外，项目基点还可用于在场地中确定建筑的位置以及定位建筑的设计图元。参照项目坐标系的高程点坐标和高程点并显示此点相应的数据。测量点代表现实世界中的已知点，例如大地测量标记。

➢ 单击点选项目基点，左上角的显示符号锁，单击符号锁，符号锁上显示一红色斜线，代表符号锁已解开，见图 2-203。鼠标移回圆形项目基点，将其移到项目总图带坐标的某一点。本案把项目基点移至总图坐标为 *X*=170.802、*Y*=2893.736，单击左上符号锁，这时符号锁上红色斜杠消失，表示项目基点已锁。点击右侧数字栏，输入该坐标对应的坐标和高程。此时总图位置已确定，见图 2-204。

➢ 接下来再移动测量点，移动时同样需解开符号锁，把其移到另一个已知坐标点上，本案把测量点移至总图坐标为 *X*=152.626、*Y*=2909.193，此时符号锁先不用锁上，见图 2-205。

➢ 一般情况场地平面视图采用的是正北方向，其他楼层平面视图为项目北方向。本案例从项目北到正北方向的角度有 49°37′26″。为了建模和设计者后续工作的方便，把总图按项目北旋转。单击管理 / 项目位置 / 位置 / 旋转项目北，弹出旋转项目对话框，见图 2-206，单击对话框内对齐选定的直线或

图 2-202（左上）
图 2-203（左下）
图 2-204（右上）
图 2-205（右下）

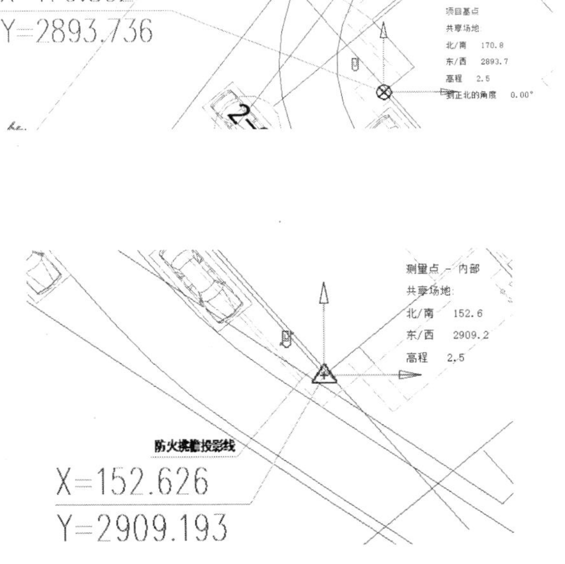

平面选项，到图中以项目基点为圆心单击选择一直线，图面自动旋转至项目北（如果，图面自动旋转到了水平南北向，需重复前面的命令，在弹出的对话框内选择顺时针 90° 或逆时针 90° ），见图 2-207。这时视图里的立面方向箭头不再是正南正北或正东正西，此时，只需要删除原有的箭头，然后重新创建四个正方向的立面箭头。单击视图 / 创建 / 立面 / 立面，在平面视图内放置东南西北的方向箭头，见图 2-208、图 2-209，同时移至合适的位置并按对应的方向重新命名立面视图名称。然后在属性栏里把项目北方向改为正北，点击应用。这时总图平面视图回到实际正南北方向，见图 2-210。

并将文件另存为项目坐标位置 .rvt 文件。

（2）创建地形表面

打开项目坐标位置 .rvt 文件，创建地形表面前检查项目单位，总图高程单位为米。单击功能栏管理 / 项目单位弹出项目单位对话框见图 2-211，点击长度的格式栏数字弹出格式对话框见图 2-212，把单位毫米改为米，小数点保留两位。完成设置并确认。

➤ 单击体量和场地 / 场地建模面板右边向下小箭头，弹出“场地设置”对话框，设置等高线间隔为 5、经过高程 1、附加等高线不用设置、剖面填充样式选择土壤—自然、基础土层高程可根据项目地下室层高来设定参数，此处设置为 -4，见图 2-213。

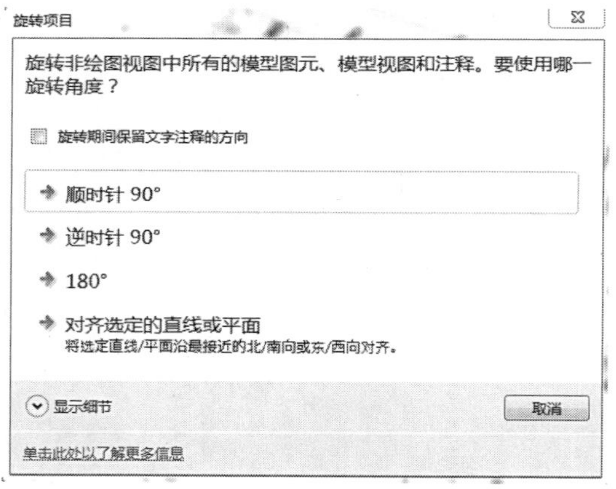

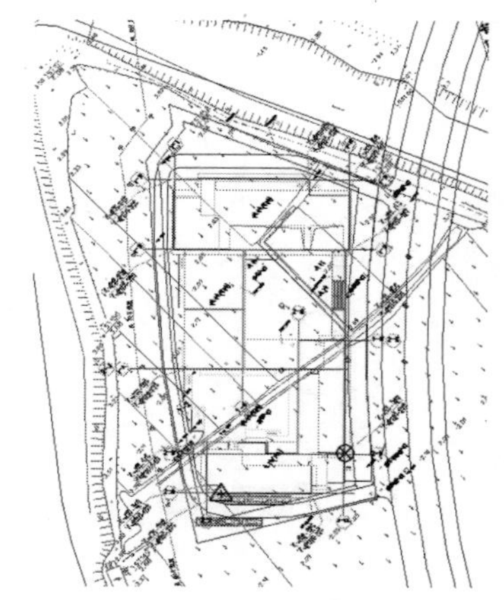

图 2-206（左）
图 2-207（右）

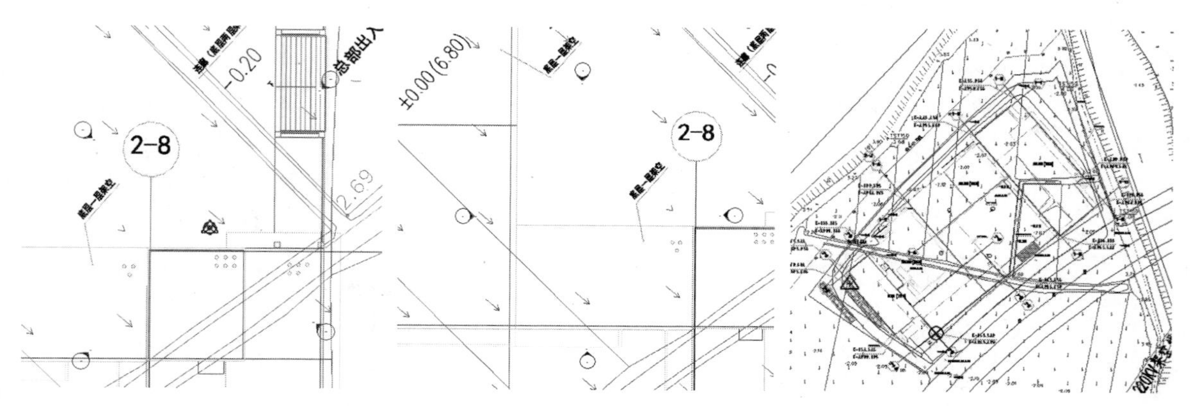

图 2-208（左）
图 2-209（中）
图 2-210（右）

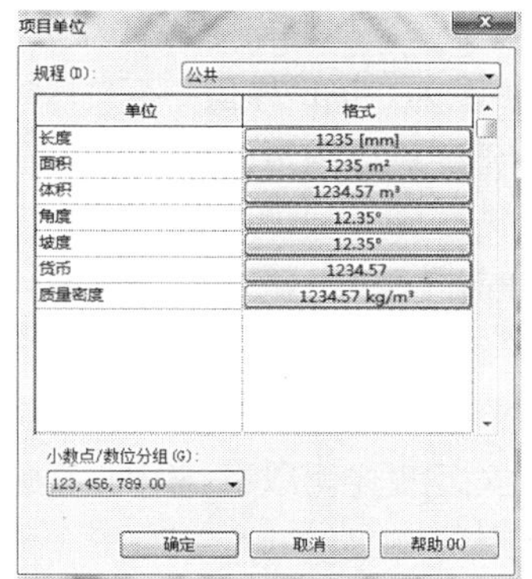

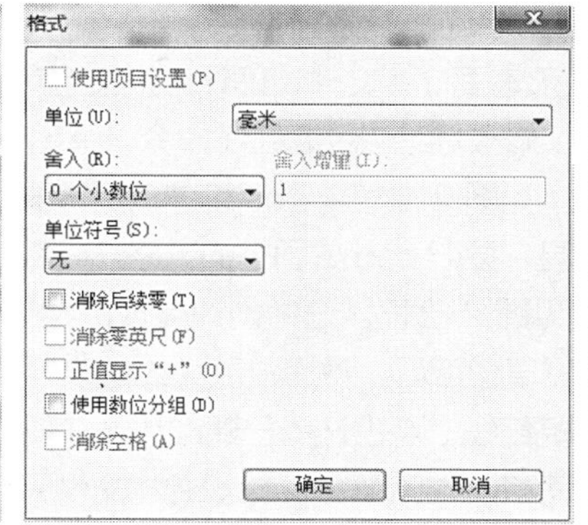

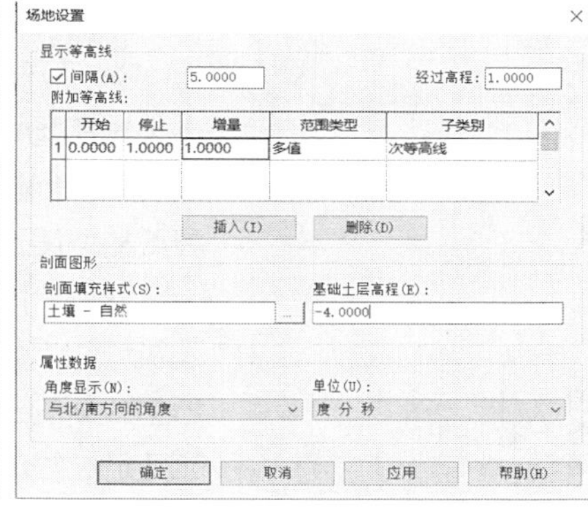

图 2-211（左）
图 2-212（中）
图 2-213（右）

➢ 单击功能栏体量和场地 / 地形表面，进入编辑表面绘图模式，单击工具面板中放置点按钮，并在选项栏中高程处输入总图地形上绝对高程值，然后在场地视图中放置该值点，在下一次单击放置点前可重新输入新的高程点值，按照 cad 总图地形高程点逐点输入。然后单击√完成表面绘制，见图 2-214。

> ❖ 知识扩展：创建地形表面除了放置点创建外，还可以通过导入三维等高线数据或根据来自土木工程软件应用程序的点文件来创建地形表面。

➢ 修改表面，单击选择刚创建的地形表面，然后选择修改 / 地形 / 表面 / 编辑表面工具。再单击放置点按钮，此时可以修改这个地形表面内的任意高程点值。在选项栏上还可以选择相对于表面选项，通过此选项可以将点放置于现有地形表面上的指定高程处，修改后单击√完成表面修改。

➢ 单击选择地形表面，在激活的地形表面属性对话框内，点击材质类别右侧按钮，弹出材质浏览器，在上方搜索栏中输入文字"土壤"，点击搜索到的土壤材质，单击确定，见图 2-215。并将文件另存为地形表面 .rvt 文件。

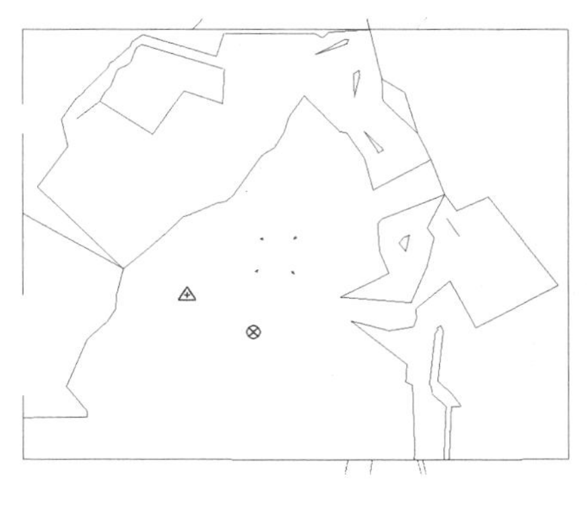

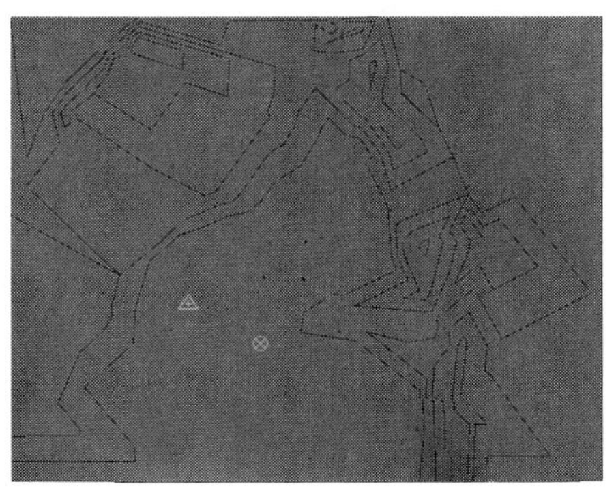

图 2-214（左）
图 2-215（右）

> ❖ 知识扩展：简化表面也是修改地形表面的一种工具，可以减少地形表面中的点数，提高系统的性能，特别是对于带有大量点的表面。

（3）创建用地红线及建筑红线

➤ 打开地形表面 .rvt 文件，确认激活的当前视图为“场地楼层平面”。单击体量和场地 / 修改场地 / 建筑红线命令。弹出创建建筑红线对话框，选择通过绘制来创建，见图 2-216。激活绘图工具界面，在绘制工具项里选择直线工具或拾取线工具，按照 cad 总图上的道路红线和建筑红线的分别绘制，单击√【完成模式】，见图 2-217。选中创建完成的建筑红线，单击修改 | 建筑红线 / 建筑红线 / 编辑草图工具，激活建筑红线修改界面，可以通过修改相应的线重新生成新的建筑红线。点击选择已建红线，在属性对话框中可以看到用地红线和建筑红线的面积值，见图 2-218。并将文件另存为创建红线 .rvt 文件。

图 2-216（左）
图 2-217（中）
图 2-218（右）

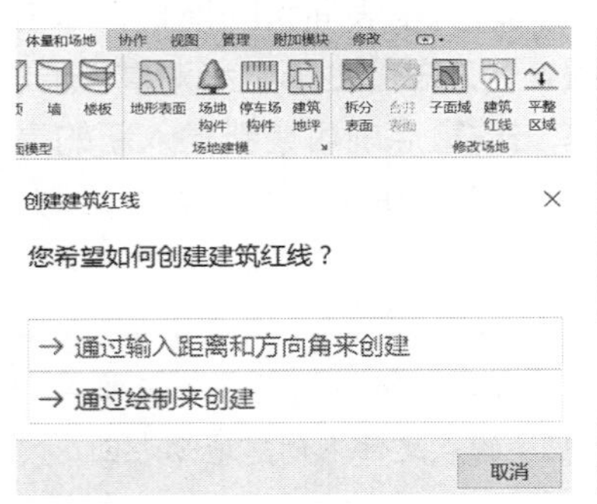

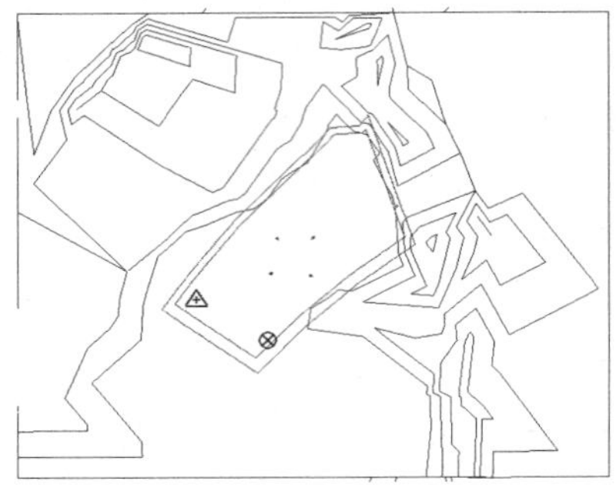

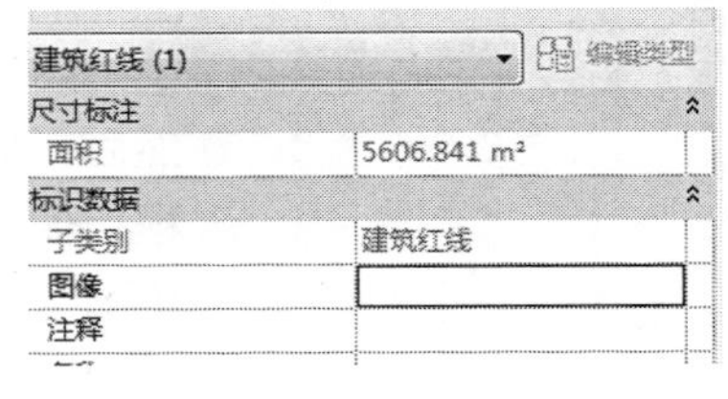

❖ 知识扩展：线的颜色、图案、宽度可以通过对象样式对话框来进行设置和调节。

（4）创建场地道路及周边环境

➤ 打开创建红线 .rvt 文件，单击体量和场地 / 修改场地 / 子面域工具。进入修改 | 创建子面域边界工具卡，选择绘制，按照 cad 总图绘制道路场地。车行道与人行道分开单独绘制，绘制线需完全闭合，线的闭合可以单击修改面板内的修改工具来完成闭合，面板内含移动、复制、剪修、旋转、对齐、偏移、镜像等命令见图 2-219。单击√完成模式，见图 2-220。

图 2-219

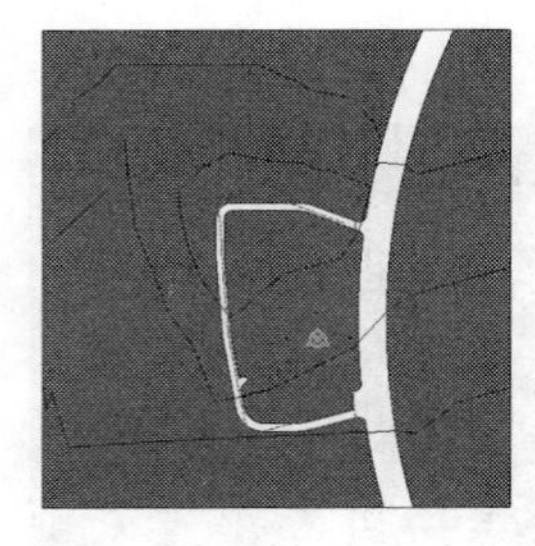

图 2-220

❖ 知识扩展：绘制道路时可以把不需要的线或图层关掉。通过快捷键命令 VV，弹出场地的可见性 / 图形替换对话框，单击导入的类别，在激活的导入类别对话框中点击总图前的 + 符号，此时显示 cad 总图的图层，把勾选去掉，就能关掉总图图层。

➤ 选中绘制完成的子面域，在属性对话框的材质和装饰 / 材质后对应的按钮，在弹出的材质浏览器左侧材质栏中选择创建并复制材质，重新命名为路面及人行道，然后打开资源浏览器，在文档资源下在外观库文件里选择路面所需的材质，回到材质浏览器对话框单击确定，完成场地道路，见图 2-221、图 2-222。

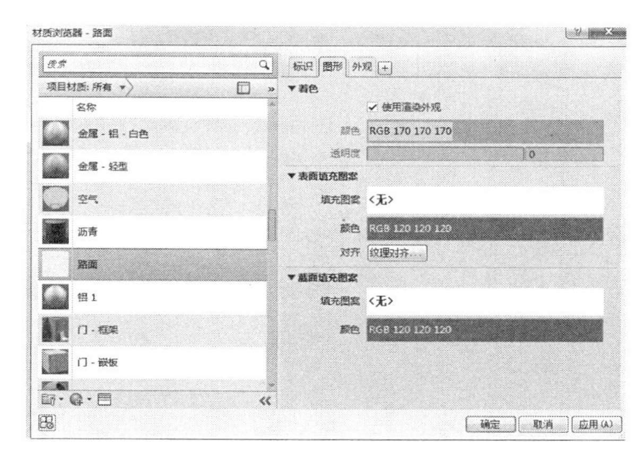

图 2-221（左）
图 2-222（右）

➢ 按以上命令创建河流，单击体量和场地 / 修改场地 / 拆分表面命令。单击视图窗口中已建地形，激活修改 | 拆分表面功能选项，选择绘制工具，根据总图河流形状绘制河流，单击√完成模式。在视图窗口点选已建河流地形，激活修改地形，单击编辑表面，在绘图区域出现放置点，见图 2-223 选中全放置点，把其高程降低 1m，添加水面材质，单击完成表面见图 2-224。并将文件另存为“场地道路及周边环境 .rvt”文件。

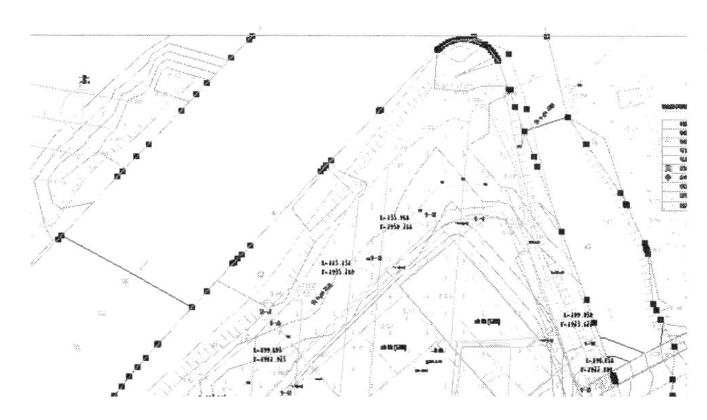

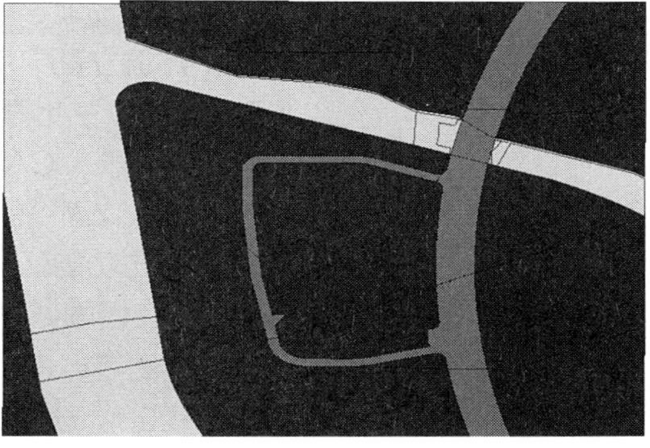

图 2-223（左）
图 2-224（右）

❖ 要点提示：创建好地形表面后如看不到 cad 总图，点击视图左下角图形显示选项 / 线框。

❖ 知识扩展：文中提到拆分表面，除了拆分，也可以将两个单独的地形表面合并为一个表面。此命令用与重新连接拆分表面。合并表面时，勾选选项栏中的选项，删除公共边上的点，选择要合并的主表面，再选择次表面合二为一。合并后表面材质同先前选择的主表面相同。

（5）平整场地

➢ 总图通过竖向设计后，需要平整场地。单击体量和场地 / 修改场地 / 平整区域命令，弹出编辑平整区域对话框，选择创建与现有地形表面完全相同的新地形表面选项，见图 2-225。在场地视图中点选地形表面，激活编辑表面，根据设计场地标高，添加或删除点以及修改点的高程或简化表面等编辑，完成绘制。本项目原场地内点高程在 2.03-2.1 之间，设

编辑平整区域

请选择要平整的地形表面。您要如何编辑此地形表面？

现有地形表面被拆除，并在当前阶段创建一个匹配的地形表面。

编辑新地形表面以创建所需的平整表面。

→ 创建与现有地形表面完全相同的新地形表面
将复制内部点和周界点。

→ 仅基于周界点新建地形表面
对内部地形表面区域进行平滑处理。

其他	
净剪切/填充	80.179
填充	520.267
截面	440.088

图 2-225（上）
图 2-226（下）

计后场地内道路标高 4.5-5.78 之间，用鼠标框选设计后场地内道路位置的已建高程点，把高程参数调整为设计标高。改动原有点高程还不能达到设计场地要求时，需增加放置点。单击√完成场地平整。此时点选地形表面，在属性对话框内其他栏中显示出平整土地的填方和挖方的数值，确保土方平整平衡见图 2-226。最后，把创建好的地形另存为“场地平整 .rvt”。

❖ 要点提示：场地平整后将自动创建新的阶段，所以需要将视图属性中的阶段修改为新构造。

❖ 知识扩展：简化表面命令可以减少地形表面的点数，提高系统的性能。

2）创建标高及轴网

（1）创建标高

➢ 打开场地平整 .rvt 文件，单击“项目浏览器”面板中“视图全部”/ 立面（建筑立面）/“北”立面视图，见图 2-227，在绘图区域显示标高 1 和标高 2。在此界面插入建筑北立面 cad 图，单击功能选项卡插入 / 导入 cad，弹出导入 CAD 格式对话框，选择文件夹案例 2/CAD/2.2.4/ 北立面 dwg。导入立面图的 ±0.000 标高与视图内标高 1 对齐。

➢ 单击功能区建筑选项卡，选择基准面板中标高工具。在绘图区域按照 CAD 立面图新建标高，绘制标高起始点并拖动鼠标，再次单击时可确定该标高的终点，标高 3 绘制完成；除此方法外，可以连续复制已有标高，见图 2-228。选择已有标高线，单击功能区修改 / 复制命令，在激活的状态栏内勾选约束及多个选项框后，连续复制标高，复制时可直接用键盘输入新标高与被复制标高的间距数值。

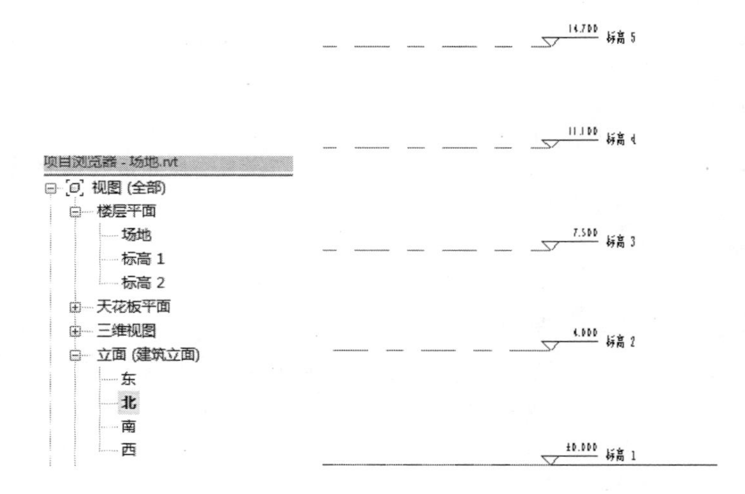

图 2-227（左）
图 2-228（右）

➢ 这时观察浏览器发现楼层视图中增加了之前绘制的一个新建标高 3 平面视图，而复制的标高视图并未显示在项目浏览器下视图楼层平面内，见图 2-229。单击功能区视图选项卡，鼠标点选创建面板中的平面视图，下拉菜单选择楼层平面，弹出新建楼层平面对话框，见图 2-230。选中框内新建标高，单击确定。此时在项目浏览器楼层平面视图内显示了新创建的全部楼层标高。

图 2-229（左）
图 2-230（右）

➢ 标高创建完后，检查发现标高 2 的数值与立面不对应，我们单击选中标高 2，把鼠标移至标高 2 数值 4.000 处，点击数值并重新输入新的值“3.900”，见图 2-231。另外，建筑立面出图时标高处按楼层表示，比如“1F”。修改时，同样单击选中标高，把鼠标移至标高名称位置，单击该名称并重新输入新的名称，见图 2-232。

➢ 由于本案有地下室，同理根据 CAD 立面创建 -1F 标高以及室外地坪标高。在标注室外标高时，标高有时数值会与正负零标高数值相重叠，比如右侧标高数值重叠，点击标高标头左侧添加弯头，使重叠标高数值分开，见图 2-233。

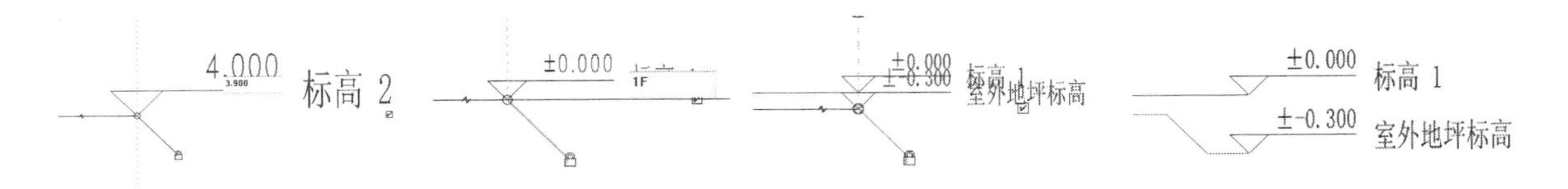

图 2-231（左）
图 2-232（中）
图 2-233（右）

❖ 知识扩展：用阵列的方法可以创建多个等距标高，此方法适用于层高相同的多层或高层建筑。

❖ 要点提示：场地视图以米为单位，而在楼层平面视图和立面视图中绘制模型时，视图单位重新设置为毫米。

（2）创建轴网

创建完建筑标高后，接下来创建轴网，回到平面视图。

➢ 单击项目浏览器面板中 -1F 楼层平面视图，在此视图中插入文件夹案例 2/CAD/2.2.4/ 地下一层 .dwg，并与场地地形总图对齐。

➢ 为了后续建模方便，隐藏 cad 总图及场地地形类别。在键盘上输入 VV 命令，在弹出的 -1F 的可见性 / 图形替换对话框中，分别去掉模型类别和导入类别内的地形、场地和总图前的勾选。

➢ 回到 -1F 平面视图，单击功能区建筑选项卡，选择基准面板中轴网工具。激活修改 | 放置轴网工具栏，选择绘制面板内的“直线”或“拾取线”命令，按照地下一层平面 cad 图绘制轴网，水平轴线从下往上绘制或拾取，绘制完第一条轴线时，轴号自动生成，并默认从 1 开始编号。因此在绘制完第一条轴线后，先把 1 轴号改为对应 cad 图纸的轴号 2-A。再按顺序绘制其他轴线，这时轴号自动按 2-B，2-C...... 依次自动编号，见图 2-234。同样方法绘制垂直轴线，从左向右绘制，编号按图纸 1-1 进行编号，见图 2-235。

➢ 轴网除了用直线、拾取的绘制方法外，可用复制、阵列来创建轴网。

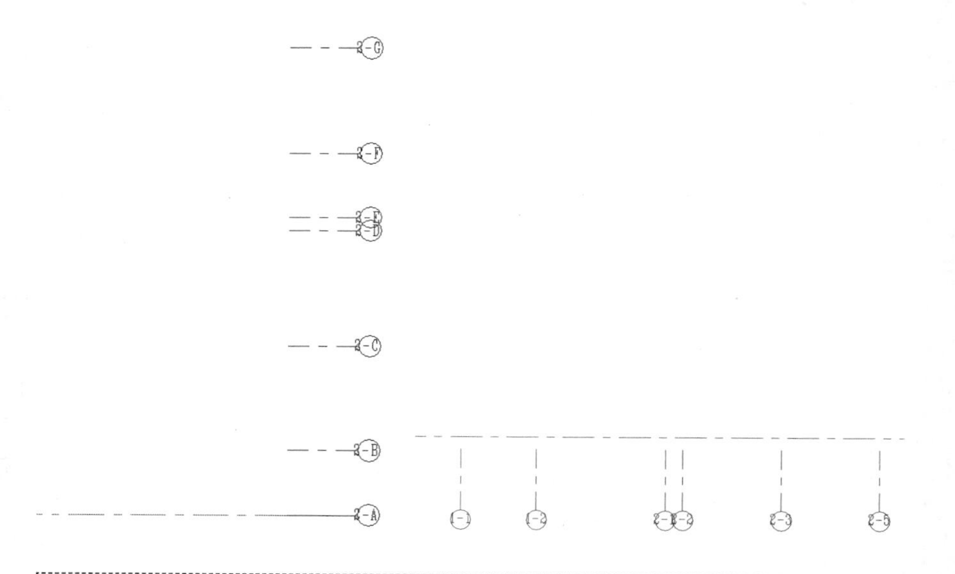

图 2-234（左）
图 2-235（右）

❖ 知识扩展：隐藏图元在 Revit 建模中常会用到。有两种方法，一种是用快捷键 VV，弹出视图的可见性 / 图形替换对话框，选择要隐藏的类别，去掉前面的勾选，然后点击确定。另一种是在视图中选中要隐藏的图元，并点击鼠标右键，在弹出的属性栏内选择在视图中隐藏图元或类别。

➢ 在创建轴线前如未对轴线类型参数编辑，会出现轴号不全或无轴线中段等。单击轴网，在属性对话框内单击“编辑类型”，弹出“类型属性”对话框，见图 2-236。在轴线中段的参数值“无”改为“连续”，把平面视图轴号端点 1 和 2 的参数值都勾上，然后确定，见图 2-237。最后整理轴号，把重叠的轴号错开，选择需调整的轴号，点击“添加弯头”，拖拽小圆点至合适位置，见图 2-238、图 2-239。最后文件另存为创建项目标高及轴网 .rvt。

❖ 要点提示：当轴号单圈半径小于字体时，可以编辑项目浏览器 / 族 / 注释符号 / 符号 _ 单圈轴号，在弹出的单圈轴号族内修改半径。

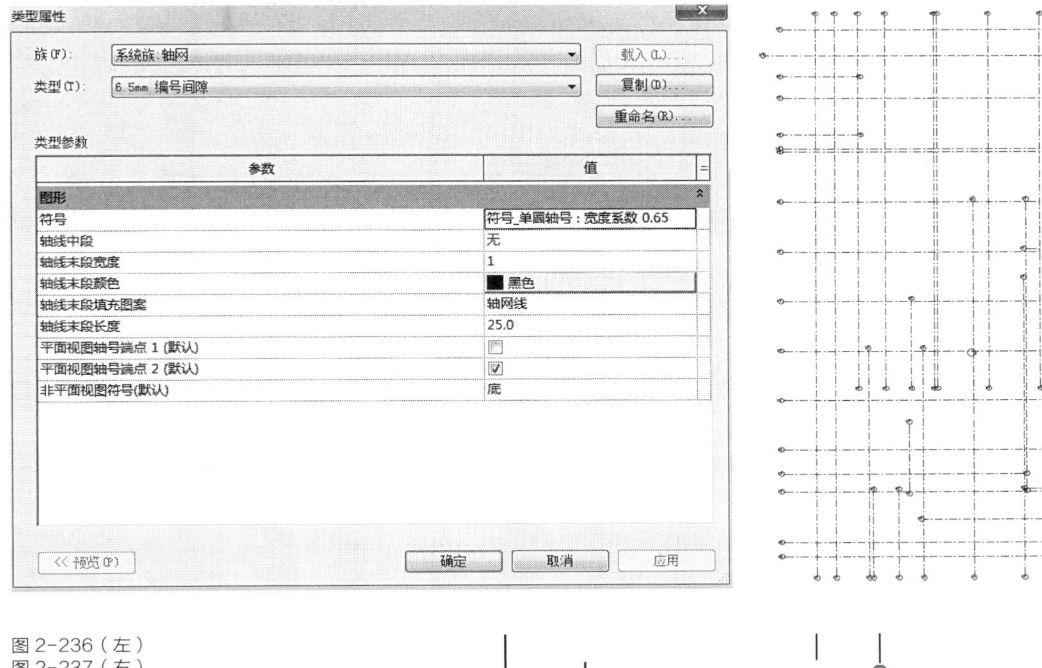

图 2-236（左）
图 2-237（右）

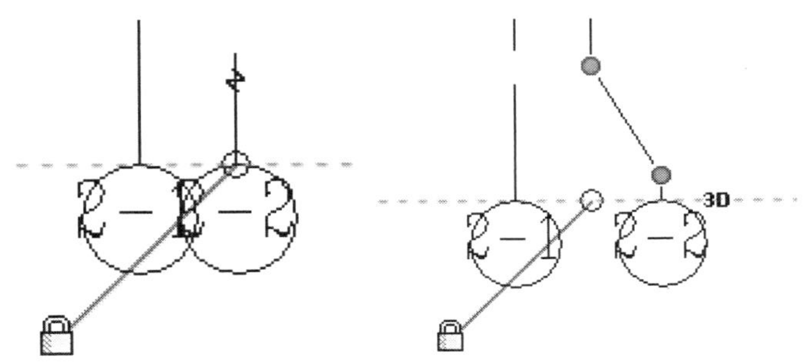

图 2-238（左）
图 2-239（右）

3）创建工作集

工作集的创建，有利于各专业分工协作同一项目不同专业不同内容。

（1）创建中心文件

➢ 打开 Revit 2018 界面，单击 下方“文件”弹出下拉菜单，点击右下方【选项】，弹出选项对话框，把常规界面里的用户名改为“中心文件”，见图 2-240，单击确定。

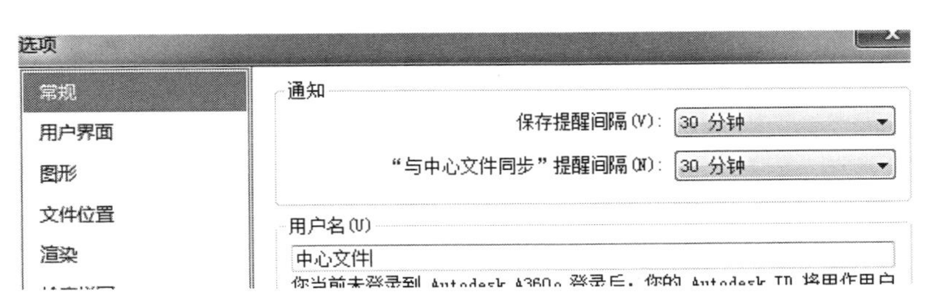

图 2-240

➢ 打开创建标高及轴网 .rvt 文件，单击功能区协作选项卡，选择管理协作面板内的协作工具，弹出协作对话框，选择使用云协作，见图 2-241，然后点击确定。这时再单击管理协作面板内工作集选项卡，弹出工作集对话框，显示的名称可以按个人习惯重新命名。然后确定退出，见图 2-242。

➢ 把该文件另存到已新建的中心文件夹里，命名中心文件 .rvt。这时快速访问工具栏里与中心文件同步命令被激活，点击它并退出文件。

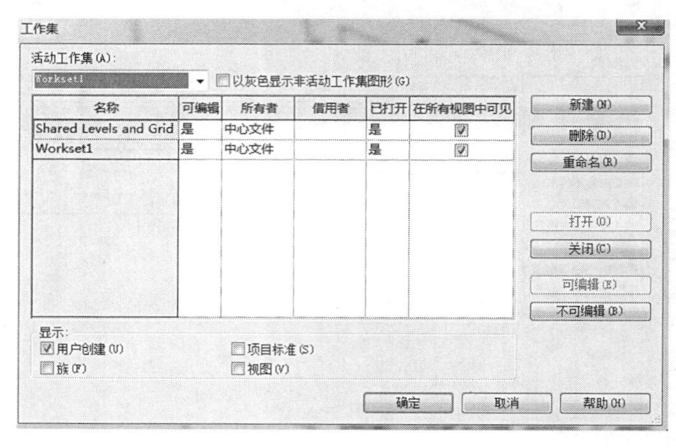

图 2-241（左）
图 2-242（右）

（2）创建本地文件

➢ 这里我们把本地文件工作集分为柱梁部分（结构）、建筑一区、建筑二区。

➢ 打开 Revit 2018 界面，单击下方“文件”弹出下拉菜单，点击右下方选项，弹出选项对话框，把常规界面里的用户名改为“结构”。然后打开刚另存的中心模型文件。单击功能区协作，选择管理协作面板内的工作集工具，弹出工作集对话框，单击新建按钮，输入“结构”，见图 2-243。单击确定，并把文件另存到已新建的本地文件夹里，命名为结构文件 .rvt，见图 2-244。并退出文件。

➢ 按同样方法新建建筑一区和建筑二区工作集以及创建各自文件，见图 2-245。

❖ *要点提示：在局域网创建工作集时，把中心文件存到共享文件中，通过局域网打开中心文件，再创建本地文件。*

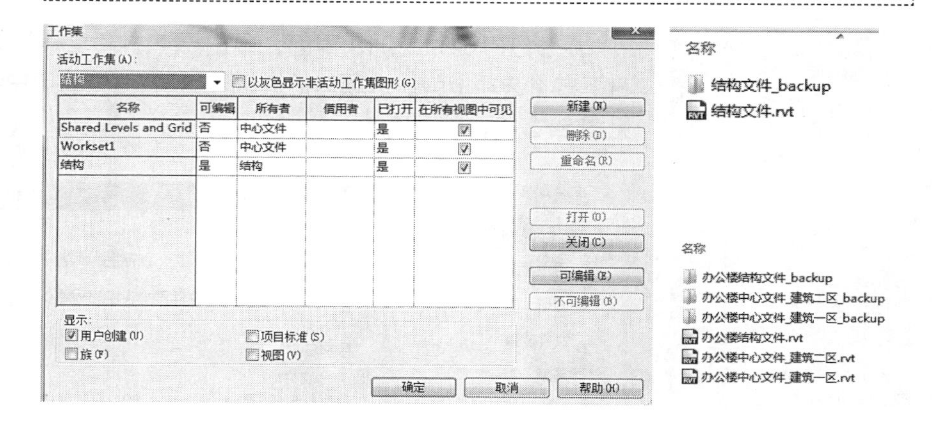

图 2-243（左）
图 2-244（右上）
图 2-245（右下）

4）创建柱、梁结构体系

（1）创建地坪

打开案例 2/ 模型 /4/2.2.4/4/3.2/ 建筑一区 .rvt，激活场地平面视图，单击功能区体量和场地 / 场地建模 / 建筑地坪工具，选择绘制边界线工具，按地下一层平面图外轮廓绘制建筑地坪。单击√完成编辑模式见图 2-246。

➢ 单击选中刚建的“建筑地坪”，在“属性”对话框中，确定标高为 1F，“自标高的高度偏移”设置为 -4800，见图 2-247 单击建筑地坪“属性”面板上的“编辑类型”按钮，在“类型属性”对话框中选择“构造”下的“结构”，单击结构右侧栏“编辑”，弹出编辑部件对话框，并将结构层厚度修改为“500”，见图 2-248。点击确定后退出，将视图切换到三维视图观察效果，见图 2-249。

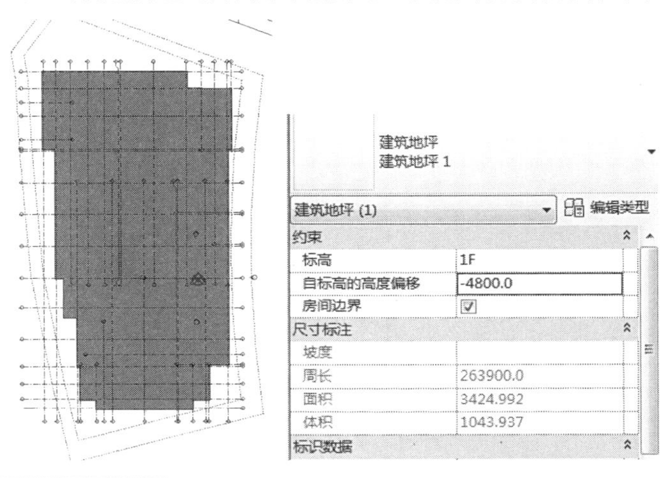

图 2-246（左）
图 2-247（右）

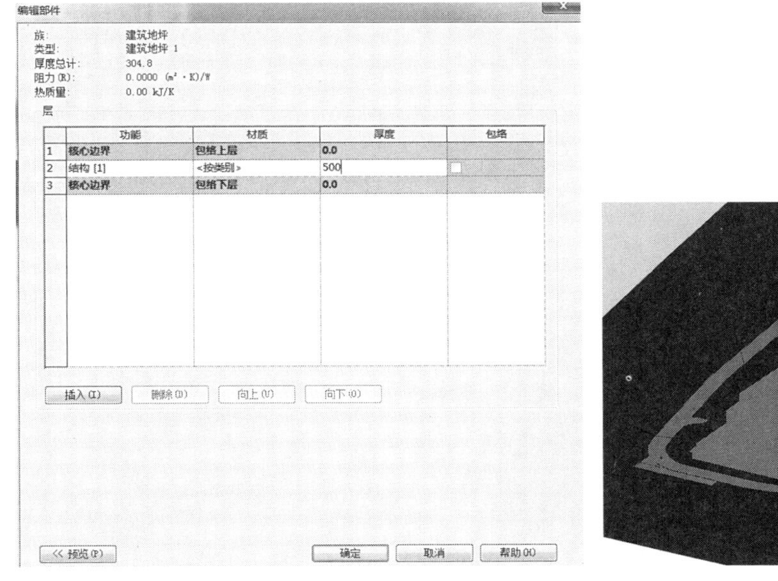

图 2-248（左）
图 2-249（右）

❖ 要点提示：创建完地坪后，再重新选择它时很难选中，这时可以将鼠标放在建筑地坪边缘处，按“Tab 键”选择切换选择。也可以将试图转换到三维视图中，选择已建地坪。

（2）创建柱

①添加结构柱

➢ 首先，选择 -1F 楼层平面视图，导入文件案例 2/cad/2.2.4 地下室柱 .dwg，见图 2-250。

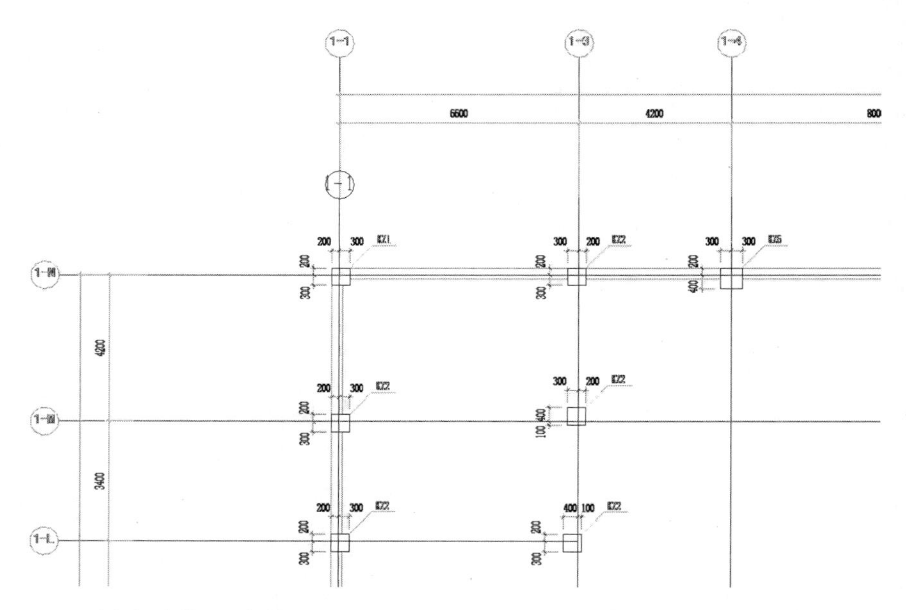

图 2-250

➢ 单击功能区建筑 / 柱子 / 结构柱，在“属性”对话框内，单击“编辑类型”，弹出“类型属性”对话框，见图 2-251、图 2-252。

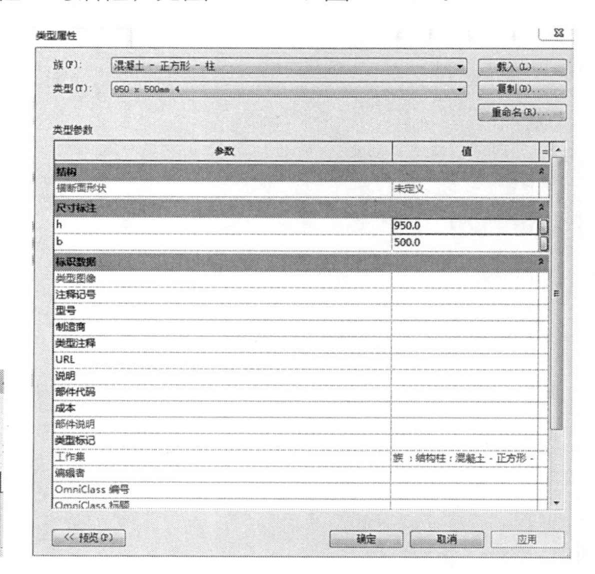

图 2-251（左）
图 2-252（右）

➢单击“载入”按钮，选择文件夹结构 / 柱 / 混凝土 / 混凝土 - 正方形 - 柱 ,rfa”文件打开，在“类型属性”中单击“复制”，按 cad 图纸新建一个族类型为“500×500mm”，在名称后输入“500×500mm”，点击确认见图 2-253，在“尺寸标注”栏中，h 输入 500mm，b 输入 500mm，点击确定。在选项栏中指定柱的放置方式，绘制时选择“高度”，顶部标高约束为“1F”，见图 2-254。

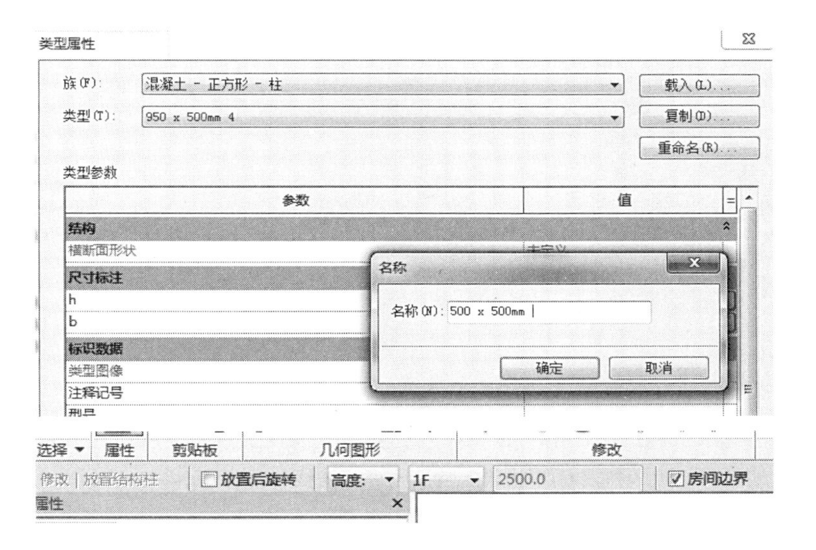

图 2-253（上）
图 2-254（下）

➢ 参数编辑完后，可以直接点单个垂直柱放置，还可以在修改 | 放置结构柱选项卡下的多个面板内单击在轴网处，见图 2-255，然后选择相同柱子的轴网，在选框时按住 Ctrl 键可以进行多次框选，按住 Shift 可以去掉之前的选择，然后单击√完成，见图 2-256。

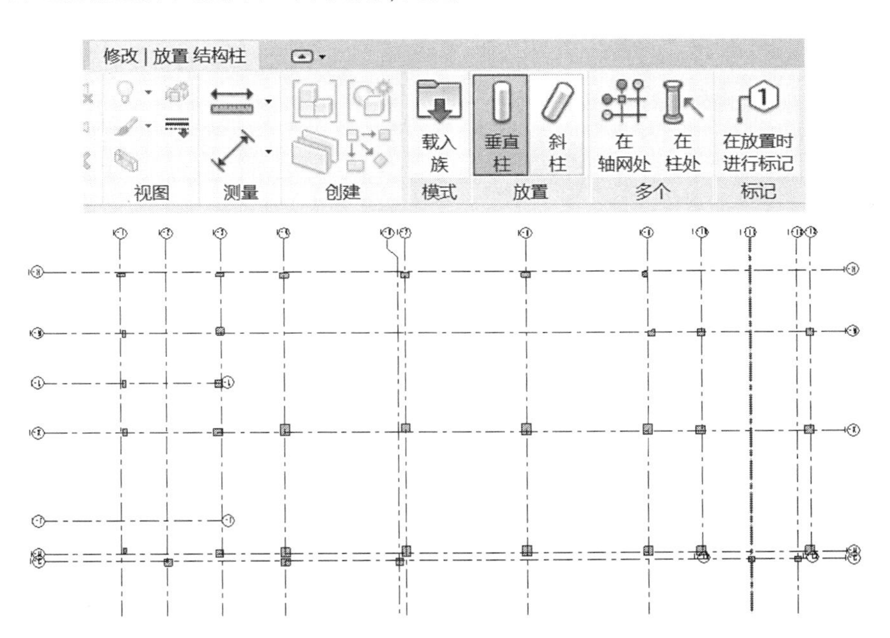

图 2-255（上）
图 2-256（下）

➢ 同理可以创建 1F 及以上楼层的柱子。另外，还可以把地下一层的柱子复制到一层平面上去。选中要复制的柱子，在“剪切板”单击“复制到剪切板”，点击粘贴工具下方选项，选择“与选定的标高对齐”，弹出“选择标高”对话框，在对话框中选择 1F，单击确定，见图 2-257。单击楼层视图 1F，观察到在绘图区域内显示刚复制的柱子，再跟一层柱配筋图核对及修改。用同样方法绘制 2F、3F、4F、5F、6F 的柱子。把其他图元隐藏，将视图切换到三维视图观察效果，见图 2-258。

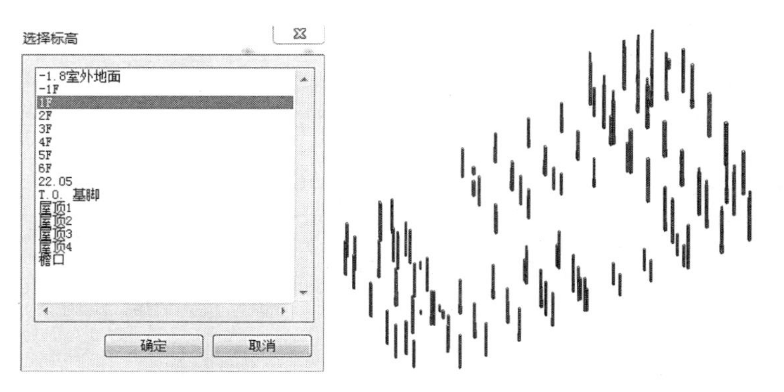

图 2-257（左）
图 2-258（右）

➤接下来，以 1F 柱子修改为例，由于 1F 与 -1F 的层高不同，柱子大小不同，因此需要修改。选中需修改大小的柱子，在属性对话框内单击编辑类型，在弹出对话框内选择复制，按照需要修改名称以及相应的尺寸标注，然后确定。修改柱子高度，回到属性对话框，再修改“底部标高”和顶部标高参数，然后单击应用，见图 2-259。注意：选中参数“随轴网移动”时，柱子将随相关轴网一起移动。选中参数“房间边界”，绘制房间时，该柱作为房间的边界。2F、3F、4F、5F、6F 的柱子按相同的方式修改。创建完成柱子，见图 2-260。

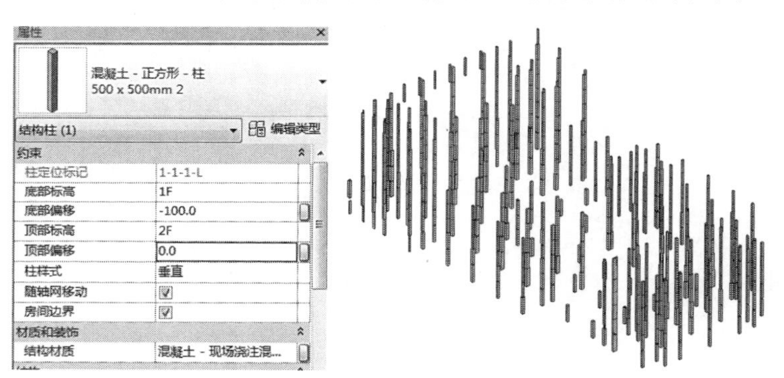

图 2-259（左）
图 2-260（右）

➤选中任意一根柱子，在属性对话框中，修改参数“结构材质”，单击参数后按钮，弹出材质浏览器，选择混凝土 - 现场浇注混凝土。为了满足平面出图的显示要求，在选择截面填充图案时，填充图案选择实体填充，颜色设置为“RGB150-150-150”，见图 2-261。

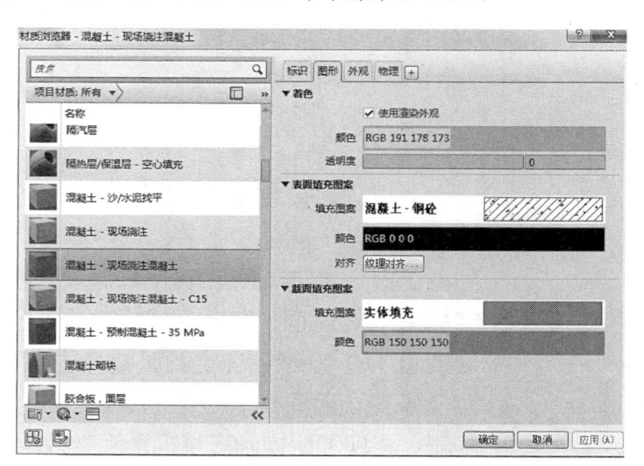

图 2-261

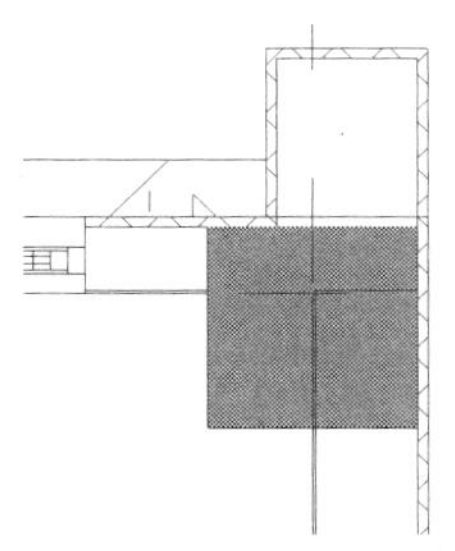

图 2-262

②添加建筑柱

➢ 在功能区选择建筑 / 柱，下拉柱列表，选择建筑柱。其创建方法与结构柱相同。我们这个项目中，建筑柱用在建筑外立面装饰柱上。能与外墙材质连接到一块，见图 2-262。

❖ 要点提示：建筑柱的属性与墙体相同，修改粗略比例填充样式只能影响没有与墙相交的建筑柱。

❖ 知识扩展：本案建筑屋顶部分为坡屋顶，绘制完顶层全部柱子后，要如何附着到屋顶。点击已建柱子，到修改柱子模式，点击修改柱功能面板下附着顶部 / 底部命令，来完成柱子与坡顶的连接。

（3）创建梁

完成柱子的创建后，创建结构梁。

➢ 选择创建梁的楼层平面视图，一般从底层往上创建梁。我们先选择 1F 楼层平面视图，在楼层平面属性中编辑视图范围参数，设底部 -300，视图深度 -300, 单击确定，见图 2-263。此步骤是为了我们建梁构件时，能在视图中显示梁的截面。

➢ 在 1F 楼层平面视图中导入地下室顶板梁配筋 CAD 图，单击功能区结构 / 梁，见图 2-264。在“属性”对话框里，点击下拉列表选择需要的梁的类型，如列表中没有要选择的类型，单击“编辑类型”，在弹出类型属性对话框，单击载入，在弹出的族文件中选择结构 / 框架 / 混凝土 / 混凝土 - 矩形梁。回到梁类型属性对话框中，修改“尺寸标注”，在 b 和 h 后分别输入梁宽和高，点击确认。

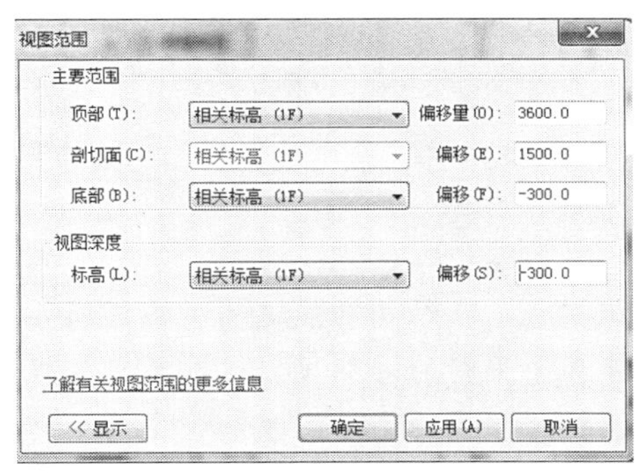

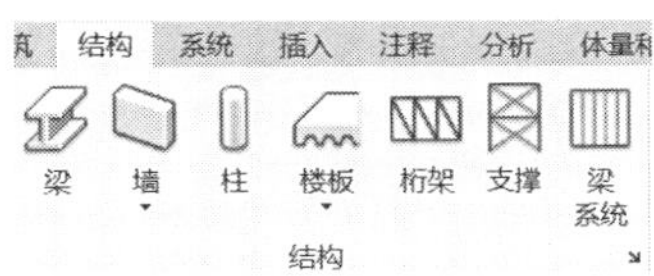

图 2-263（左）
图 2-264（右）

➢ 在选项栏中选择梁的放置平面为标高 1F，结构用途选择自动。绘制前属性内参数要检查一遍，约束参照标高 1F，几何图形位置 *YZ* 轴对正统一，*Y* 轴对正原点，*Z* 轴对正选择顶，*Z* 轴偏移值对应图纸梁标高来定，先设置为 0，见图 2-265。

➢ 材质和装饰内的结构材质，可以在绘制前设置好，这里我们把梁结构材质设置为混凝土 - 现场浇注混凝土。为了满足剖面出图的显示要求，在选择截面填充图案时，填充图案选择实体填充，颜色设置为“RGB150-150-150”。

属性	
预制 - 矩形梁 200 RB 450	
新建 结构框架 (<自动>)	编辑类型
约束	
参照标高	1F
几何图形位置	
开始延伸	0.0
端点延伸	0.0
起点连接缩进	12.7
端点连接缩进	12.7
YZ 轴对正	统一
Y 轴对正	原点
Y 轴偏移值	0.0
Z 轴对正	顶
Z 轴偏移值	0.0

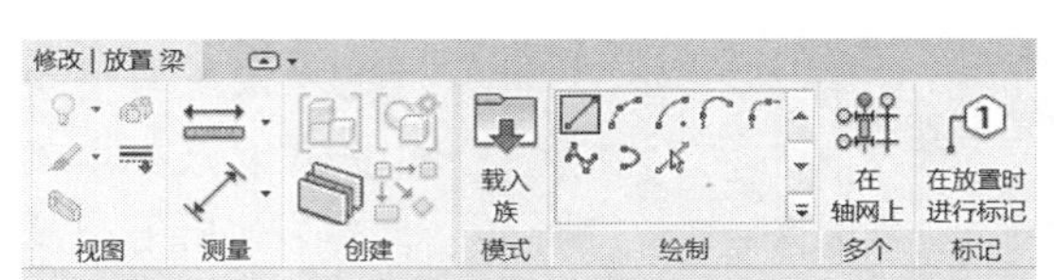

图 2-265（左）
图 2-266（右）

➢ 设置完参数在绘图区域，按照地下室顶板梁配筋图梁的位置及梁的高宽绘制梁，绘制梁的方法有两种，一种用绘制面板内工具直接绘制。另一种是多个绘制，运用在轴网上工具绘制，见图 2-266。

➢ 用以上方法绘制好地下室顶板梁，见图 2-267。1F、2F、3F、4F、5F 顶板梁绘制方式相同，或者复制粘贴。然后修改局部梁，建筑二区楼层与模型设置的标高有落差，底层平面标高为 0.300，因此梁对应楼层平面的 Z 轴偏移值为 300，已符合结构梁的图纸。

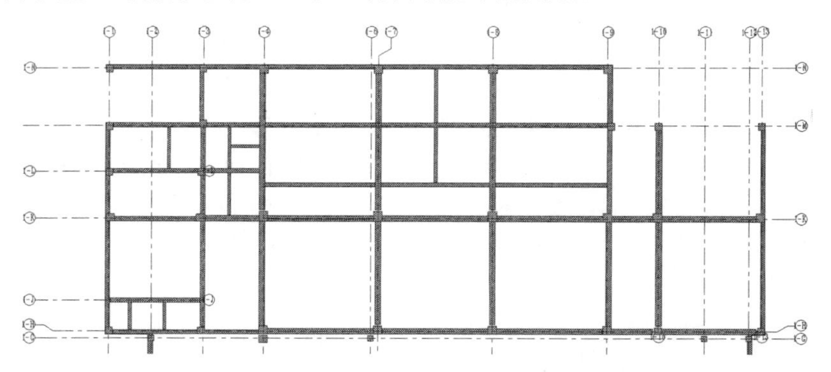

图 2-267

➢ 最后完成的柱与梁的模型图，把其他图元隐藏，将视图切换到三维视图观察效果，见图 2-268。

❖ 知识扩展：在结构功能选项卡内还有梁系统功能，结构梁系统可创建多个平行的等距梁，这些梁可以根据设计中的修改进行参数化调整。

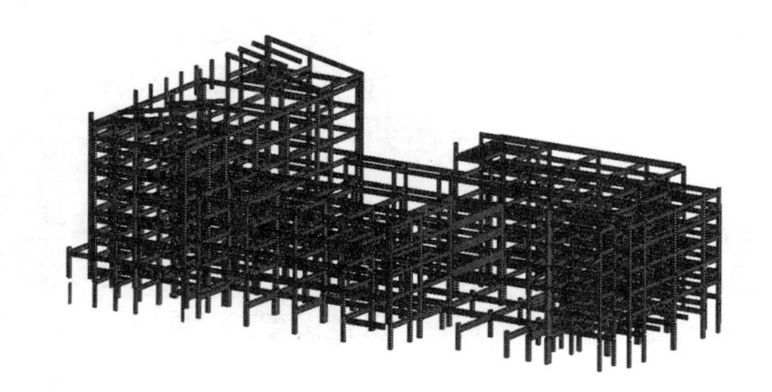

图 2-268

5）创建楼板、墙、屋顶围护体系

创建完成建筑全部柱子和梁之后，继续创建建筑的维护结构：楼板、墙体、屋顶。

（1）创建楼板

➢ 以建筑一区为例，在 1F 楼层平面视图中插入文件案例 2/cad/2.2.4/ 建筑一区 / 一层平面图 .dwg，使用对齐命令，以轴线为参照，把插入的图与创建的模型对齐。

➢ 创建楼板时，在功能区可选择建筑选项卡下的建筑楼板或结构楼板，见图 2-269。也可以选择结构选项卡下的建筑楼板或结构楼板。选择创建楼板工具，在属性对话框内选择楼板类型“常规 -150- 实心”，在属性约束栏下标高为“1F”，点选“房间边界”，见图 2-270。

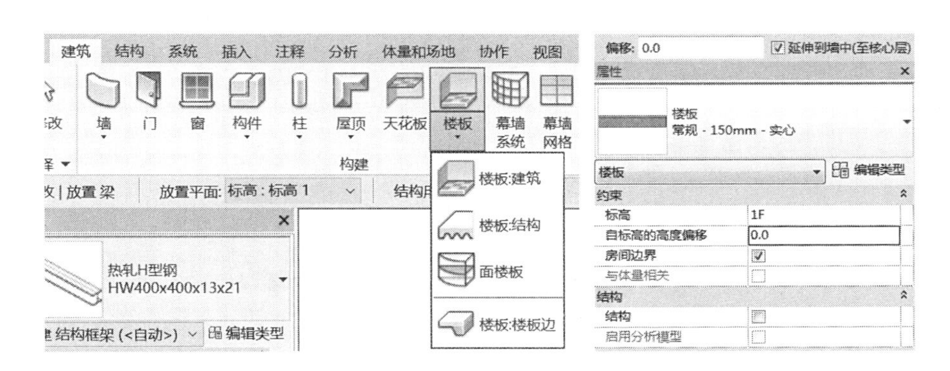

图 2-269（左）
图 2-270（右）

➢ 在修改 | 创建楼层边界下的边界线绘制面板里的“绘制命令”中，通常选用拾取线来绘制楼板边界线。按 cad 平面图拾取楼板边线后，用“修改”面板内的修剪命令，把所有的线闭合，然后单击√完成。

➢ 已建的楼板需要修改时，选中需修改的楼板，单击修改 | 楼板 / 模式 / 编辑边界，修改楼板边界，见图 2-271。同时，修改楼板属性参数，比如车库底楼板低于 ±0.000 楼板 1000mm，在属性工具栏“自标高的高度偏移”输入文字“-1000mm”，见图 2-272。点击“编辑类型”，单击类型属性中结构“编辑”，弹出“编辑部件”对话框，点击“插入”新结构功能。一般建筑出图，楼板需绘制结构层和面层。点击新插入的“结构 [1]”改为“面层 1”，厚度输入文字“50mm”。将鼠标移至面层 1 左侧的序号单击。再单击“向上”按钮，将面层移至表单第一行。再输入结构层厚度，输入文字“100mm”，选择材质单击材质参数栏，在弹出的材质浏览器内选择材质。本项目，结构层用混凝土 - 现场浇注混凝土，面层材质用混凝土 - 沙 / 水泥找平。单击确定，见图 2-273。完成建筑一区地下室顶板，见图 2-274。

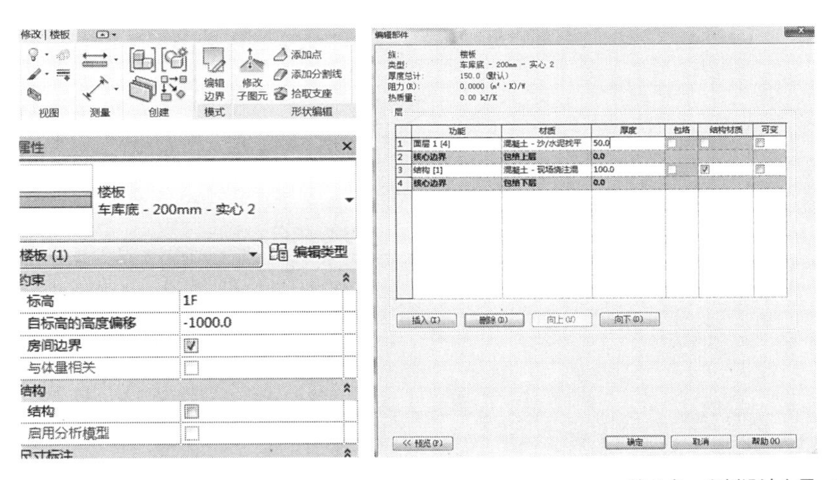

图 2-271（左上）
图 2-272（左下）
图 2-273（右）

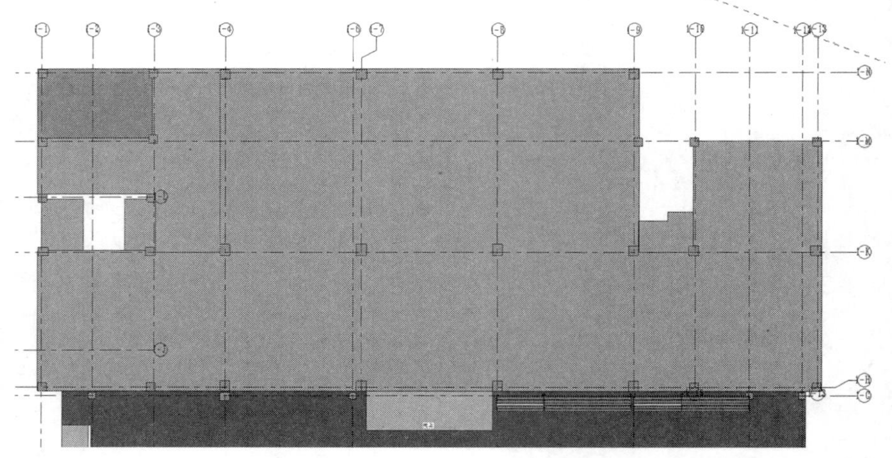

图 2-274

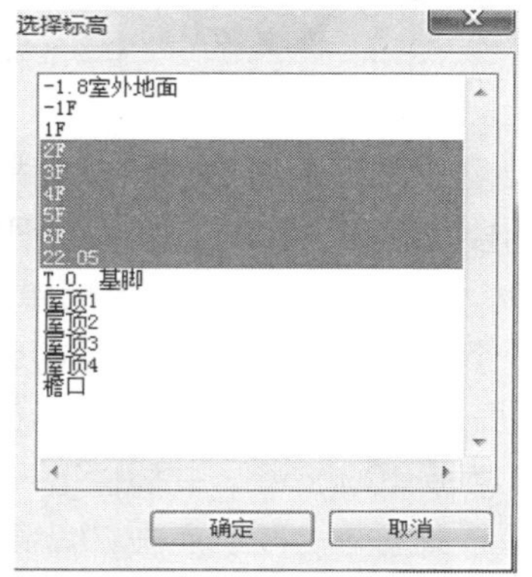

图 2-275

➢ 选中建好的楼板，在功能区剪贴板内单击复制到剪切板工具，点击粘贴工具下箭头，弹出下拉菜单，点击“选定的标高对齐”，在弹出的“选择标高”对话框内选择需要创建的标高，按 Ctrl 能多个选择，按 Shift 能把多选的一个去掉，选好后单击确定，见图 2-275。

➢ 复制完成后，把视图切换到 2F 楼层平面图，插入建筑一区二层平面 cad 图，图中显示楼板有两处为一层上空，也就说，一层顶板要留出两楼板洞口。在建筑和结构选项卡下，都有洞口面板，单击竖井，在绘制面板内选择绘制类型，单击√完成。还可以选择楼板，点击修改 | 楼板 / 编辑的办法开楼板洞口，完成见图 2-276。将视图切换到三维视图观察楼板效果，见图 2-277。建筑二区用同样的方法来完成楼板的创建。

❖ 要点提示：卫生间楼板一般比普通楼板低 30~50mm，所以绘制时，应调整卫生间楼板的偏移值，创建方法同上。

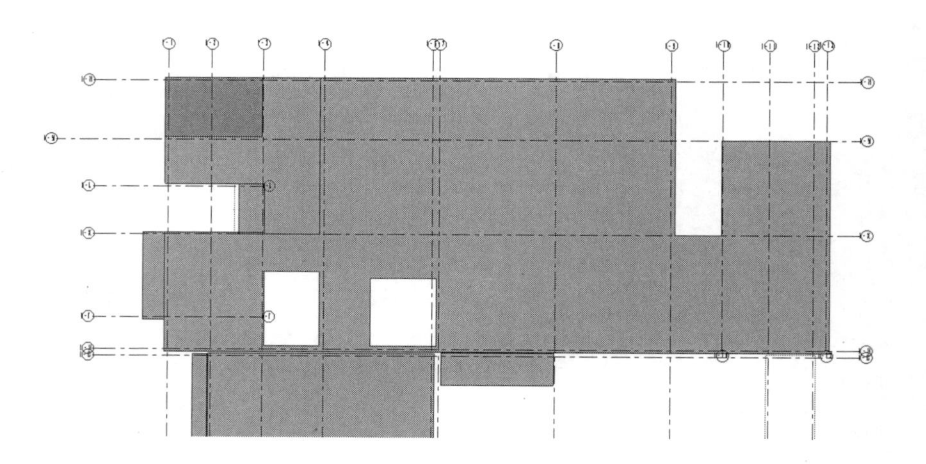

图 2-276

图 2-277

（2）创建墙体

墙有外墙、内墙、隔墙、剪力墙、幕墙，通过本案例来分析和创建。

①外墙创建

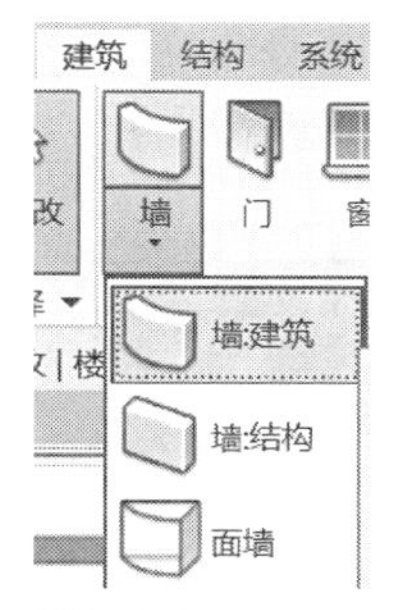

图 2-278

➢ 在项目浏览器双击 1F，进入一层平面视图。单击功能区建筑或结构选项卡下的墙，下拉墙面板，选择墙建筑，见图 2-278。在属性工具栏中，将顶部约束调整为“直到标高 2F”。外墙定位线选“墙中心线”，也可选其他选项，偏移量按个人选的定位线来设置。例如，本案 1F 北侧外墙墙厚 230mm，如定位线选“墙中心线”，偏移量设置为 115mm。直墙不选半径，连接状态选择允许，见图 2-279。

图 2-279

➢ 同时设置墙属性参数，选择属性内的编辑类型，单击复制，重新命名为“外墙 230mm”，点击结构栏的“编辑”，进入编辑部件对话框，点击“插入”插入面层并选择材质参数，面层材质设置为水泥保温砂浆，厚度输入文字“30mm”，结构材质设置为混凝土砌块，厚度输入文字“200mm”。单击面层 1 前序号，点击“向上”，将面层调至表单第一行，见图 2-280。点击结构材质浏览器按钮，在材质浏览器右侧修改截面填充图案和颜色。确定回到属性对话框，继续设置墙约束参数，见图 2-281。

图 2-280（左）
图 2-281（右）

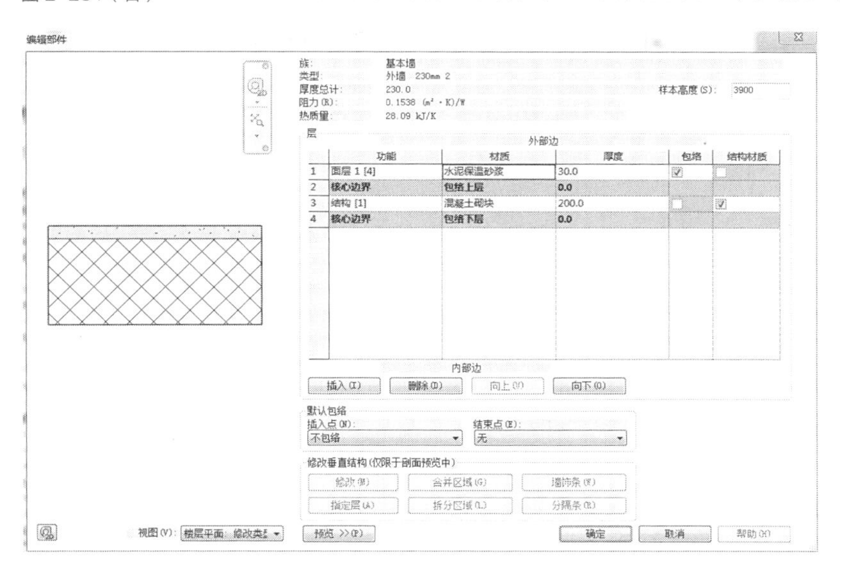

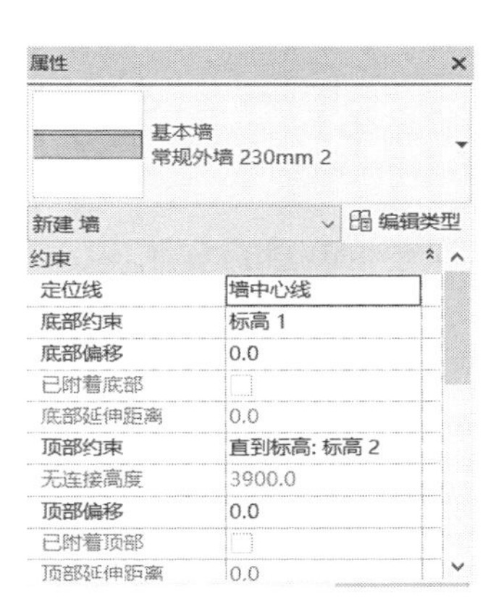

➢ 设置好参数后，单击修改 | 放置墙 / 绘制面板 / 直线命令，按顺时针绘制外墙，确保保温面层在外，绘制完墙按 Esc 退出，完成外墙的绘制，见图 2-282。绘制墙体还可以选择拾取绘制命令，拾取二维平面底图的墙线，自动生成 Revit 墙。

②内墙、隔墙创建

➢ 建完外墙，接下来建内墙。同样先设置好参数，选择“内墙 - 砌块墙 200mm”的墙类型，编辑内墙 200mm 的结构参数，见图 2-283。然后用绘制命令创建好同类型内墙，见图 2-284。隔墙创建方法与内墙相同，只是在设置结构参数时与内墙不同，见图 2-285。

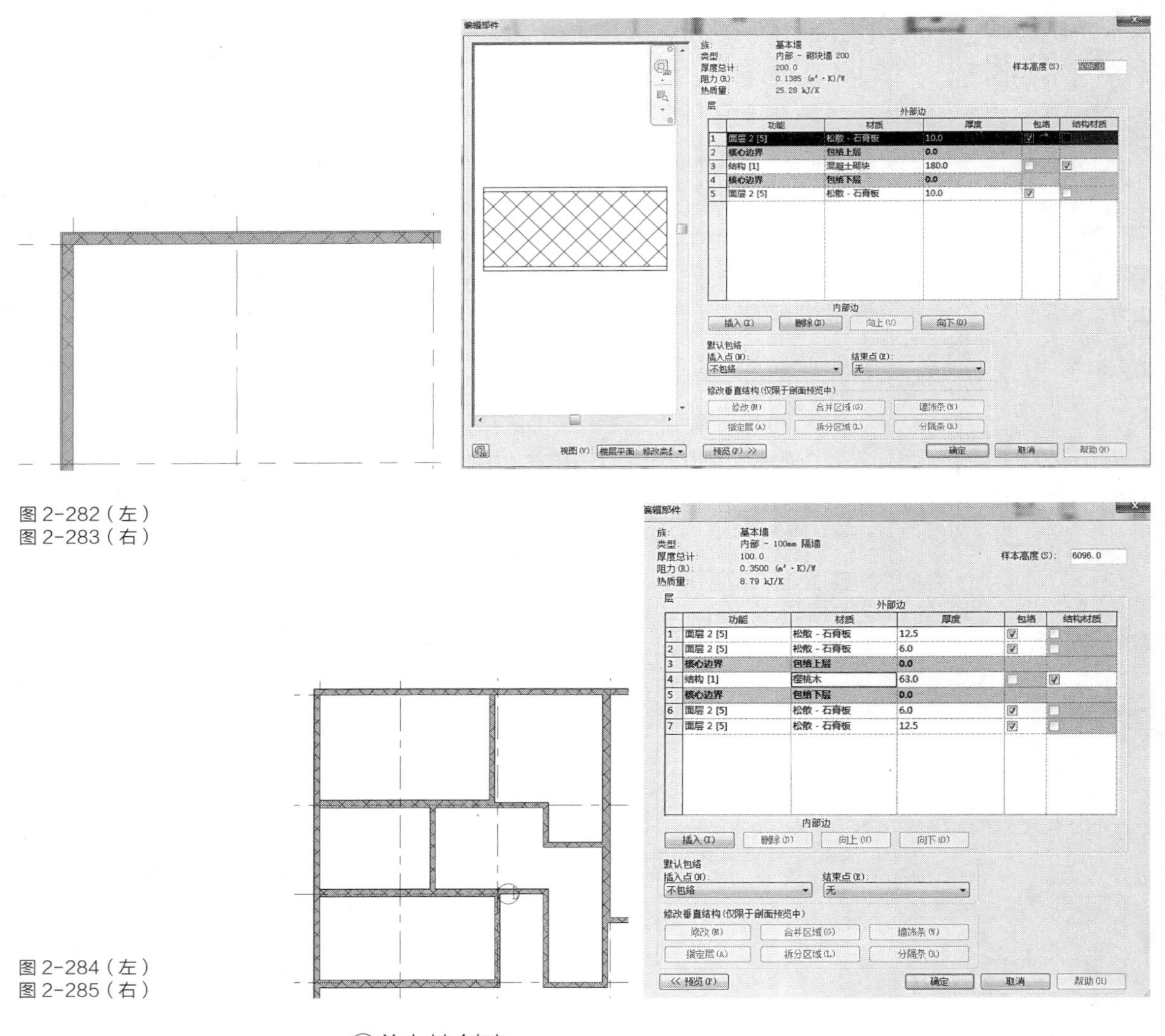

图 2-282（左）
图 2-283（右）

图 2-284（左）
图 2-285（右）

③剪力墙创建

➢ 地下室外墙与电梯井为剪力墙，打开 -1F 楼层平面视图，单击功能区建筑或结构选项卡下的墙，下拉墙面板，选择建筑墙或结构墙。选择挡土墙 -300mm 混凝土（也可在类型编辑里复制，新建剪力墙类型，见图 2-286），编辑结构参数，选择结构材质，见图 2-287，单击确定退出。

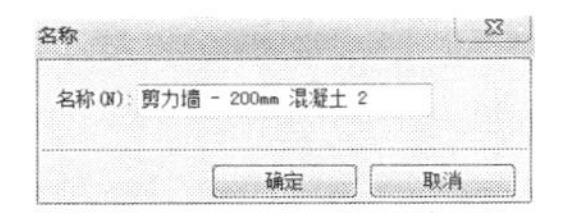

图 2-286

图 2-287

➢ 在选项栏里编辑参数，高度约束 1F。外墙定位线选“墙中心线”，也可选其他选项，偏移量按个人选的定位线来设置。然后按顺时针绘制，在按 Esc 退出，完成剪力墙的绘制，见图 2-288。

图 2-288

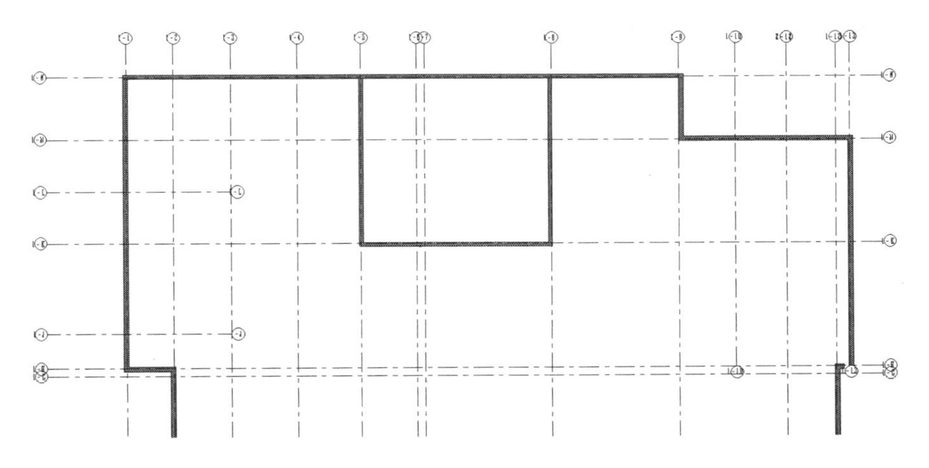

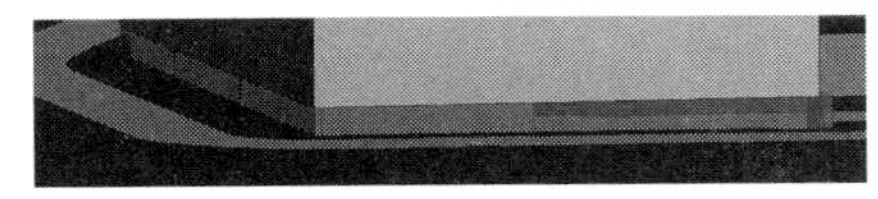

图 2-289

➢ 由于本案地下室不完全在室外地坪之下，地坪之上的剪力墙需要与上层墙面成统一的面层体系，见图 2-289，因此，此剪力墙为复合墙。

➢ 点击已建的剪力墙 - 新建复合墙 -300mm 混凝土墙。进入类型属性结构编辑界面，在预览视图内选择修改类型属性为剖面，见图 2-290。插入面层 1,然后设置材质,厚度 30。单击修改垂直结构下“指定层”按钮，选择新建面层 1，再单击“拆分区域”按钮，根据建筑一区室内外西侧和北侧的室内外高差，把新建的面层拆成两部分，见图 2-291。

➢ 插入新面层 2，单击“指定层”，在左侧视图处双击要变化的面层，此面层为面层 2，把面层 2 材质改为水泥保温砂浆，单击“修改”命令，这样就与其他地面上墙体的面层材质统一，见图 2-292。

➢ 添加室外地坪散水，单击复合墙编辑部件对话框内的“墙饰条”按钮，在墙饰条对话框内载入散水轮廓，在弹出的载入族对话框中，点击轮廓 / 常规轮廓 / 场地 / 散水，点击打开，再点击添加，并设置参数，见图 2-293，

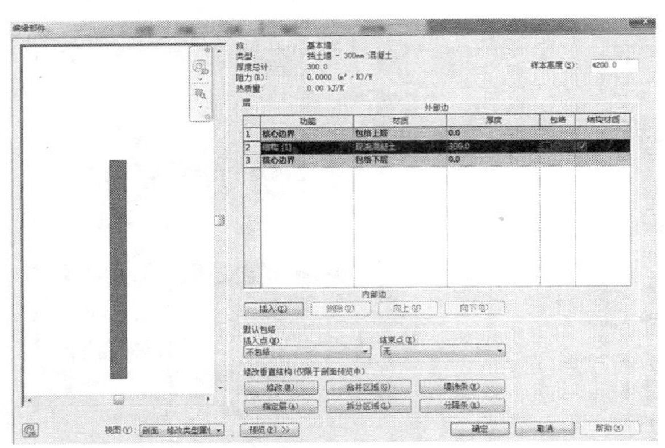

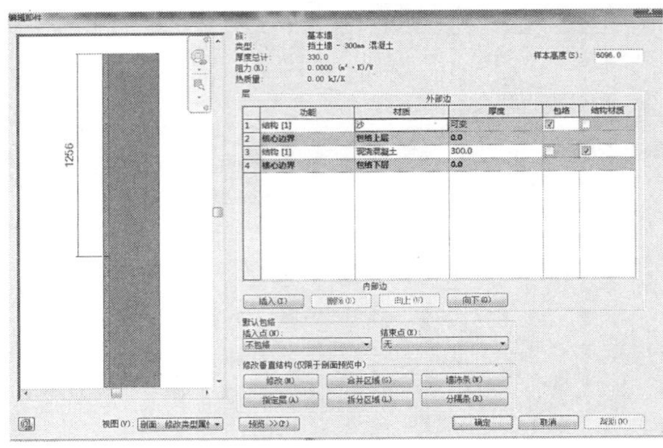

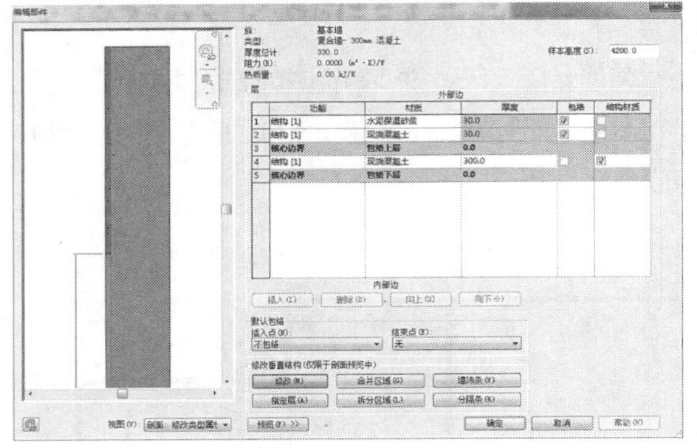

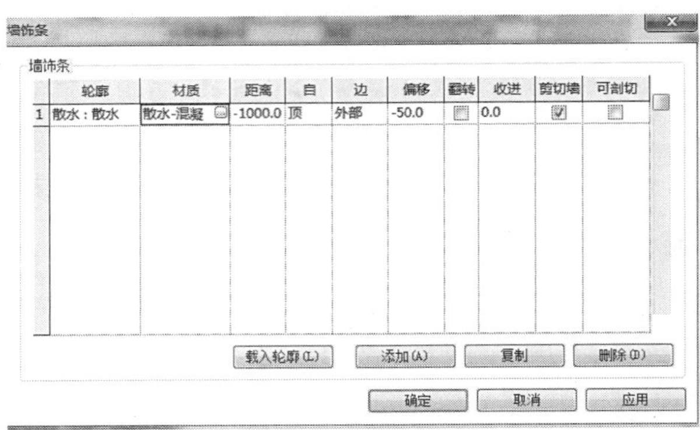

图 2-290（左上）
图 2-291（右上）
图 2-292（左下）
图 2-293（右下）

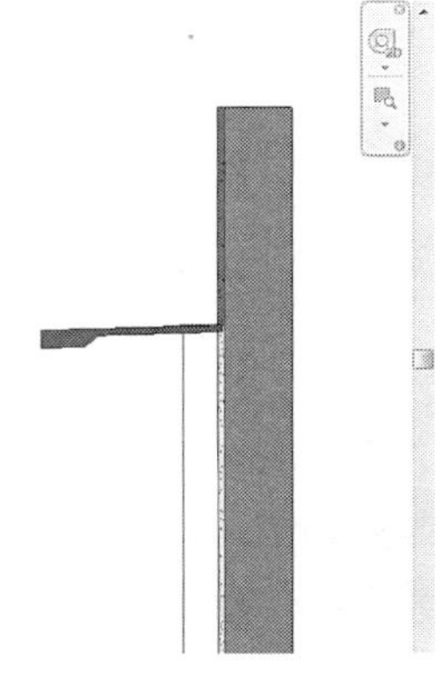

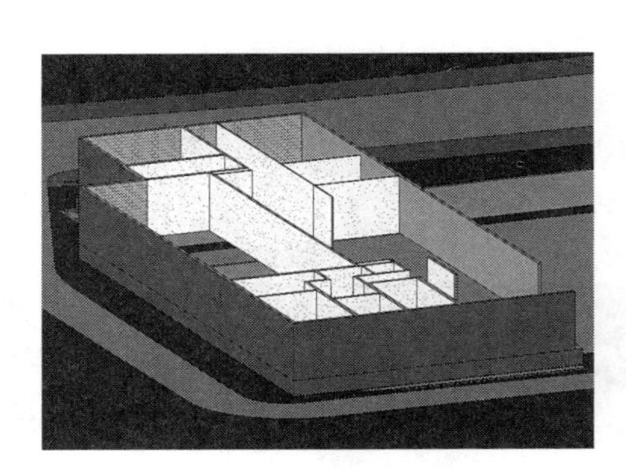

图 2-294（左）
图 2-295（右）

单击确定，见图 2-294。把外剪力墙改为新建的复合墙 -300mm 混凝土墙。将视图切换到三维视图观察效果，见图 2-295。

④幕墙创建

本小节介绍的幕墙为外墙大玻璃窗面。建筑一区“楼梯 3”其 2F、3F、4F 外墙为幕墙，见图 2-296。

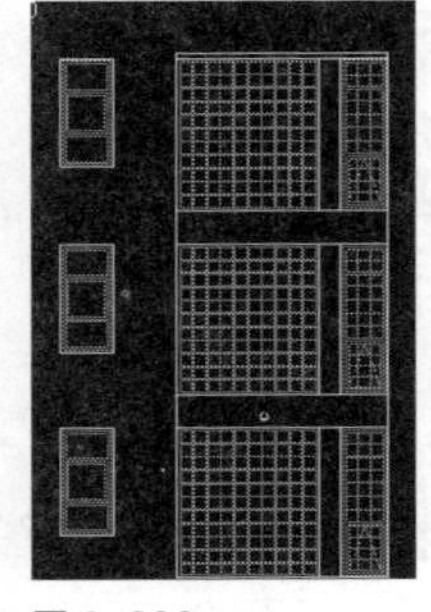

图 2-296

➢ 在项目浏览器双击 2F，进入二层平面视图，同样是选择建筑墙选项卡，在属性选项板中选择幕墙类型，在属性栏中设置约束参数，见图 2-297，同样在“类型属性”中复制和重命名，设置如图 2-298 的参数。竖梃设置，单击建筑 / 竖梃，在属性栏点击编辑类型，弹出竖梃类型属性对话框，在尺寸标注下的边 2 上宽度和边 1 上宽度栏输入文字“50”见图 2-299。

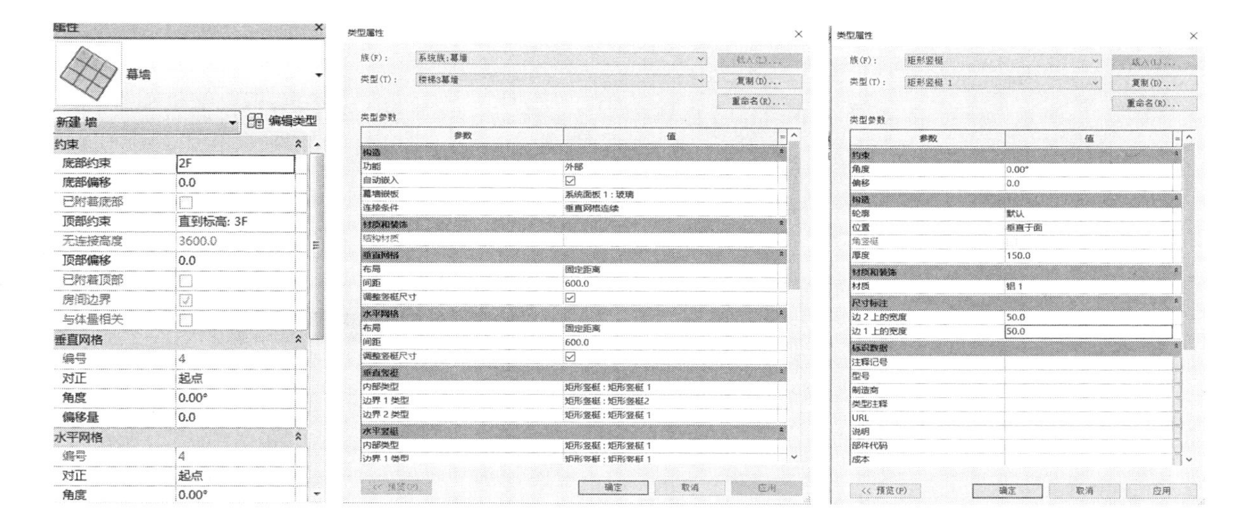

图 2-297（左）
图 2-298（中）
图 2-299（右）

➢ 选择绘制线工具，在绘图区域，以 cad 平面图为参照，在楼梯 3 外墙绘制幕墙，点击鼠标左键绘制，按 Esc 退出，见图 2-300。

⑤修改墙体

➢ 本案竖向标高相对复杂，功能不同层高不同。因此在按照之前创建的标准竖向标高建完墙体后，局部墙体按照图纸标高做相应调整。在建筑一区，楼梯 3 这边的一层室内标高为 0.200，因此此处的墙体需要修改。

➢ 先进入一层平面视图，选中需修改的墙体，在属性对话框内“底部偏移”参数 0 改为 200, 见图 2-301。改了此处一层的底部标高，也需要修改此处地下室墙体的顶部标高。打开 -1F 平面视图，选中需修改的墙体，在属性对话框内“顶部偏移”参数 0 改为 200, 见图 2-302。

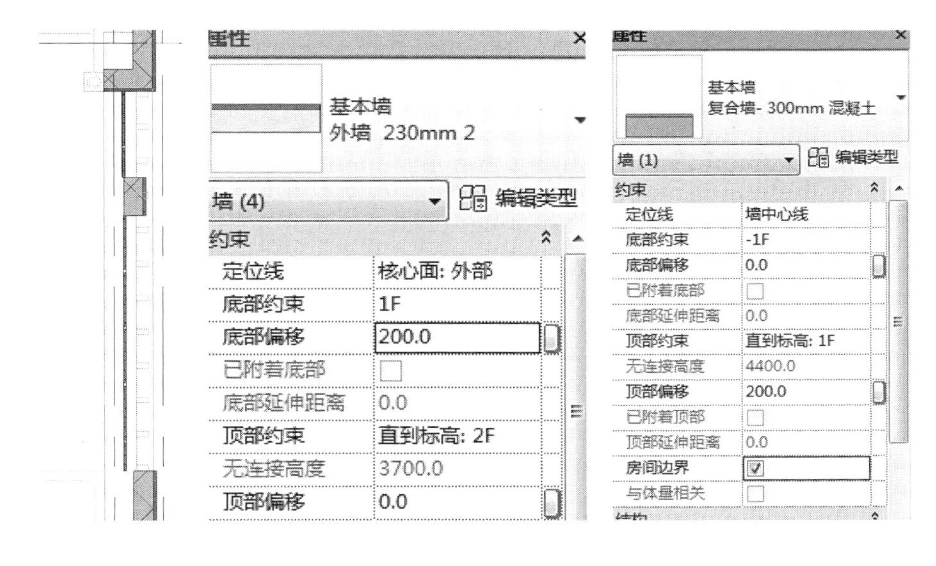

图 2-300（左）
图 2-301（中）
图 2-302（右）

➢ 墙体修改同样可以修改其墙体类型及墙体材质，也包括修改墙的表面填充图案和截面填充图案，见图 2-303。

➢ 幕墙修改可以用幕墙网格命令，整体分割或局部细分幕墙嵌板。放完网格，用“竖梃”命令加载竖梃，见图 2-304。

❖【知识拓展】1. 墙体除了以上的创建方案，还可以通过拾取面来生成，此方法主要应用于体量建模面墙的生成。

2. 创建墙还可以用叠层墙的类型，可以绘制勒脚及踢脚线。

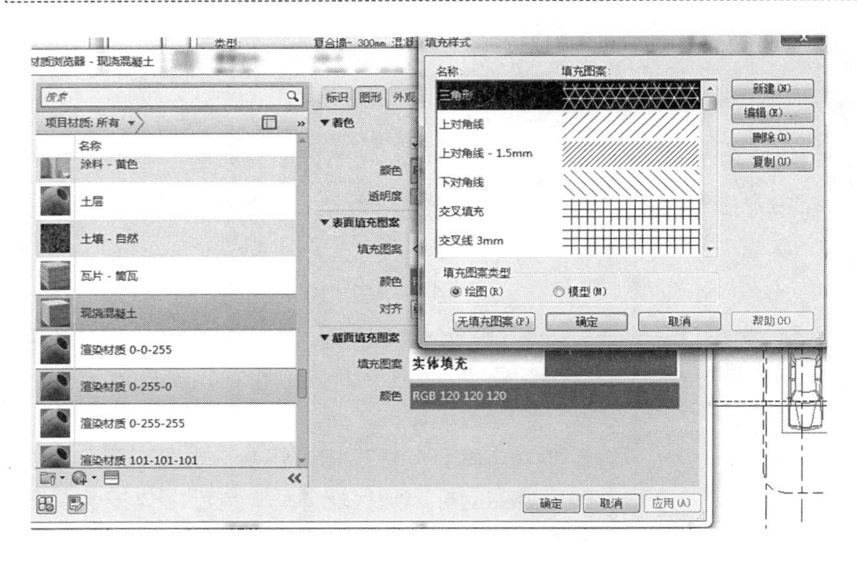

图 2-303

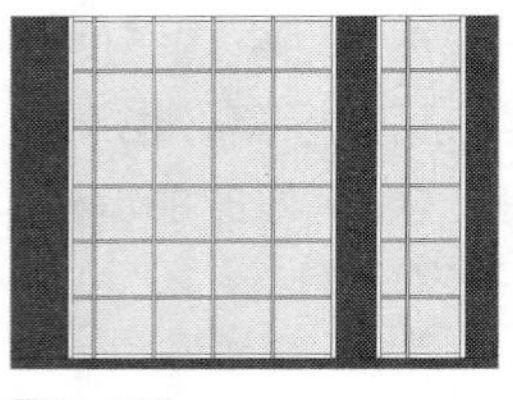
图 2-304

（3）创建屋顶

本案的屋顶由平屋顶和坡屋顶组成。在 Revit 中，创建屋顶提供了多种建模方法，有迹线屋顶和拉伸屋顶、面屋顶、玻璃斜窗等创建屋顶的方法，本案中运用迹线屋顶法创建屋顶。

①坡屋顶

➢ 以建筑一区主楼屋顶为例子，建筑一区主楼屋顶由两个不同方向的单坡顶组成，见图 2-305、图 2-306。

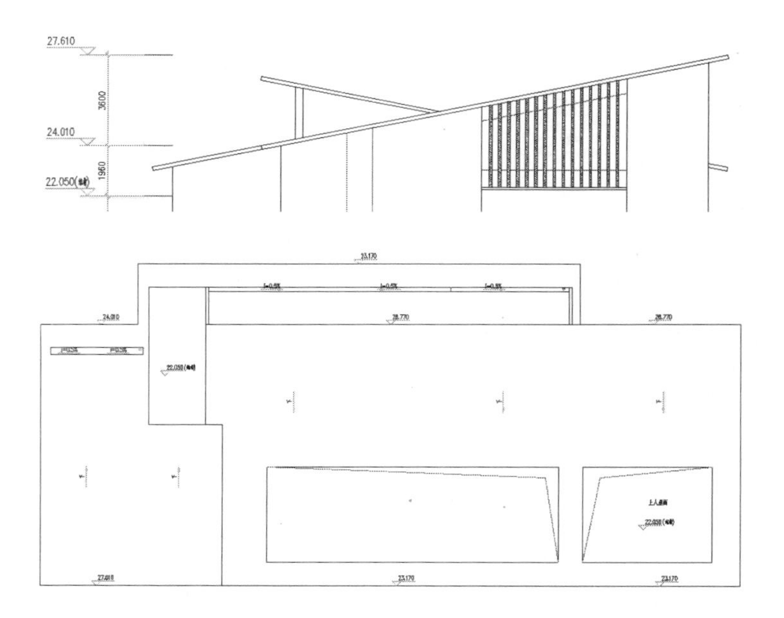

图 2-305

图 2-306

➢ 由于是两个完全独立的单坡，建模时需单个建模。打开标高为 27.61（屋顶 2）平面视图，插入案例 2/cad/2.2.4/ 屋顶平面图 .dwg，对齐轴网。选择功能区建筑 / 屋顶 / 迹线屋顶 , 见图 2-307。然后设置选项栏内参数，确保不勾选“定义坡度”，悬挑为 0，不勾选“延伸到墙中（至核心层）”，见图 2-308。在属性框内，底部为 27.610（屋顶 2），“自标高的底部”设置为 -4440（通过图纸计算），见图 2-309。

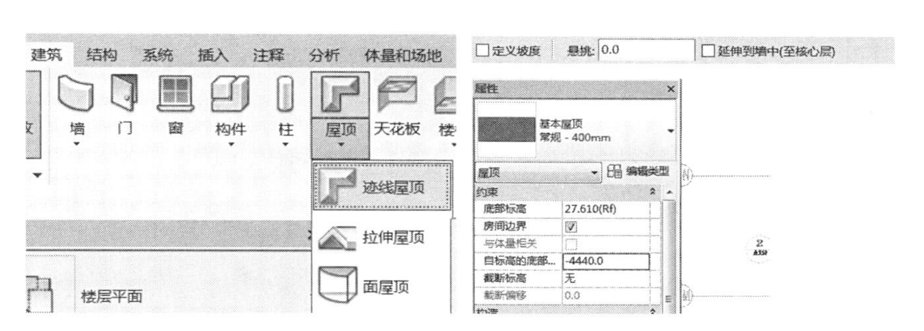

图 2-307（左）
图 2-308（右上）
图 2-309（右下）

➢ 单击修改 | 创建屋顶迹线 / 边界线 / 绘制工具，一般选用“拾取线”。回到绘图区域，用鼠标选择屋顶轮廓线，运用剪切和对齐修改命令，把绘制的屋顶线闭合，见图 2-310。

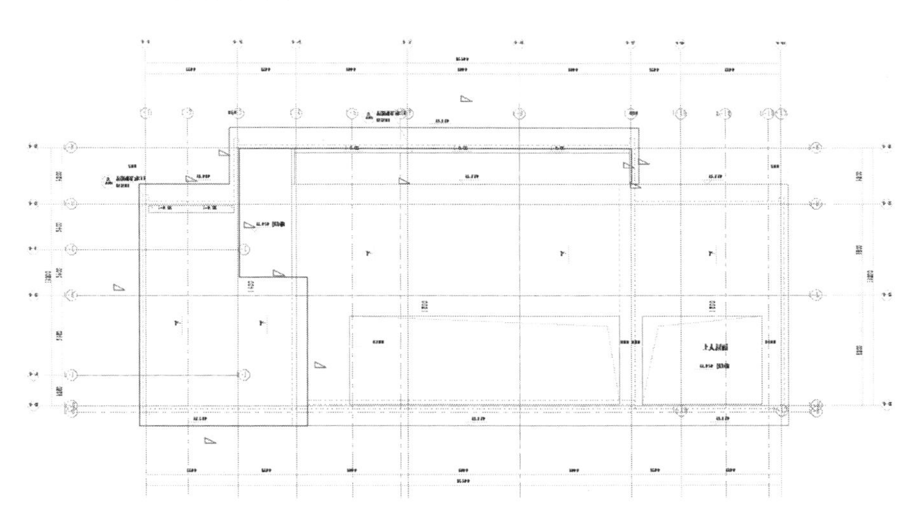

图 2-310

➢ 单击坡屋顶最低边线，激活如图 2-311 属性对话框，在对话框内勾选定义屋顶坡度，对应图纸修改坡度 11.31 度，再选择坡屋顶类型，在类型属性对话框内，选择“复制”，重新命名“单坡 -150mm”，设置结构参数，编辑材质和厚度，见图 2-312，点击√完成。用以上方法完成右边的坡顶，见图 2-313。

➢ 右边屋顶根据图纸需要开屋面洞口，有两种办法：第一种办法是双击右边已建屋顶，激活编辑迹线，按图纸绘制洞口，单击完成；另一办法是单击建筑 / 洞口 / 按面命令，回到绘图区，鼠标点选要开洞的屋面，激活如图见图 2-314 的修改 | 创建洞口边界面板，单击绘制命令，在绘图区屋面内绘制洞口，单击完成，见图 2-315。

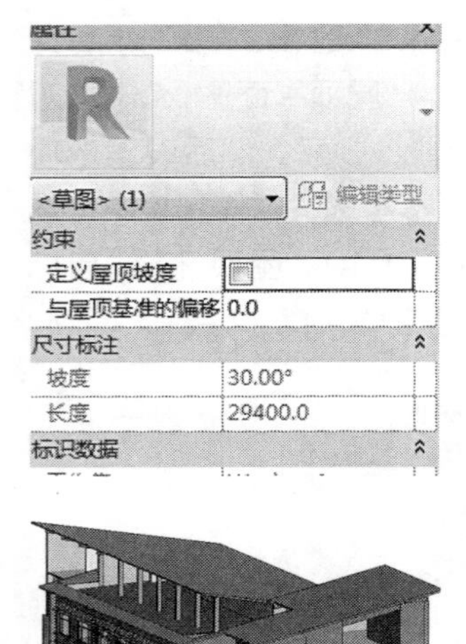

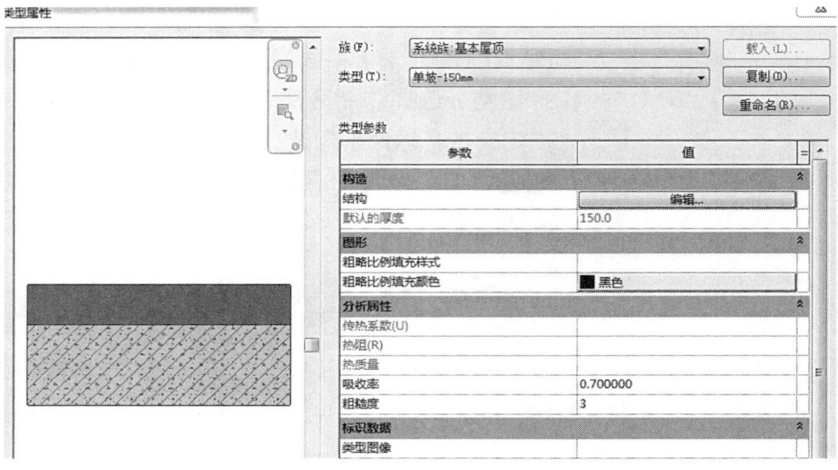

图 2-311（左上）
图 2-312（右）
图 2-313（左下）

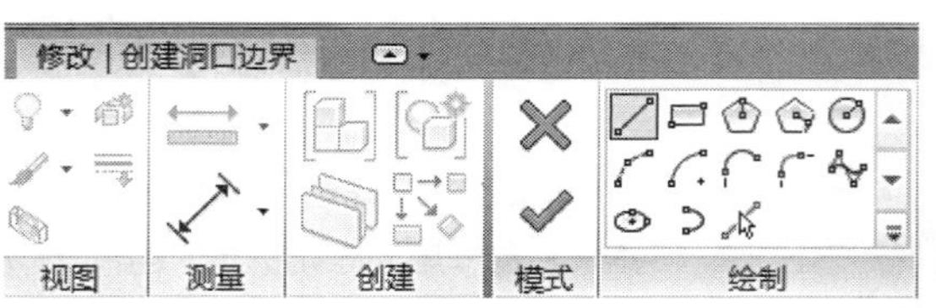

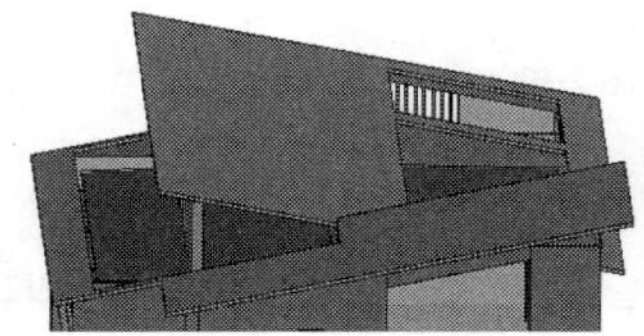

图 2-314（左）
图 2-315（右）

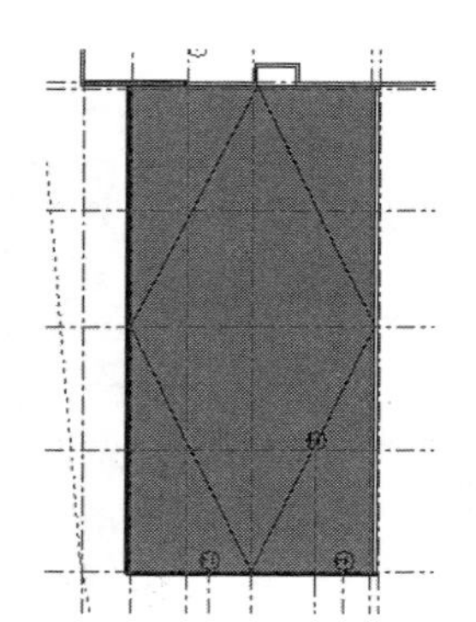

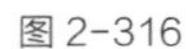
图 2-316

➢ 屋面修改，双击已创建屋顶，在属性和编辑类型内修改参数。

②平屋顶

➢ 平屋顶则直接用迹线屋顶 / 边界线 / 绘制，拾取边线，闭合后点击√完成编辑。点击平屋顶，激活修改 | 屋顶界面，点击形状编辑 / 修改子图元，这时平屋面四个点角会有 4 个小方点，再点选添加点命令，在屋顶的长边和短边中间各加一个点，再重新点击修改子图元命令，选择平屋顶各边的中线点，点击新增点把原来 0.00mm 改为 200.00mm，这时平屋顶的分水线就完成了，见图 2-316。

❖ 知识扩展：1. 平屋面划分分水线除了用添加点命令外还可以用添加分割线、拾取支点。

2. 拉伸屋顶在立面上创建。

3. 特殊屋顶在屋顶内建模型中创建。

4. 洞口创建在 Revit 建模中也是常用的工具，用来创建面洞口、竖井、墙洞口垂直洞口、老虎窗洞口等，见图 2-317。

图 2-317

6）创建楼梯、电梯、台阶、坡道竖向交通体系

（1）创建楼梯

本案建筑一区有三部楼梯，主楼两部 U 型双跑楼梯，附楼一部三跑楼梯。在 Revit 中创建楼梯有两种方法，一种是楼梯按构件创建，另一种是

楼梯按草图创建。本案选用楼梯构件来创建 3# 楼梯，选用楼梯按草图来创建 1#、2#U 型楼梯。

① 3# 三跑楼梯的创建

➢ 打开一层平面视图，检查 3# 楼梯间楼板洞口是否已经创建，如没创建楼板洞口，用洞口竖井命令来创建，创建楼板洞口详见上节（1），这里不再做解析。

图 2-318

➢ 确定楼板洞口已创建后，单击建筑 / 楼梯坡道 / 楼梯工具，激活修改 | 创建楼梯选项板，点击“梯段”，在构件面板内选择“直梯”绘制楼梯工具，见图 2-318。在选项栏内设置定位线、偏移量、实际梯段宽度以及勾选上自动生成平台，见图 2-319。在属性栏里编辑约束参数、尺寸标注、选择楼梯类型。根据图纸 3# 楼底部标高 0.18，2F 层标高 3.90，通过计算需要 24 个踏步，分三跑，第一跑 5 个踢面，第二跑 12 个踢面，第三跑 7 个踢面，实际踏板深度 270mm，选择现场浇注楼梯类型，见图 2-320。

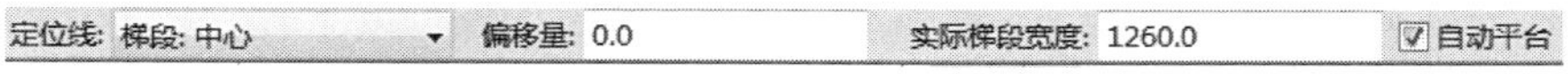

定位线：梯段：中心　偏移量：0.0　实际梯段宽度：1260.0　☑ 自动平台

图 2-319

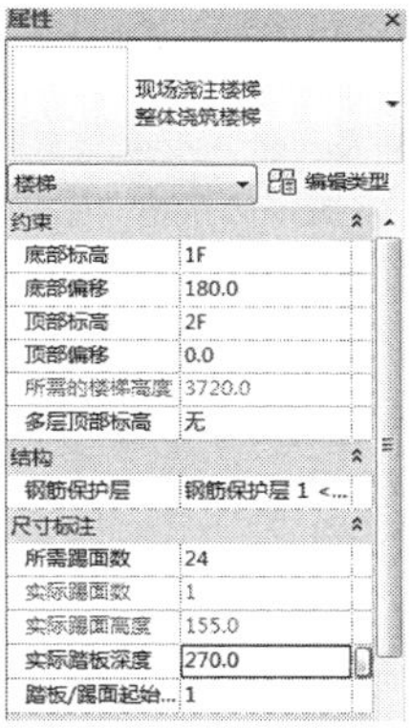

属性

现场浇注楼梯
整体浇筑楼梯

楼梯　编辑类型

约束	
底部标高	1F
底部偏移	180.0
顶部标高	2F
顶部偏移	0.0
所需的楼梯高度	3720.0
多层顶部标高	无
结构	
钢筋保护层	钢筋保护层 1 <...
尺寸标注	
所需踢面数	24
实际踢面数	1
实际踢面高度	155.0
实际踏板深度	270.0
踏板/踢面起始...	1

图 2-320

➢ 完成楼梯参数设置，回到绘图区域，在 3# 楼梯起跑处开始绘制，按二维平面图纸绘制第一跑，然后点击第二跑起始绘制到第二跑终止，再绘制第三跑，这时休息平台和栏杆自动生成，见图 2-321，单击√完成，楼梯 3# 一层楼梯创建完成，见图 2-322。

➢ 接下来创建二层楼梯，单击 2F 楼层平面视图，用以上创建一层楼梯的步骤，选择楼梯创建命令，同样设置属性参数，按照绘制一层楼梯的绘制方法创建二层楼梯，见图 2-323。三层楼梯与二层相同，本案用复制、粘贴的办法，把二层的楼梯复制到三楼。3# 楼梯 4 层为楼梯顶层，单独布置栏杆扶手。

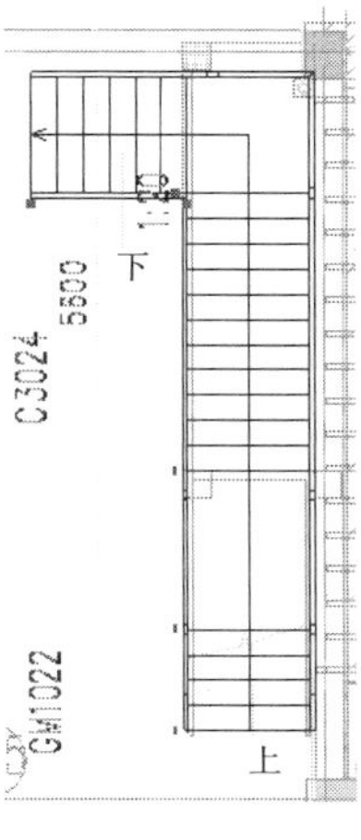

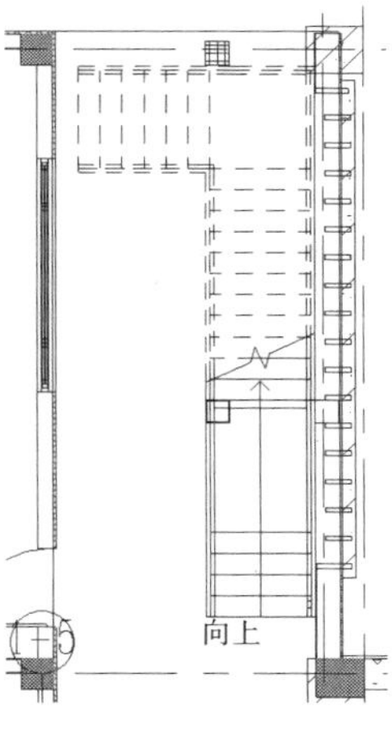

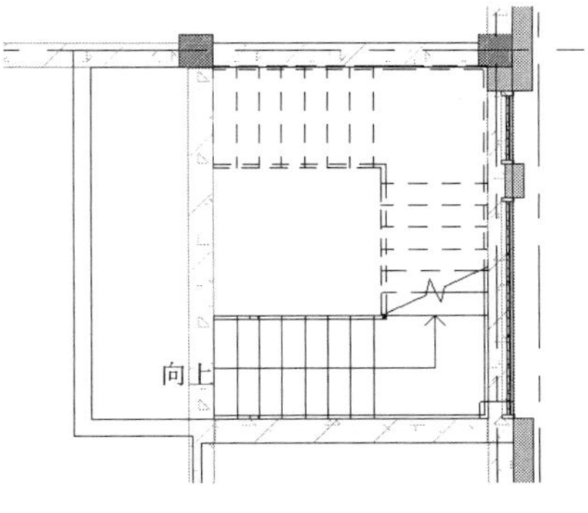

图 2-321（左）
图 2-322（中）
图 2-323（右）

➢ 楼层平台，用平台命令创建，见图 2-324。如缺少栏杆扶手，见图 2-325，单击栏杆扶手工具来创建。将视图切换到三维视图观察完成的 3# 楼梯效果，见图 2-326。

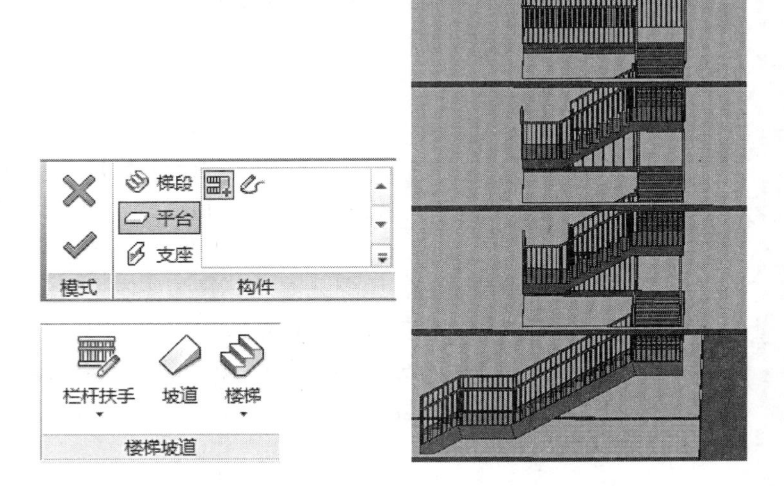

图 2-324（左上）
图 2-325（左下）
图 2-326（右）

② 1#、2#U 型楼梯的创建

1# 和 2# 楼梯类似，这里以 1# 楼梯为例。

➢ 打开建筑一区 -1F 楼层视图，单击建筑 / 楼梯坡道 / 楼梯工具，下拉楼梯工具菜单，单击楼梯（按草图）命令，自动激活“创建楼梯草图”选项卡，单击绘图面板内“楼梯”命令。

➢ 在属性栏里点击编辑类型，在弹出的类型属性对话框中点击复制，修改名称为 1# 楼，点击确认。在类型属性内设置参数，选择踏板和踢面的材质，见图 2-327。

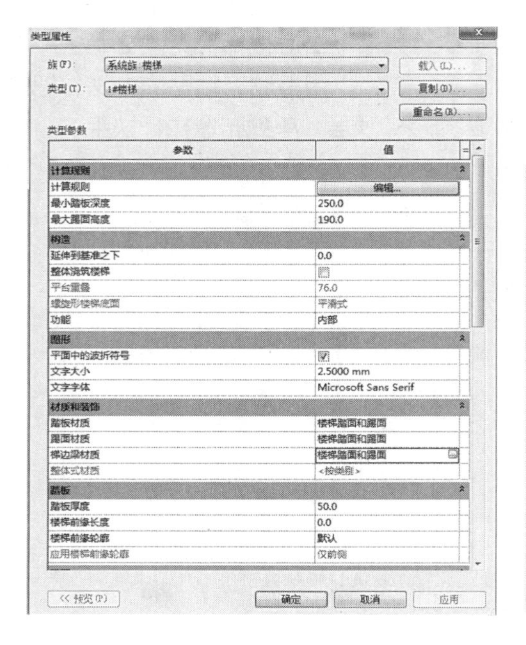

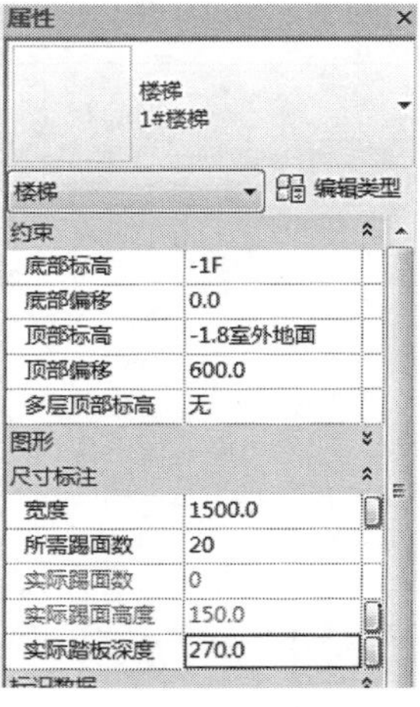

图 2-327（左）
图 2-328（右）

➢ 在属性栏里修改约束参数和尺寸标注。从图纸中可以看出，1# 楼从地下一层跑到 -1.20 标高处，能跑出室内。因此，设置约束参数顶部标高为 -1.8 室外标高，顶部偏移 600。设置尺寸标注参数宽度 1500，所需踢面 20，实际踏板深度 270，见图 2-328。

➢ 回到绘图区域，在 1# 楼梯起跑线开始绘制，绘制第一跑，从起点到终点，完成第一梯段，然后点击第二跑起始绘制到第二跑终止，这时休息平台和栏杆自动生成，按 cad 图平台宽度，把休息平台调整到位，把多余的栏杆去掉，见图 2-329，单击√完成，楼梯 1# 地下一层楼梯创建完成，见图 2-330。

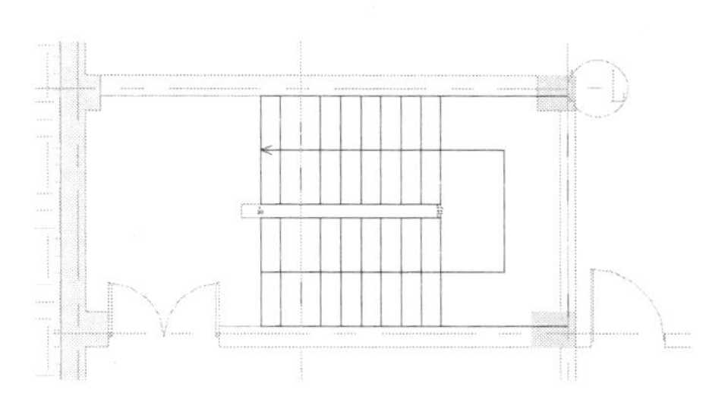

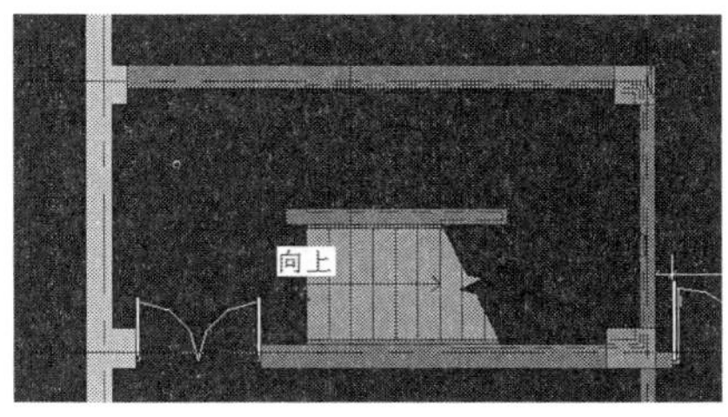

图 2-329（左）
图 2-330（右）

➢ 接下来创建标高 -1.20 到 ±0.00 标高段楼梯，方法如上，属性参数设置见图 2-331。鼠标从 -1.2 梯段起始线到 ±0.00 终点线，单击√完成。用同样的方法创建 1F、2F 楼梯，3F、4F、5F、6F 的楼梯用复制、粘贴的办法，复制 2F 的楼梯，粘贴与选定的标高对齐，楼梯自动创建，见图 2-332。

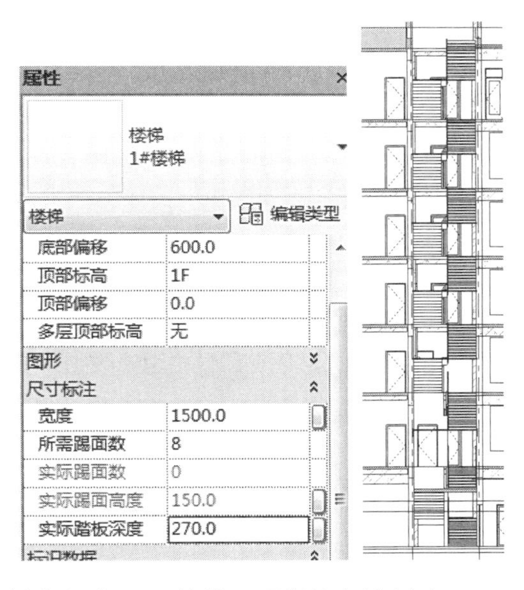

图 2-331（左）
图 2-332（右）

➢ 1# 楼梯创建完成，2# 楼梯用同样的办法创建。

➢ Revit 2018 增加了多层楼梯的创建方法，首先创建首层楼梯，然后点击已建楼梯，激活多层楼梯命令界面，单击多层楼梯命令，见图 2-333。弹出转到视图对话框，选择立面视图，进入立面视图绘制界面。框选上部要建的楼梯的标高线，然后单击√完成。

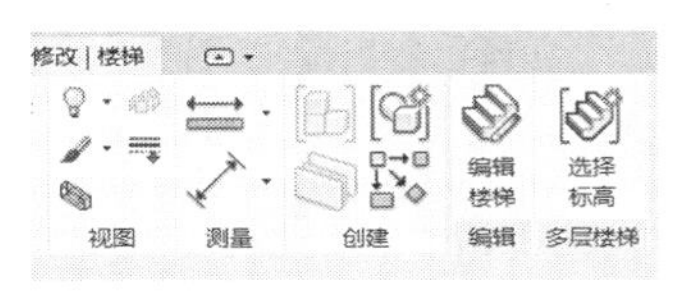

图 2-333

➢ 顶层楼梯栏杆扶手单独绘制，单击楼梯坡道 / 栏杆扶手 / 绘制路径，选择直线绘制命令，分段绘制顶层楼梯间栏杆扶手，见图 2-334。

➢ 绘制完成楼梯后，按照规范要求设置平面显示。单击视图 / 图形 /“可见性 / 图形”或用 VV 快捷键，弹出“可见性 / 图形”对话框，点击模型类别，在列表中找到“栏杆扶手”，点击前面的“+”号展开，取消勾选“< 高于 > 扶手”“< 高于 > 栏杆扶手截面线”“< 高于 > 顶部扶栏”。再在列表中找到“楼梯”，点击“楼梯”前面的“+”号展开，取消勾选“< 高于 > 剪切标记”“< 高于 > 支撑”“< 高于 > 楼梯前缘线”“< 高于 > 踢面线”“< 高于 > 轮廓”，单击确定退出，见图 2-335。

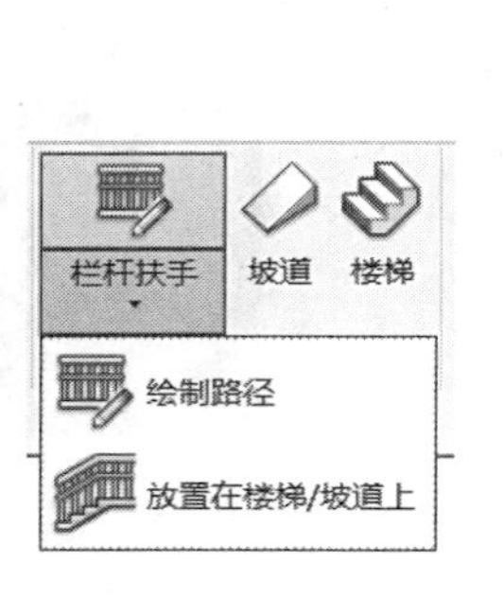

图 2-334（左）
图 2-335（右）

❖【知识拓展】弧形楼梯用圆心 – 端点螺旋绘制，旋转楼梯用全踏步螺旋绘制。

（2）创建电梯

①绘制电梯井防火墙和内隔墙

➢ 绘制电梯时，电梯井防火墙和内隔墙在绘制墙体时已绘制，具体绘制墙体的方法详见“创建墙体”。

②电梯进道

➢ 单击建筑 / 洞口 / 竖井命令，激活修改 | 创建竖井洞口草图窗口，选择绘制电梯井井道“边界线”工具，移动鼠标在绘图区域电梯井位置绘制进道边界线。然后在属性栏里修改约束参数，见图 2-336，单击√完成，见图 2-337。

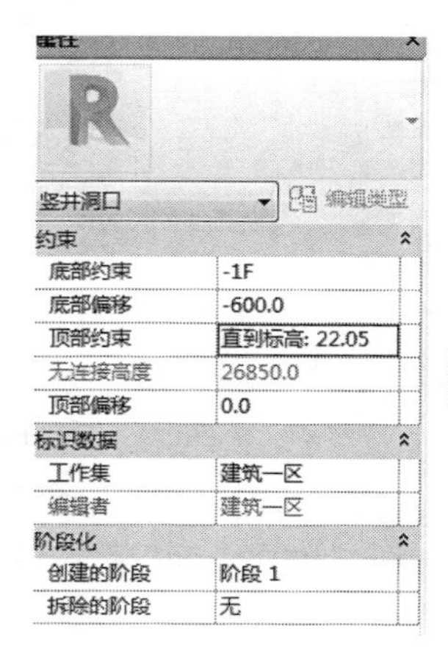

图 2-336（左）
图 2-337（右）

③放置电梯族

➢ 打开 -1F 楼层视图，单击建筑 / 构建 / 构件 / 放置构件命令，在属性中选择电梯类型，如在属性中没有电梯类型，要打开类型编辑单击载入，弹出打开文件对话框，选择“建筑 / 专用设备 / 电梯”。单击复制按钮，重命名名称，见图 2-338。在类型参数内修改尺寸标注参数，见图 2-339。

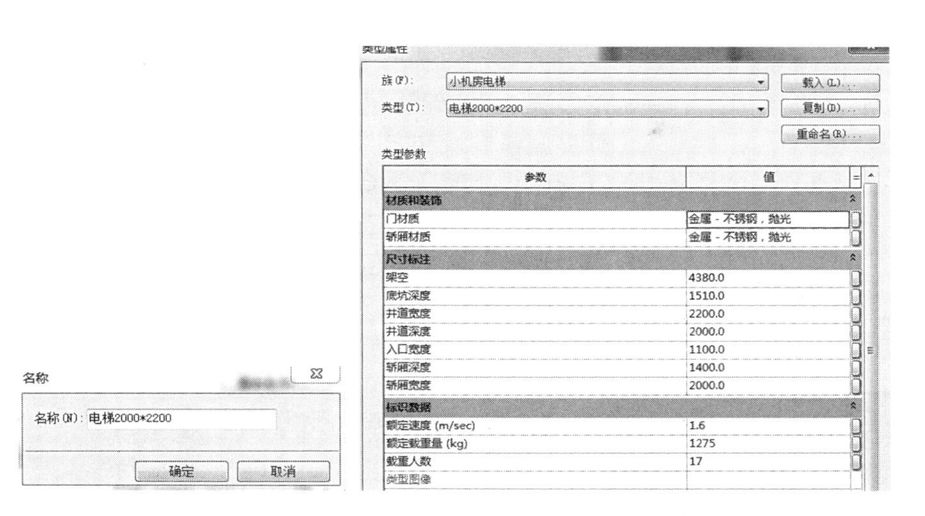

图 2-338（左）
图 2-339（右）

➢ 双击已建电梯，在属性栏里修改约束参数，按照图纸把“底部标高”设置为 -1F，“顶部标高”设置为 22.05，见图 2-340。完成电梯的创建，见图 2-341。

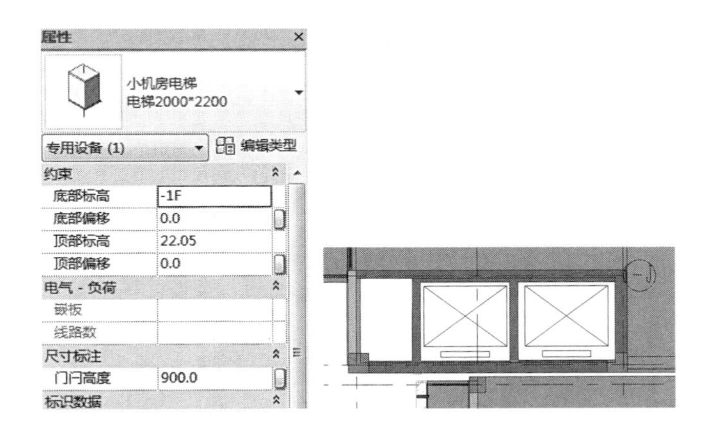

图 2-340（左）
图 2-341（右）

（3）创建台阶和坡道

①台阶创建

在 Revit 中没有专门绘制台阶的命令，用楼梯的命令来完成台阶创建。台阶形式有单面踏步、双面踏步、三面踏步。在本案建筑一区中台阶有单面踏步和三面踏步两种形式。

➢ 本案园区入口为单面踏步，单面踏步创建方法与楼梯相同。打开建筑一区 1F 楼层平面，单击建筑 / 楼梯坡道 / 楼梯工具，激活修改 | 创建楼

图 2-342

梯窗口，在构件面板内选择绘制楼梯工具。设置选项栏参数，按照入口台阶宽度，修改实际楼梯宽度参数，再按设计设置属性参数。绘制完成后去掉不需要的栏杆，见图 2-342。其他单面踏步台阶创建方法同上。

➢ 在建筑一区消防控制室入口为三面踏步台阶，见图 2-343，可以创建两平台叠加的办法，单击建筑 / 楼梯坡道 / 楼梯工具，在属性栏里底标高设置 1F，底标高偏移输入文字“-100mm”，顶标高设置 1F，顶标高偏移输入文字 200mm。接着，选择在属性栏选择楼梯类型，再点击构件面板中的创建草图命令，激活绘制工具面板见图 2-344。先绘制一面踏步，绘制时按照边界 - 踢面 - 楼梯路径顺序，依次绘制完成，再单击√完成。另两面的踏步按同样的方法绘制，完成三面踏步后再创建平台。在 1F 视图中按 cad 台阶这种情况时不需要加遮挡及栏杆，完成见图 2-345。

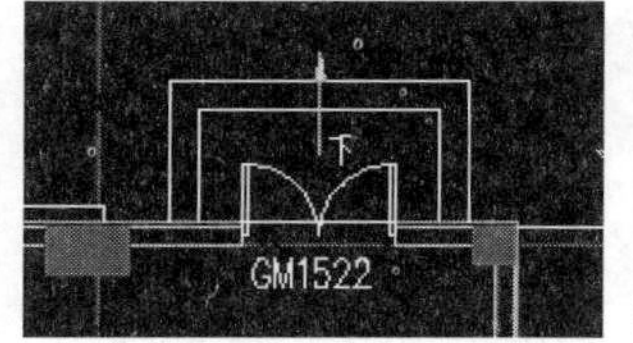

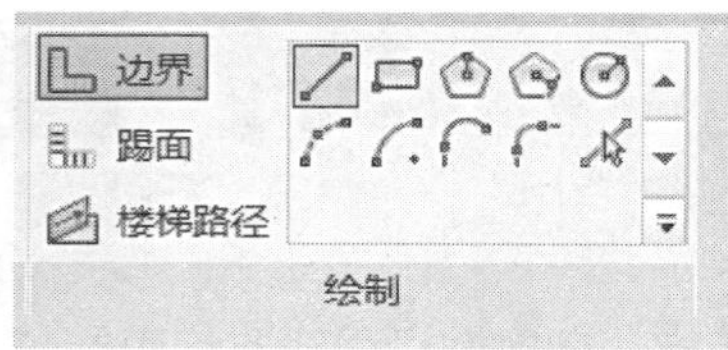

图 2-343（左）
图 2-344（中）
图 2-345（右）

②坡道创建

➢ 本案坡道有无障碍坡道和汽车入口坡道以及地下室车道高差坡道，这里主要以建筑一区内的无障碍坡道为例。

➢ 坡道的创建工具和程序基本与楼梯相同，打开 1F 楼层视图，选择建筑 / 楼梯坡道 / 坡道工具，激活修改 | 创建坡道草图窗口，单击梯段或边界线绘制命令，见图 2-346。

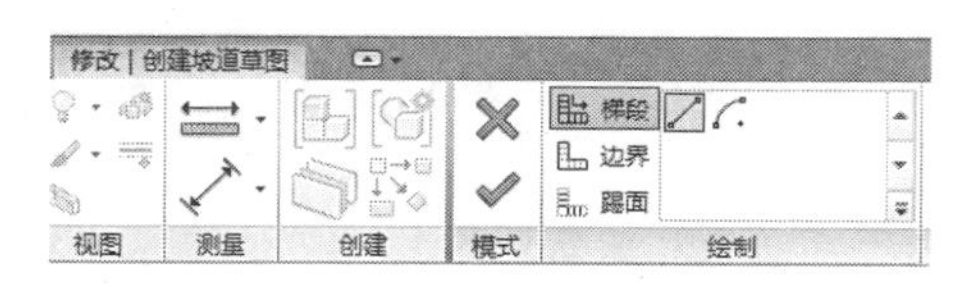

图 2-346

➢ 在属性栏里选择坡道类型，设置约束参数、尺寸标注参数，见图 2-347。点击编辑类型，设置构造参数，材质，尺寸标注，见图 2-348。

➢ 单击修改 | 创建坡道草图 / 工具 / 栏杆扶手，弹出“栏杆扶手”属性对话框，在编辑类型中复制重命名扶手 1，见图 2-349。设置更改扶栏结构和栏杆位置参数，点击确定鼠标回到绘图区，绘制一段坡道的起始和终点，再绘制第二坡道的起始和终点，单击完成，见图 2-350。

➢ 同理创建车库坡道，在建车库坡道时，在“栏杆扶手”对话框内选择“无”。

❖ 【知识拓展】坡度在属性栏中点击编辑类型，进入坡道的类型属性框，尺寸标注中坡道最大坡度（1/X）是指坡度的高度与长度的比值，调整此值，即可改变坡度。

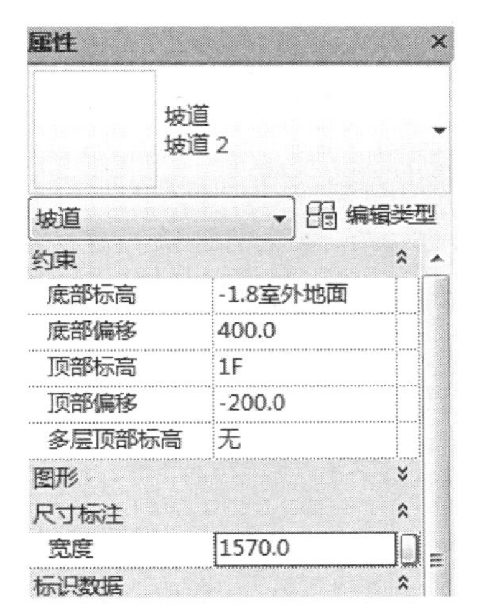

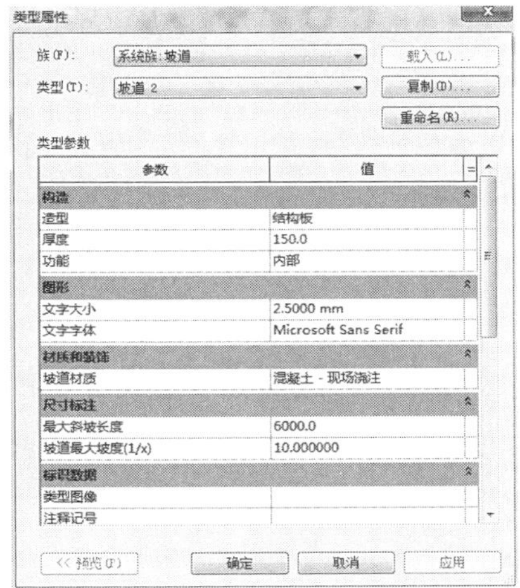

图 2-347（左）
图 2-348（右）

类型属性

族(F)： 系统族:栏杆扶手 载入(L)...

类型(T)： 扶手1 复制(D)...

重命名(R)...

类型参数

参数	值
构造	
栏杆扶手高度	1100.0
扶栏结构(非连续)	编辑...
栏杆位置	编辑...
栏杆偏移	0.0
使用平台高度调整	否
平台高度调整	0.0
斜接	添加垂直/水平线段
切线连接	延伸扶手使其相交
扶栏连接	接合
顶部扶栏	
使用顶部扶栏	是
高度	1100.0
类型	圆形 - 40mm
扶手 1	
侧向偏移	55.0

<< 预览(P) 确定 取消 应用

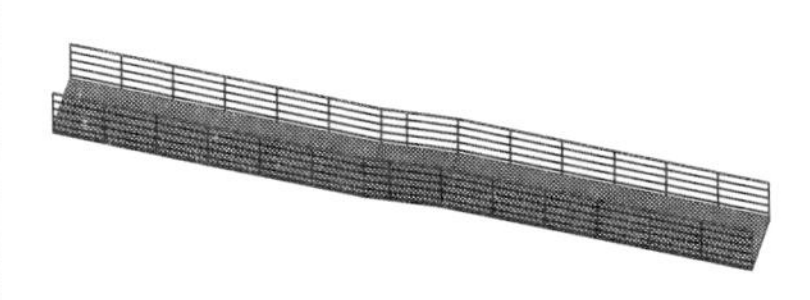

图 2-349（左）
图 2-350（右）

7）创建门和窗

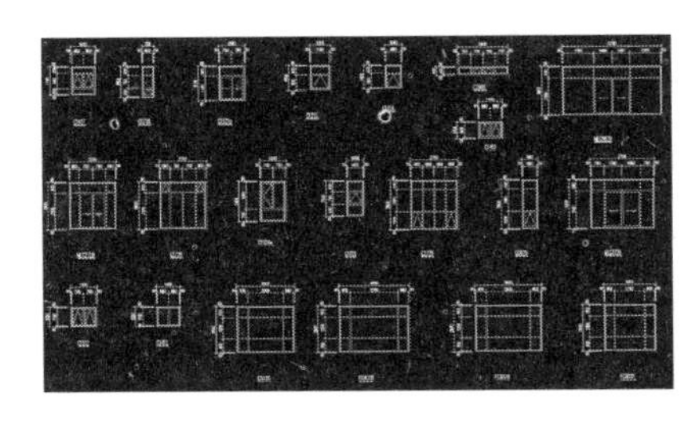

图 2-351

在 Revit 三维建模中，门和窗是基于墙体使用的一类族，也就是说，门窗的主体为墙，在墙体中才能添加门和窗。Revit 2018 虽然自带的门窗族，但是对于本案来说自带的门窗族形式远远不够，因此需要建大量门窗族，见图 2-351。

所以门窗族的创建，对于创建门窗是非常重要的。

（1）创建门

①创建门族

➢ 以 MLC5629 门为例，MLC5629 门是带固定落地窗和推拉门的玻璃门。打开 Revit 2018 界面，单击下拉菜单，点击新建 / 族，见图 2-352。弹出“新族 - 选择样板文件”见图 2-353。在 Chinese 根目录下选择公制门 .rft，单击打开门族界面，见图 2-354。

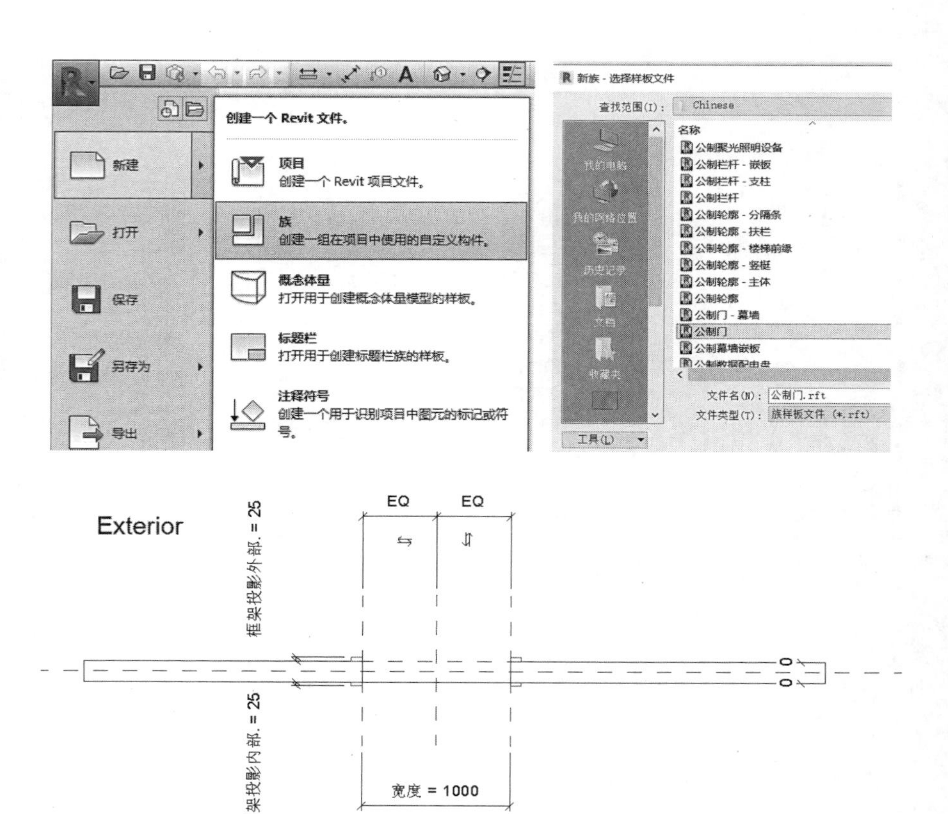

图 2-352（左）
图 2-353（右）

图 2-354

➢ 进入门公制族绘图界面，首先删除公制族门框架，再新建族类型。单击创建 / 属性 / 族类型，激活“族类型”对话框，点击“类型名称”右侧的“新建类型”按钮，弹出“名称”对话框，在“名称”一栏中输入“门MLC5629”，点击确定。根据“门 MLC5629”的尺寸，设置尺寸标注参数，见图 2-355，点击确定。注意设置族类型参数前，先检查公制族基础墙的宽度，如宽度小于创建窗族的宽度，可以先加宽基础墙宽度。

➢ 回到公制门族平面视图，这时的门洞口宽度自动生成 5600mm。选择项目浏览器中的“立面 / 外部”，进入“门 MLC5629”的外部立面视图。下面根据“门 MLC5629”样式，绘制门框。

族类型

类型名称(Y)： MLC5629

搜索参数

参数	值	公式	锁定
构造			
功能	内部	=	
墙闭合	按主体	=	
构造类型		=	
尺寸标注			
高度	2900.0	=	☑
宽度	5600.0	=	☑
粗略宽度		=	☑
粗略高度		=	☑
厚度		=	☑
分析属性			
分析构造		=	
可见光透过率		=	
日光得热系数		=	

管理查找表格(G)

图 2-355

➢ 单击创建 / 形状面板 / 拉伸，激活修改 | 创建拉伸窗口，单击绘制工具，在外部立面视图内绘制门框，见图 2-356，单击√完成。再重复以上创建命令，绘制推拉门，见图 2-357。回到参照标高视图，选中已创建的门框，在属性对话框设置约束参数，把拉伸终点设为 105，拉伸起点设为 45，见图 2-358，最后添加玻璃，调整玻璃厚度。

图 2-356（左）
图 2-357（右）

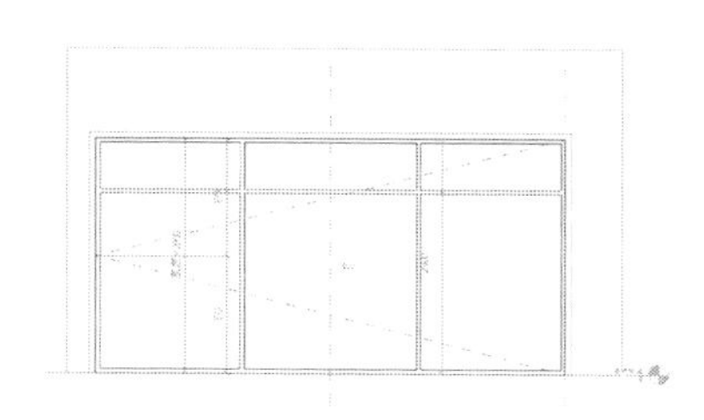

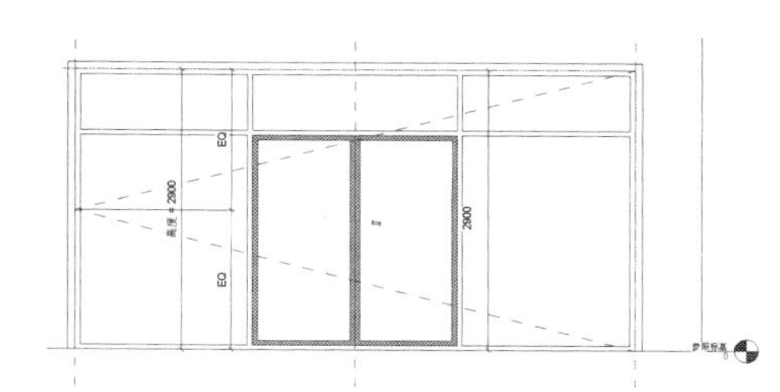

图 2-358

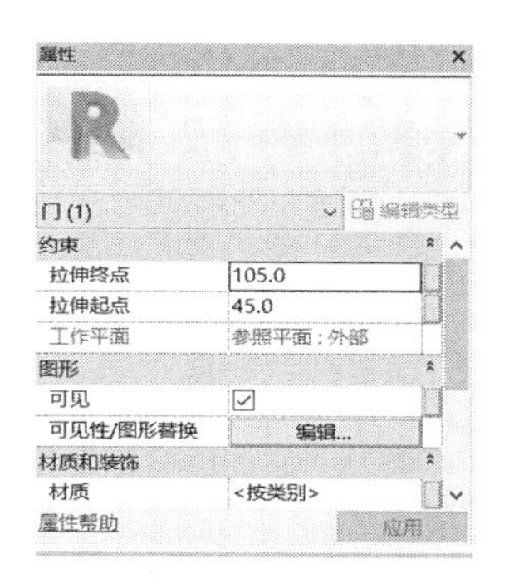

➤ 选中已创建的门框，单击材质栏右侧的关联“按钮”，弹出“关联族参数”对话框，见图 2-359。单击对话框内左下角“新建参数”按钮，弹出“参数属性”对话框，见图 2-360。参数类型选择“共享参数”，点击选择，弹出“未指定共享参数文件”对话框，确认后弹出编辑共享参数对话框，点击新建按钮，弹出创建共享参数文件对话框，文件名命名为门窗材质，见图 2-361。

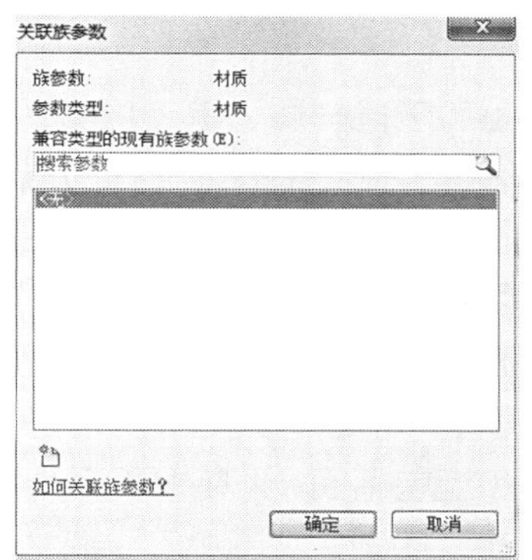

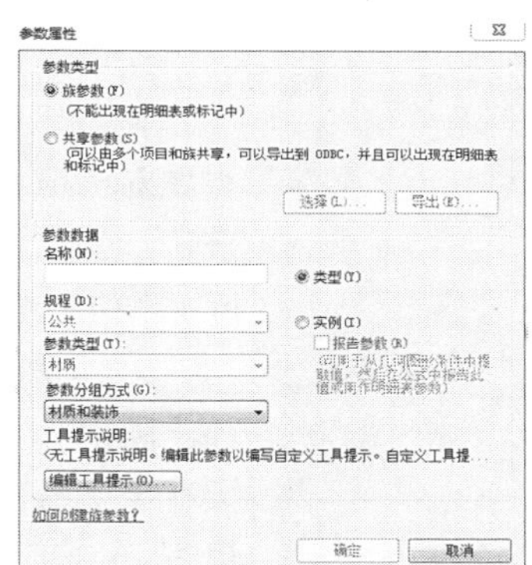

图 2-359（左）
图 2-360（右）

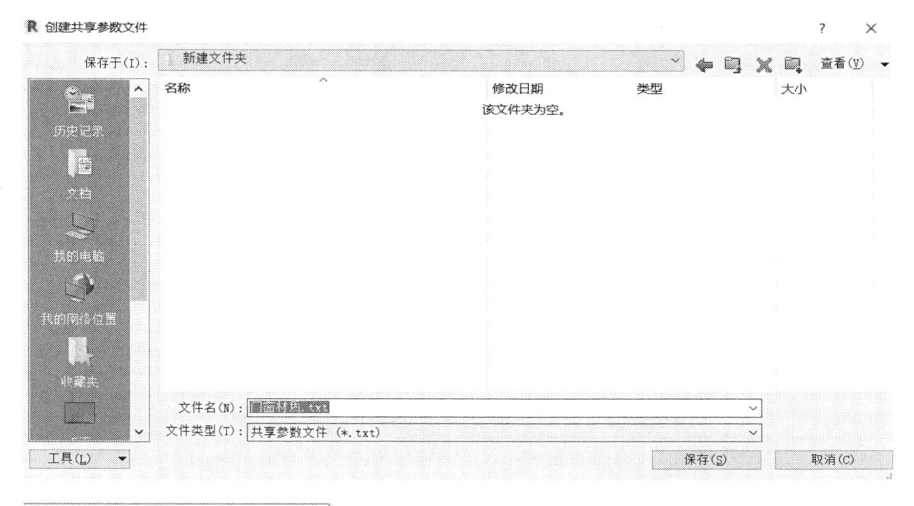

图 2-361

图 2-362

➤ 回到编辑共享参数对话框，点击组 / 新建，弹出新参数组对话框，输入门窗，然后确定，见图 2-362。

➢ 接下来新建门窗材质参数，在“编辑共享参数”对话框中，点击参数 / 新建，弹出参数属性对话框，命名门框材质，参数类型选择材质，见图 2-363。同理创建玻璃材质参数，见图 2-364，单击确定。

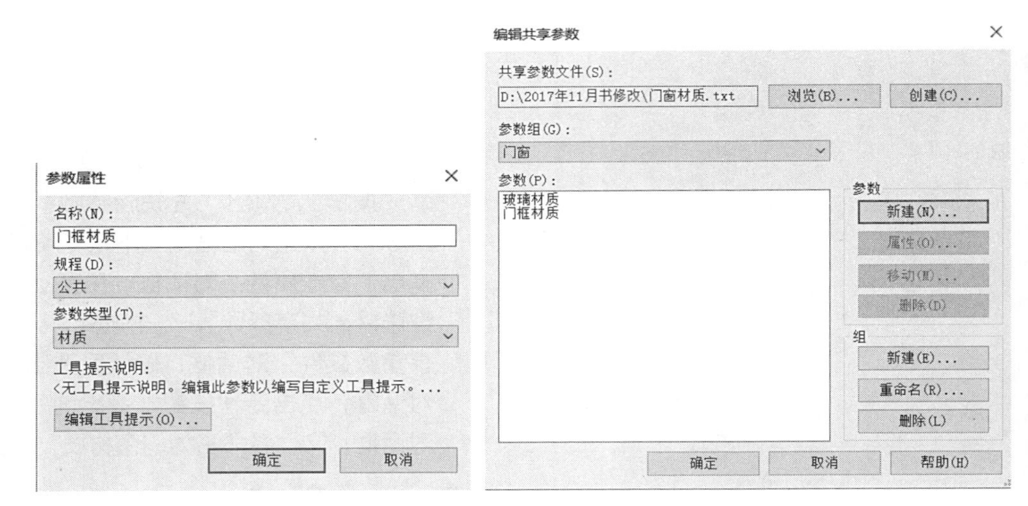

图 2-363（左）
图 2-364（右）

➢ 编辑门框和玻璃材质，单击功能区属性面板内族类型按钮，弹出族类型对话框，点击“材质和装饰”栏门框材质和玻璃材质后的 <按类别> 按钮，弹出材质浏览器，新建木材材质名称，再打开资源浏览器，在外观库 / 木材中选择材质。玻璃在材质浏览器中选择半透明玻璃，见图 2-365。

➢ 编辑门族图形可见性，分别选择已建门框或玻璃，在属性对话框中，点击图形 / 可见性 / 编辑，弹出族图元可见性设置对话框，去掉勾选平面 / 天花平面视图和当前平面 / 天花板平面视图中被剖切时（如果类别允许），见图 2-366。确认回到族视图界面，把文件另存为 MLC5629.rfa。

②创建门

➢ 打开 Revit 模型，进入 2F 平面视图，单击建筑 / 门，在属性对话框内点击“编辑类型”，弹出类型属性对话框，载入 MLC5629.rfa，见图 2-367。

族图元可见性设置
视图专用显示
在三维及以下视图中显示：
☐ 平面/天花板平面视图
☑ 前/后视图
☑ 左/右视图
☐ 当在平面/天花板平面视图中被剖切时(如果类别允许)
详细程度
☑ 粗略　☑ 中等　☑ 精细
确定　取消　默认(D)　帮助(H)

图 2-365（左）
图 2-366（右）

回到绘图区域，鼠标找到该门位置的墙体，把门放置于墙体之中，见图 2-368。完成 MLC5629 门的创建，图中双向箭头能内外、左右改变门的方向。

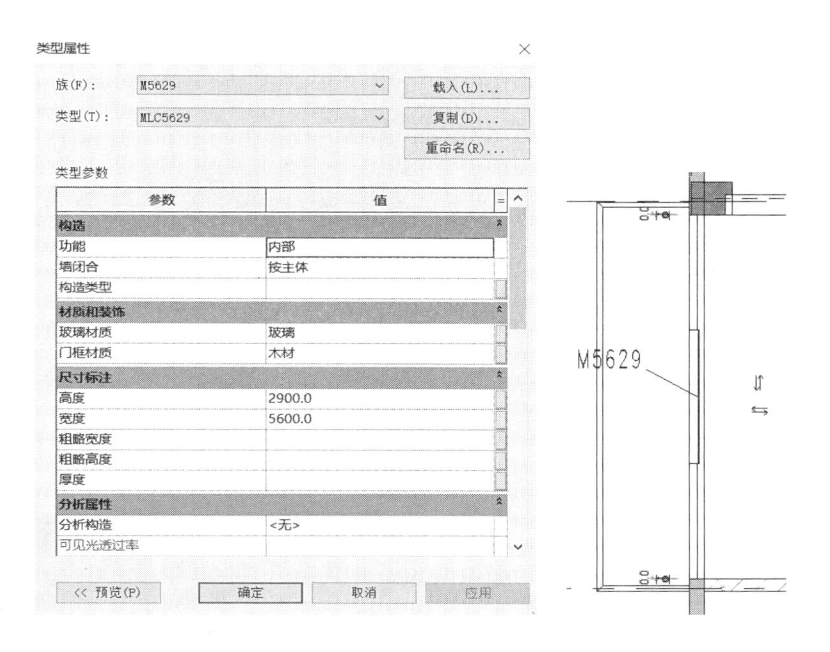

图 2-367（左）
图 2-368（右）

➢ 创建内部房间门 M0921，打开一个平面视图，重复门创建命令，从类型属性中载入普通门根目录下的平开门的单嵌木门，在平面视图的墙主体对应位置点击鼠标放置，见图 2-369。放置门时只需在大致位置插入，通过修改临时尺寸标注来精确定位，插入门时在墙内外移动鼠标改变内外开启方向，按空格键改变左右开启方向。选中已建的门，在类型属性内编辑修改参数，修改材质，并完成门 M0921 的绘制。

➢ 其他的类型的门同上述方法创建，相同类型的门还可以复制已经创建的同类型门。最终完成 1F 楼层门的创建，见图 2-370。

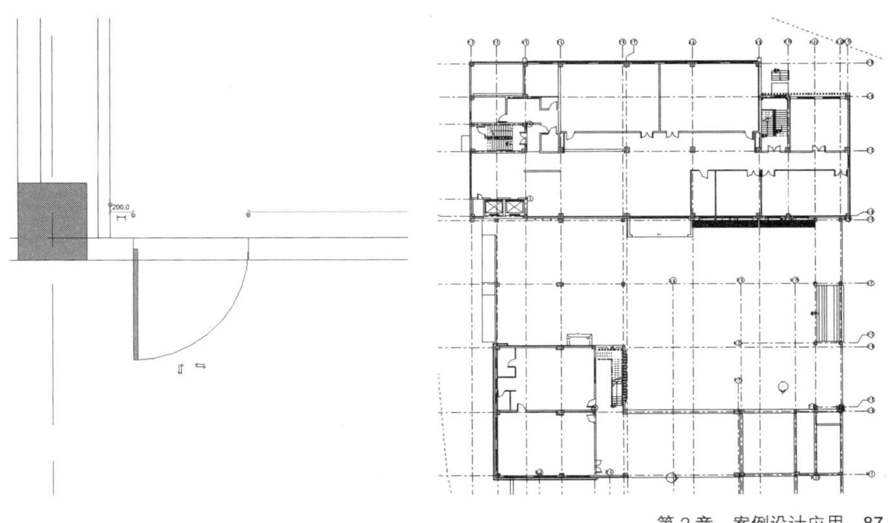
图 2-369（左）
图 2-370（右）

➢ 汽车维修间卷帘门的创建，可以在外墙上先插入洞口，进入 1F 平面视图，单击建筑 / 洞口 / 墙洞口命令，用鼠标选择要插入洞口的墙，并绘制洞口，修改洞口尺寸，完成墙洞口。再选中洞口，在属性对话框里修改约束参数，见图 2-371 设置。再在洞口的基础上绘制相应大小的隔墙，调整隔墙厚度为 60，并调整其结构材质为金属，即可用墙体代替卷帘门，完后后效果见图 2-372。

❖ 要点提示：卷帘门也可以按照建卷帘门族的方法来创建。

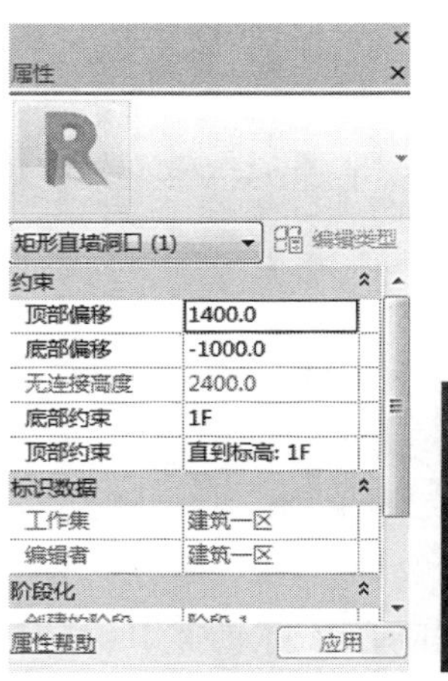

图 2-371（左）
图 2-372（右）

（2）创建窗

①创建窗族

➢ 以 C2724 为例。打开 Revit 2018 界面，单击R下拉菜单，点击新建 / 族，弹出“新族 - 选择样板文件”。在 Chinese 根目录下选择公制窗 .rft，见图 2-373。单击打开窗族界面，见图 2-374。

图 2-373（左）
图 2-374（右）

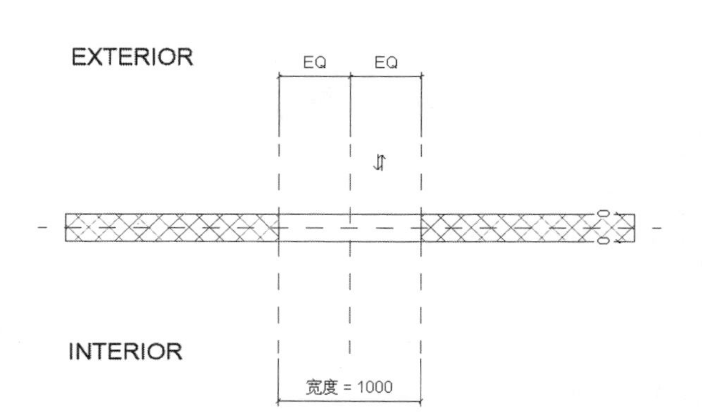

➢ 打开楼层平面内的“参考标高”视图，单击功能区族类型，弹出族类型对话框，点击新建类型，弹出名称对话框，输入 C2724，见图 2-375。按确定回到族类型对话框，按照 C2724CAD 图尺寸，调整尺寸标注。把宽度改为 2700，把高度改为 2400，见图 2-376。确定退出族类型，回到公制窗参考标高视图，这时的窗洞口的尺寸已改为 C2724 的尺寸。

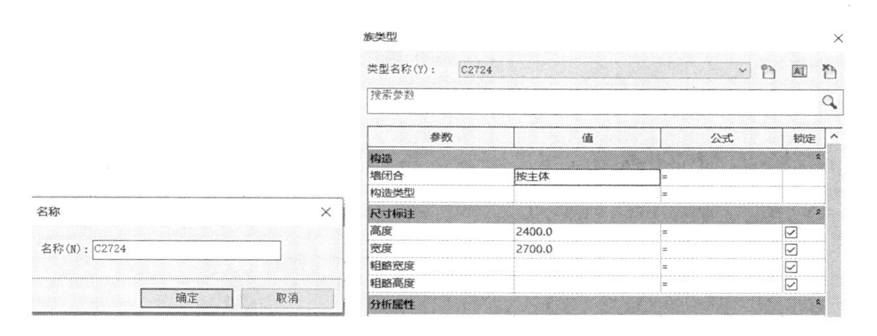

图 2-375（左）
图 2-376（右）

➢ 在项目浏览器内选择立面 / 外部视图，将原公制窗墙体高度拉至大于设计墙高度。单击功能区创建 / 形状面板 / 拉伸，激活修改 | 创建拉伸窗口，单击绘制工具“直线”或“矩形”，先沿洞口边画窗框边线，并锁定，然后用偏移命令，往内偏移 60，再按照 C2724CAD 图形，绘制横框和竖框，边线要求锁定见图 2-377，单击√完成。在属性对话框中设置约束参数，拉伸终点为 130，拉伸起点为 70，点击应用。 再重复以上创建命令，绘制平开窗框，见图 2-378。最后添加玻璃，同样在属性中设置拉伸约束，见图 2-379。

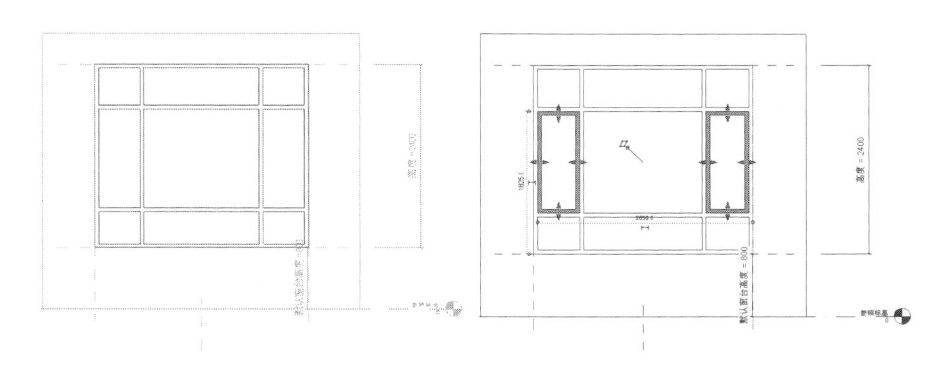

图 2-377（左）
图 2-378（右）

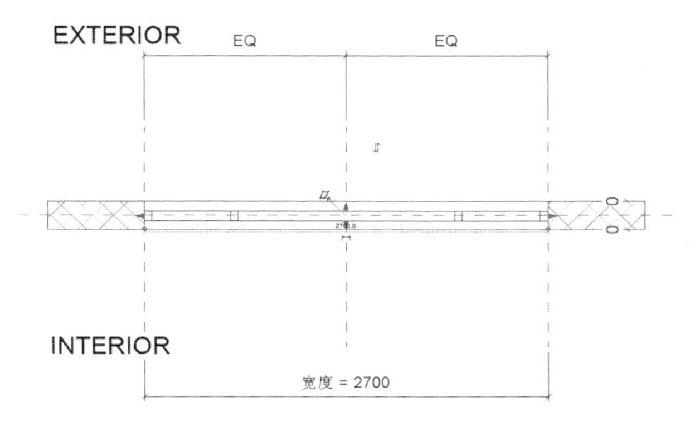

图 2-379

➢ 选中已创建的窗框，在属性对话框中找到“材质”栏，单击材质栏左侧的关联按钮，弹出关联族参数对话框，单击对话框内“添加”按钮，弹出参数属性对话框，选择共享参数，点击选择，见图 2-380。弹出共享参数对话框，点击编辑，弹出编辑共享参数对话框，见图 2-381。由于门窗组在创建门族类型时已创建，现在直接新建窗框材质，点击参数 / 新建，弹出参数属性对话框，名称输入窗框材质，参数类型选择材质，单击确定完成窗框编辑共享参数。

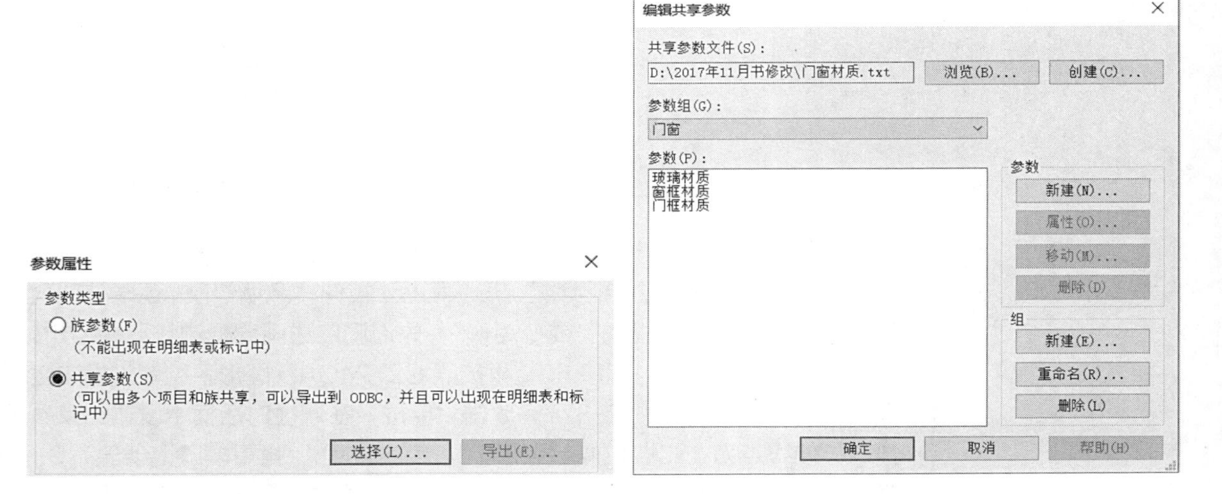

图 2-380（左）
图 2-381（右）

➢ 回到视图选中玻璃，重复在属性对话框的设置过程，在弹出的共享参数中直接选择玻璃材质（在门族创建时已创建玻璃材质），见图 2-382。确认后回到视图界面，把文件另存为 C2724.rfa。

➢ 在项目文件模型打开的情况下，可以把已存的族载入到项目中，单击族编辑器面板内的载入到项目或载入到项目并关闭工具，见图 2-383。

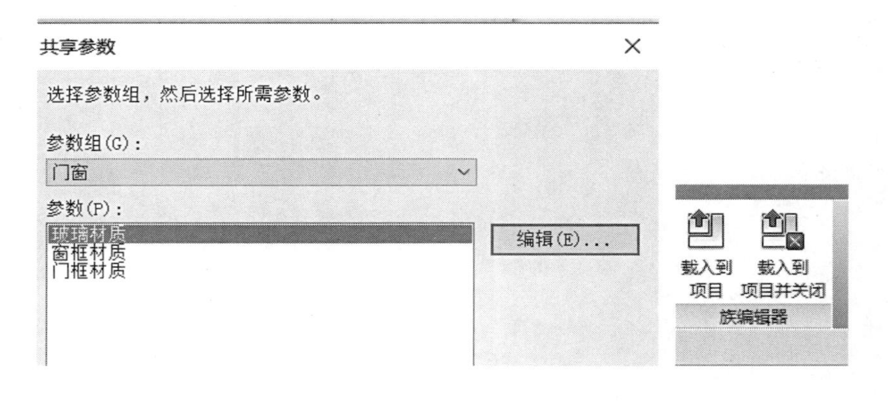

图 2-382（左）
图 2-383（右）

②创建窗

➢ 打开 Revit 模型，进入 1F 平面视图，单击建筑 / 窗，在属性对话框内点击“编辑类型”，弹出类型属性对话框，载入 C2724.rfa。材质和装饰参数、标识数据，见图 2-384。回到绘图区域，鼠标找到该窗位置的墙体，把窗放置于墙体之中，见图 2-385。图中双向箭头能内外、左右改变窗的方向。选中已建的窗，在属性对话框按立面造型修改约束参数，见图 2-386。其他窗按以上办法创建完成，将视图切换到三维视图观察完成建筑一区窗的效果，见图 2-387。

> ❖ 要点提示：在设置门窗类型属性参数时，作为初步设计，需要把标识数据内的参数填上，如材料商还没提供资料，那么必须先设置好类型标记参数。

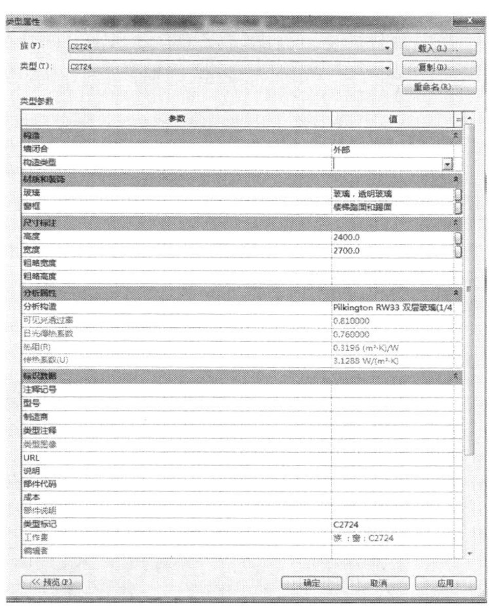

图 2-384

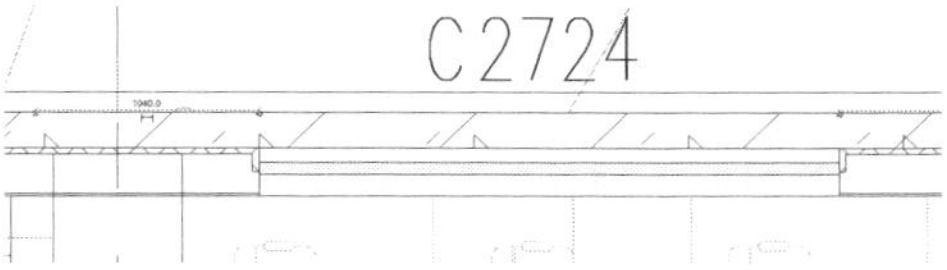

C2724

图 2-385

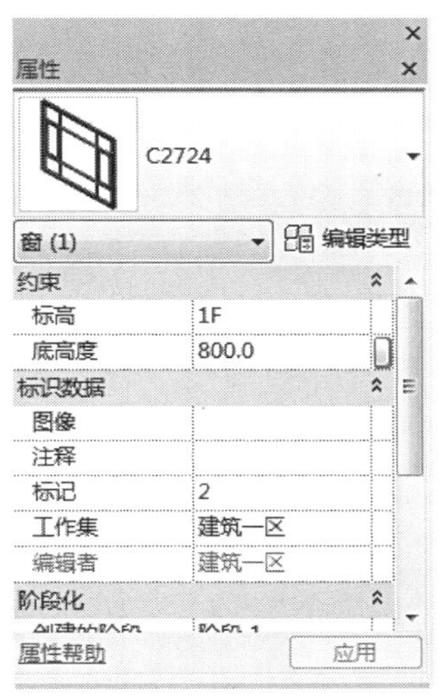

图 2-386（左）
图 2-387（右）

8）创建阳台和雨篷

（1）创建阳台

➢ 阳台由承重结构（梁、板）和栏杆扶手组成。因此创建阳台需要创建楼板和梁的工具以及创建栏杆扶手工具。梁的创建还可以用创建墙饰条的方法创建。

➢ 进入 2F 平面视图，单击结构 / 梁，在属性栏里选择混凝土 - 矩形梁 200*450，设置参数，Z 轴偏移值为 150，在绘图区绘制阳台梁（梁的创建详见 2.2.4 的第 4 小节）。

➢ 单击建筑 / 楼板 / 建筑楼板，在绘图区绘制阳台底板，选中已建的阳台板，在属性栏里修改约束参数，自标高的高度偏移 -50。将视图切换到三维视图观察完成刚创建的阳台梁板的效果，见图 2-388。

➢ 接下来创建阳台栏杆，单击建筑 / 楼梯坡道 / 栏杆扶手 / 绘制路径，在修改 | 创建栏杆扶手路径下选择绘制工具，在属性栏里选择栏杆类型，设置约束参数，在绘图区沿着阳台边线绘制阳台线，单击√完成。

➢ 由于在系统族内没有本案的阳台栏杆扶手造型，需要重新创建，选中已建栏杆扶手，打开类型属性，先复制类型，并重命名为“玻璃 - 嵌板”，见图 2-389，点击确定。

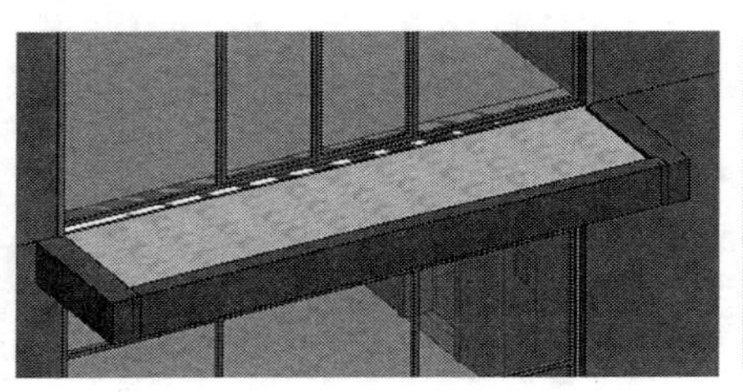

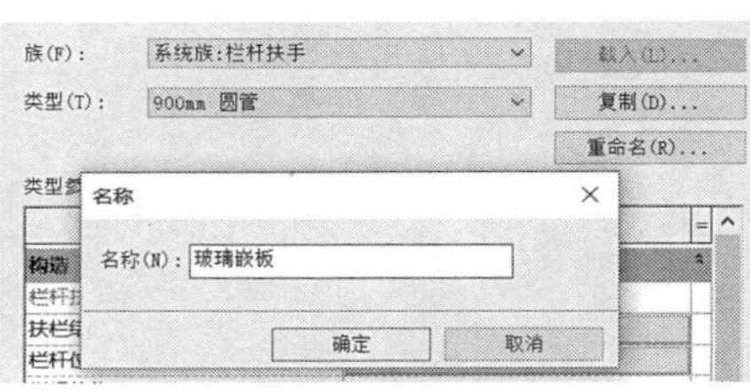

图 2-388（左）
图 2-389（右）

➢ 单击扶栏结构编辑，弹出编辑扶手对话框，根据阳台栏杆的造型，在扶栏列表增加或减少扶栏，本案设置了 800 高度扶栏 1 和 700 高度扶栏 2，再选择系统族现有的轮廓，也可以通过轮廓族创建新轮廓，本案选择矩形扶手 20mm，最后通过材质列表给扶栏设置材质，见图 2-390，单击确定退出。

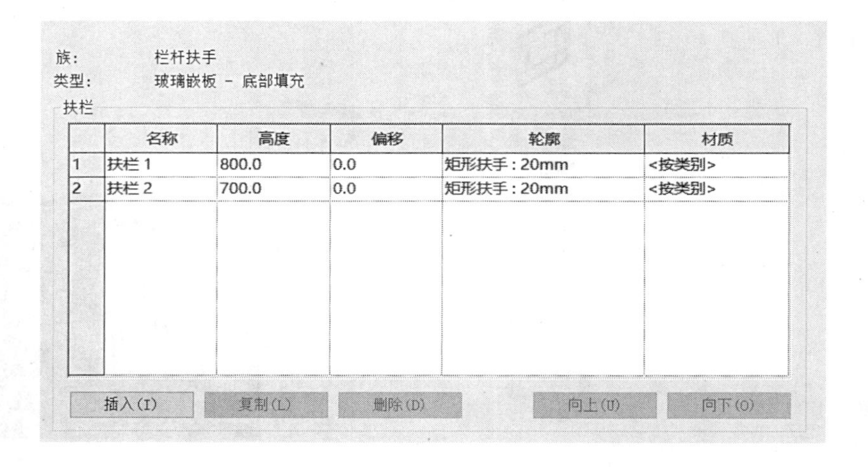

图 2-390

➢ 回到类型属性对话框，单击栏杆位置编辑，弹出“编辑栏杆位置”对话框，在主样式（M）列表中复制常规栏杆，增加列表 3，把复制出的列表 3 中的栏杆族改为“嵌板 - 玻璃：800mm”，底部偏移 100，顶部设置为扶栏 2，顶部偏移 0，相对前一栏杆的距离为 0。列表 2 栏杆族改为“栏杆 - 扁杆立杆：50×12mm”。对齐选择展开样式以匹配。去掉勾选“楼梯上每个踏板都使用栏杆”。在支柱列表中把所有的栏杆族都改为“栏杆 - 扁杆立杆：50×12mm”。点击应用确定，见图 2-391。

编辑栏杆位置

族：栏杆扶手　　类型：玻璃嵌板

主样式(M)

	名称	栏杆族	底部	底部偏移	顶部	顶部偏移	相对前一栏杆的距离	偏移
1	填充图案	N/A	N/A	N/A	N/A	N/A	N/A	N/A
2	常规栏杆	栏杆 - 扁钢立杆：50	主体	0.0	顶部扶栏	0.0	400.0	0.0
3	常规栏杆	嵌板 - 玻璃：800mm	主体	0.0	扶栏 2	0.0	0.0	0.0
4	填充图案	N/A	N/A	N/A	N/A	N/A	0.0	N/A

删除(D)　复制(L)　向上(U)　向下(O)

截断样式位置(B)：每段扶手末端　角度(N)：0.00°　样式长度：400.0

对齐(J)：展开样式以匹配　超出长度填充(E)：无　间距(I)：0.0

☐ 楼梯上每个踏板都使用栏杆(T)　每踏板的栏杆数(R)：1　栏杆族(F)：栏杆 - 圆形：25mm

支柱(S)

	名称	栏杆族	底部	底部偏移	顶部	顶部偏移	空间	偏移
1	起点支柱	栏杆 - 扁钢立杆：5	主体	0.0	顶部扶栏图	0.0	12.5	0.0
2	转角支柱	栏杆 - 扁钢立杆：50 x	主体	0.0	顶部扶栏图	0.0	0.0	0.0
3	终点支柱	栏杆 - 扁钢立杆：50 x	主体	0.0	顶部扶栏图	0.0	-12.5	0.0

转角支柱位置(C)：每段扶手末端　角度(G)：0.00°

<< 预览(P)　确定　取消　应用(A)　帮助(H)

图 2-391

➢ 回到类型属性对话框，继续设置类型参数，顶部扶栏高度 900，选择类型，点击右框按钮，弹出顶部扶栏类型属性对话框，选择“椭圆形 -40×30mm”，并设置参数值，定材质为“金属 - 不锈钢，抛光”，点击确认，见图 2-392。完成本案栏杆扶手的创建，见图 2-393。

图 2-392（左）
图 2-393（右）

➢ 回到阳台栏杆绘制平面视图，在属性对话框中完成约束参数的设置，在建阳台梁时，阳台边上翻 150，阳台板降了 50，因此，底部偏移输入文字“100”，点击应用，见图 2-394。完成 2F 的创建，见图 2-395。

➢ 3F、4F、5F、6F 阳台按复制粘贴的方式完成创建，见图 2-396。

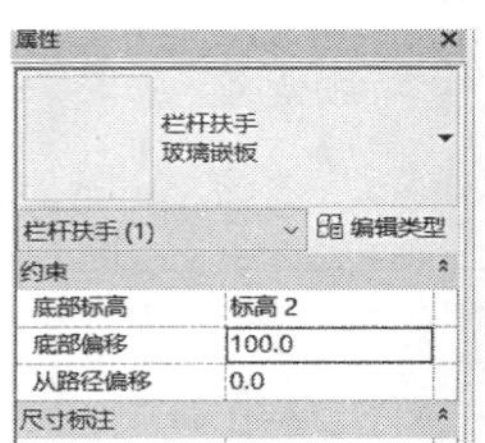

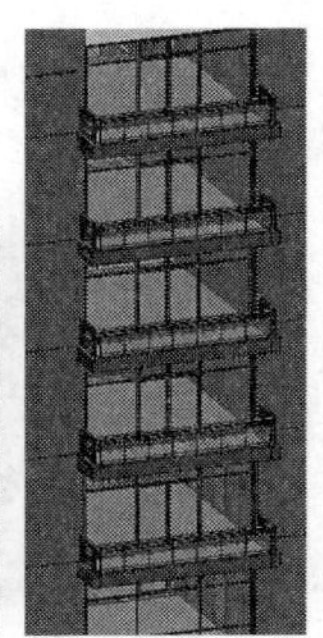

图 2-394（左）
图 2-395（中）
图 2-396（右）

（2）创建雨篷及遮阳板

➢ ①雨篷族的创建

➢ 本节以创建建筑二区“钢结构雨篷”为例，见图 2-397。打开 Revit 2018 界面，单击下拉菜单，点击新建 / 族，弹出“新族 - 选择样板文件”界面，在 Chinese 根目录下选择公制常规模型 .rft 族样板，单击打开常规模型族界面，见图 2-398。

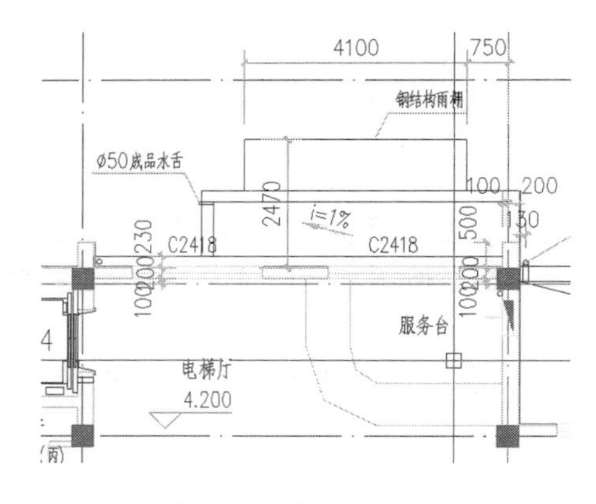

图 2-397（左）
图 2-398（右）

➢ 在“参照标高”平面视图中，单击功能区创建 / 基准 / 参考平面，激活参考平面绘图工具，选择直线命令，在公制常规模型参照标高绘图界面显示的十字虚线上侧、左右绘制参照平面。然后，单击注释 / 尺寸标注 / 对齐，选择两侧参照平面，按照二维 CAD 雨篷的尺寸进行尺寸标注，见图 2-399。

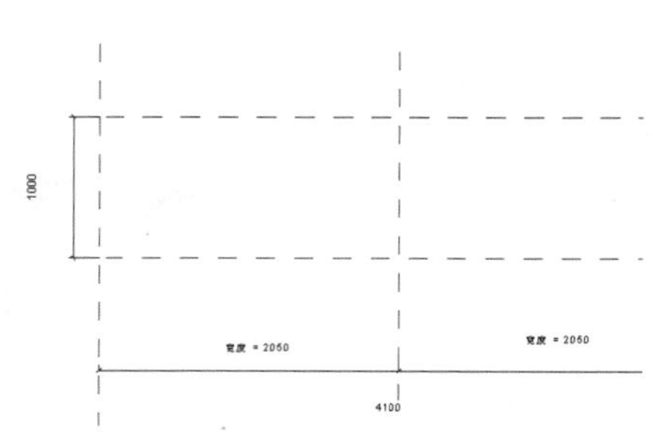

图 2-399

➢ 创建玻璃面板几何形状，单击功能区创建 / 形状 / 拉伸，在修改 | 创建拉伸选项卡内选择“矩形”绘制命令，以相应的参照平面为边界绘制一个长 4100 宽 1000 的矩形轮廓，将矩形边界与参照平面对齐并锁定，见图 2-400。单击√完成编辑。切换至

立面视图右，将玻璃面板厚度调成 30 厚，见图 2-401。单击族类型，在族类型对话框中新建玻璃雨篷类型名称，然后点击新建参数，在弹出的参数属性对话框中，选择共享参数，点击选择，在弹出的共享参数对话框中选择玻璃材质参数（门窗组已设置玻璃材质参数）。连续点击确定，回到绘图界面。

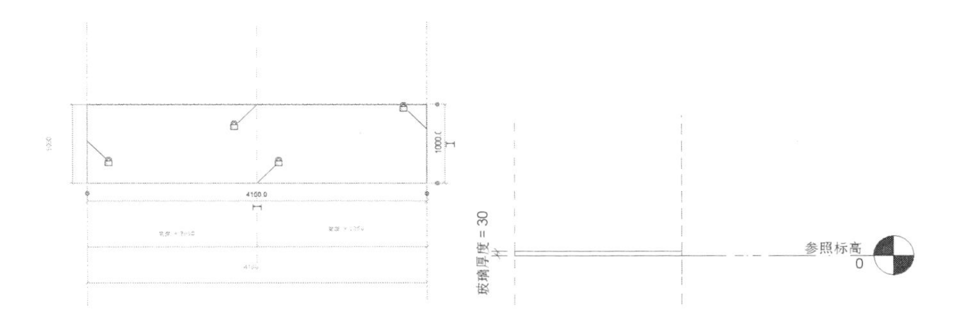

图 2-400（左）
图 2-401（右）

➢ 创建护顶结构几何形态，在前立面视图中，同样使用拉伸工具，绘制工字钢结构几何形状，单击完成按钮，然后切换至右立面视图，选中已建工字钢实体，在选项栏内修改深度 960，见图 2-402，同时重复玻璃面板族类型的编辑步骤，编辑工字钢的族参数。再切换回前立面视图，单击修改 | 拉伸选项卡内复制和镜像命令，复制和镜像工字钢，完成玻璃雨篷族的整体创建，将视图切换到三维视图观察完成的雨篷模型效果，见图 2-403。

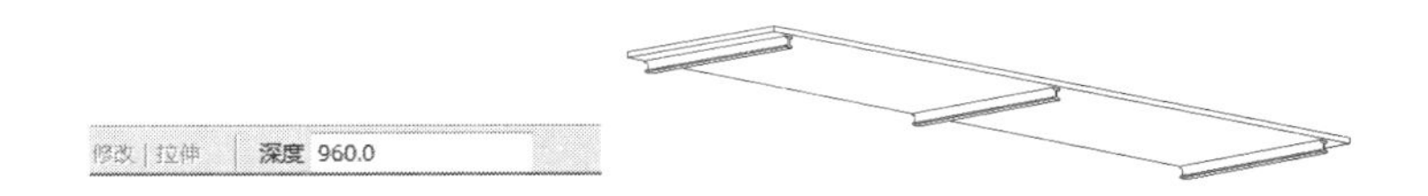

图 2-402（左）
图 2-403（右）

②创建雨篷

➢ 雨篷族创建完成后，另存到指定文件夹内，再单击族编辑器 / 载入到项目，见图 2-404。或者切换到项目绘图界面，单击建筑 / 构件 / 放置构件，在属性栏里设置参数，在编辑类型里设置材质、宽度等参数，在项目浏览器内选择 1F 绘图区，找到该雨篷绘制位置，放置雨篷，完成后将视图切换到三维视图观察完成的雨篷效果，见图 2-405。

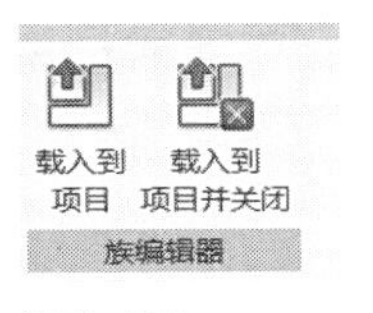

图 2-404

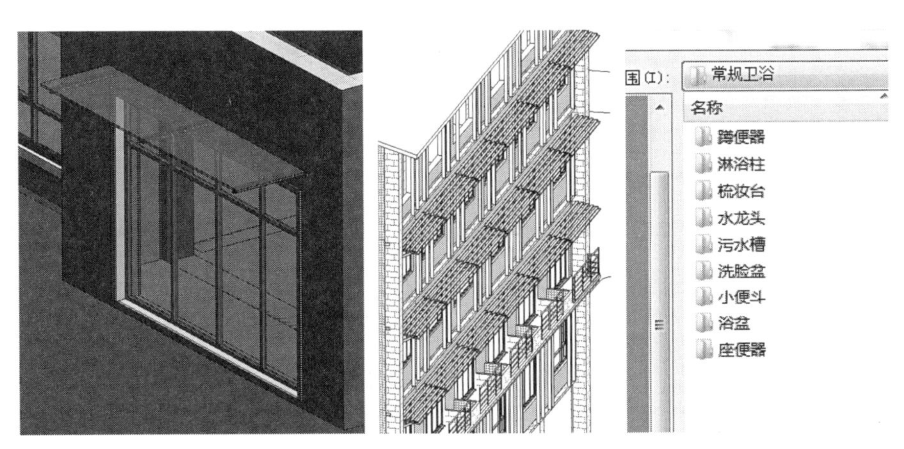

图 2-405（左）
图 2-406（中）
图 2-407（右）

❖ 知识扩展：雨篷的创建可以先运用建筑 / 屋顶 / 迹线屋顶，创建玻璃斜窗，再用建筑 / 构建 / 内建模型的方式创建雨篷支撑，详见案例一的雨篷创建。

③遮阳板创建

➢ 遮阳板运用创建雨篷办法，先创建遮阳板族，同样用公制常规模型 .rft 族样板来创建，其过程与雨篷相同，只是遮阳板的样式与雨篷不同，根据 cad 的设计形式，在族中创建。然后，用同样的方法在模型中放置遮阳板，见图 2-406。

9）细部深化

（1）平面深化

①放置卫生间器具

➢ 卫生间的隔断绘制参考“墙”。卫生间地槽的绘制参考楼板绘制，同时设置其自标高的高度偏移，这里我们设置 200mm，也是说卫生间地槽高出地面 200mm。

图 2-408

➢ 接下来开始载入卫生洁具，切换到 1F 楼层视图，单击建筑 / 构件 / 放置构件，在类型选择器中选择“蹲便器”，如类型选择器中没有，需要在编辑类型中载入。单击“载入”，在 China 的根目录下，选择文件“建筑”→“卫生器具”→“3D”→“常规卫浴”→“蹲便器”，见图 2-407。选择好蹲便器构件后，在放置面板上选择“放置在面上”，见图 2-408。最后布置完成蹲便器，见图 2-409。

➢ 单击建筑 / 构件 / 放置构件，在类型选择器中选择“立式小便器 - 挂墙式”，选着立墙进行放置，完成小便器放置，再添加隔墙，完成后见图 2-410。用同样的方法放置洗脸盆，完成卫生间的洁具布置，见图 2-411。以上楼层卫生间平面与一层卫生间平面布置一样，用复制粘贴命令来完成各层的卫生间洁具布置。

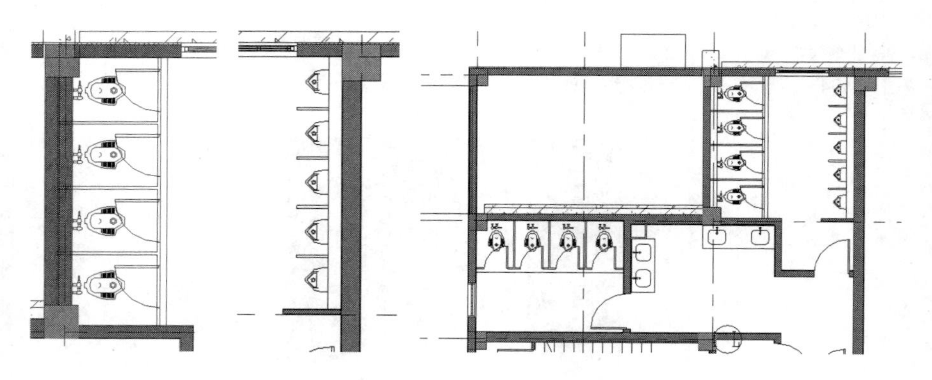

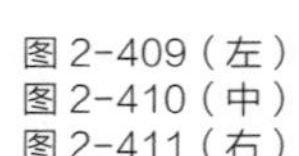
图 2-409（左）
图 2-410（中）
图 2-411（右）

②放置家具

➢ 单击建筑 / 构件 / 放置构件，在属性对话框内点击编辑类型，弹出类型属性对话框，见图 2-412。载入要放置的家具，点击载入弹出 china 文件根目录，并在子目录“建筑 / 家具”下找到适合的家具类型，见图 2-413，然后在楼层平面视图内放置家具。一般在某构件生成后在同一层通过“复制”、“阵列”等方法快速得到多个相同构件，通过“对齐”、“镜像”快速定位，见图 2-414。不同层则同样用复制粘贴的方法快速放置。

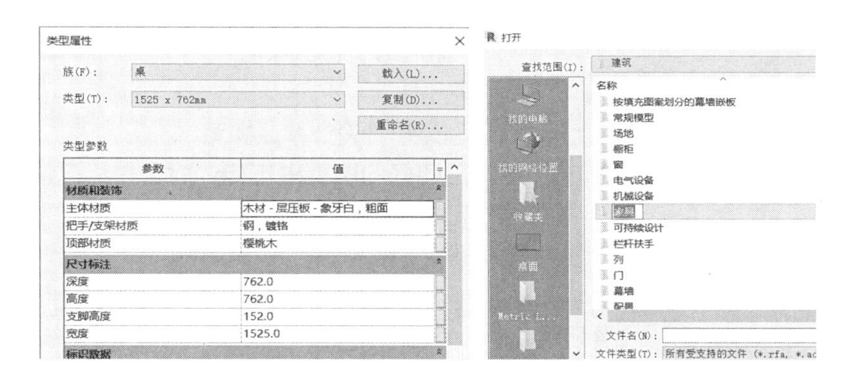

图 2-412（左）
图 2-413（右）

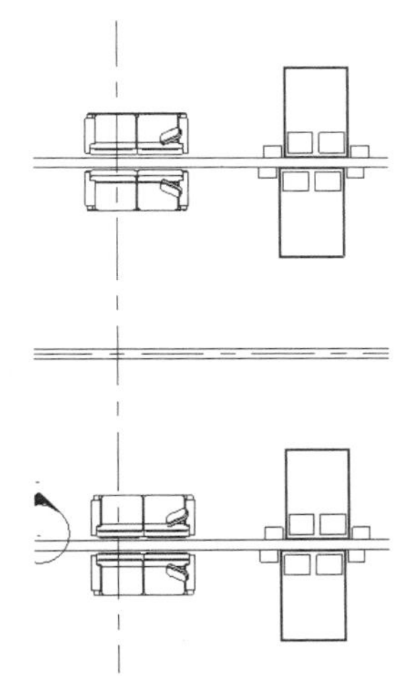

图 2-414

（2）立面深化

➢ 立面由于造型原因，会增加一些立面线脚，以及在外墙外面再增加其他形式的造型，本案立面也是如此，见图 2-415。从图中可以看到有横向的线脚和竖向的竖条。

➢ 横向线脚的绘制，本案运用墙饰条的方法来创建。竖向条立面造型运用绘制墙的命令来完成，也可以应用创建体量的方法来创建。可以参照墙的绘制方法，这里不做详细说明。立面细部创建完成，将视图切换到三维视图观察完成外立面效果，见图 2-416。

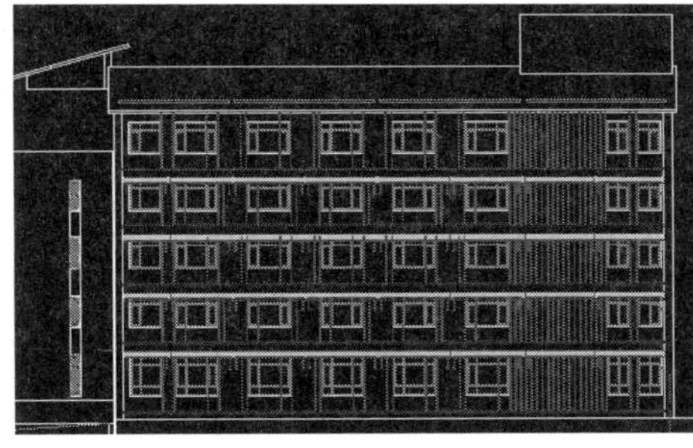

图 2-415（左）
图 2-416（右）

❖ 要点提示：当 Revit 里的墙饰条轮廓族不满足立面所需时，可以用新建族公制轮廓创建新的墙饰条轮廓，再加载入项目中。

2.2.5 检查模型

模型检查是从主体到细节重新检查一遍，提高模型的准确度。此模型作为该项目 BIM 应用的基础平台，方便后期各个环节的应用。检查时需要注意以下几点：

1）检查主体结构有无漏画或者画错的，再检查底标高和顶标高是否正确，检查不同墙、楼面、屋顶的结构层次。

2）检查门窗的开启方向、底部偏移量，材质以及类型标记。

3）检查构件是否有偏移或重叠，由于建模不仔细或者后期移动所造成的构件分离或重叠应及时调整。

4）检查构件在各视图的显示方式是否符合我们平时出图的要求。

2.2.6 初步设计图纸深化

1）平面图

（1）创建初步设计标注视图

在对已建好的图上进行标注时，先将已建模型的平面视图进行复制，将二维图元：房间标注、尺寸标注、文字标注、注释等信息绘制在新的标注平面视图中，便于进行统一管理。

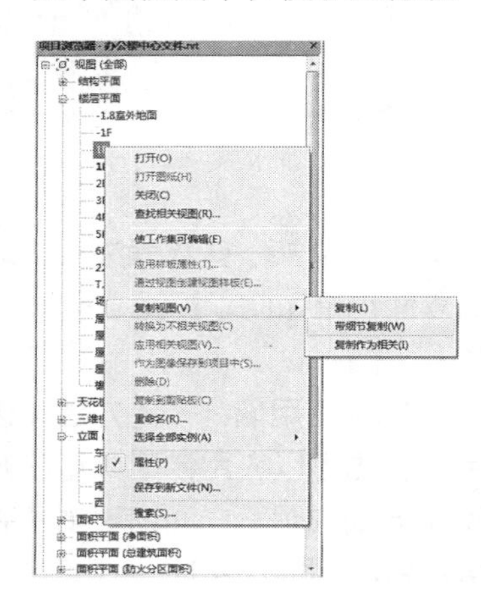

图 2-417

➢ 打开最终建好的模型，切换到 1F 楼层平面视图。右键单击 1F 楼层平面，单击“复制视图”→“带细节复制”，见图 2-417。右键单击自动命名“1F 副本 1”，单击重命名命令，将新建的楼层平面重命名为 1F-标注。

（2）轴线和外墙门窗标注

➢ 在新创建的“1F- 标注”视图中，单击注释 / 尺寸标注 / 对齐，见图 2-418。在属性对话框内点击属性类型，弹出类型属性对话框，点击“复制”按钮，在弹出的对话框中设置新的标注样式名称，单击确认，见图 2-419。然后在类型参数中设置尺寸线宽及颜色、文字宽度系数、文字大小、文字偏移、字体等。见图 2-420、图 2-421。单击确定回到视图界面。依次选择相关轴线进行标注。

➢ 在对外墙门窗洞口进行标注时，点击尺寸标注 / 对齐，在选项栏内点击选项，拾取按整个墙，弹出“自动尺寸标注选项”对话框，勾选洞口下的宽度，见图 2-422。在绘图区拾取整段墙体进行门窗洞口细节标注。最终完成初步设计出图要求的三道尺寸线标注，见图 2-423。

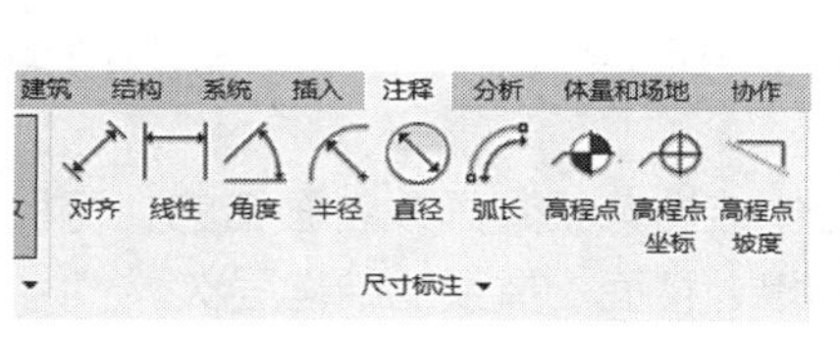

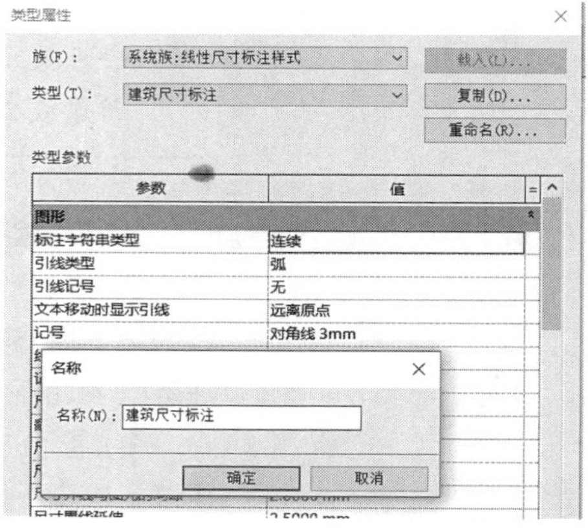

图 2-418（左）
图 2-419（右）

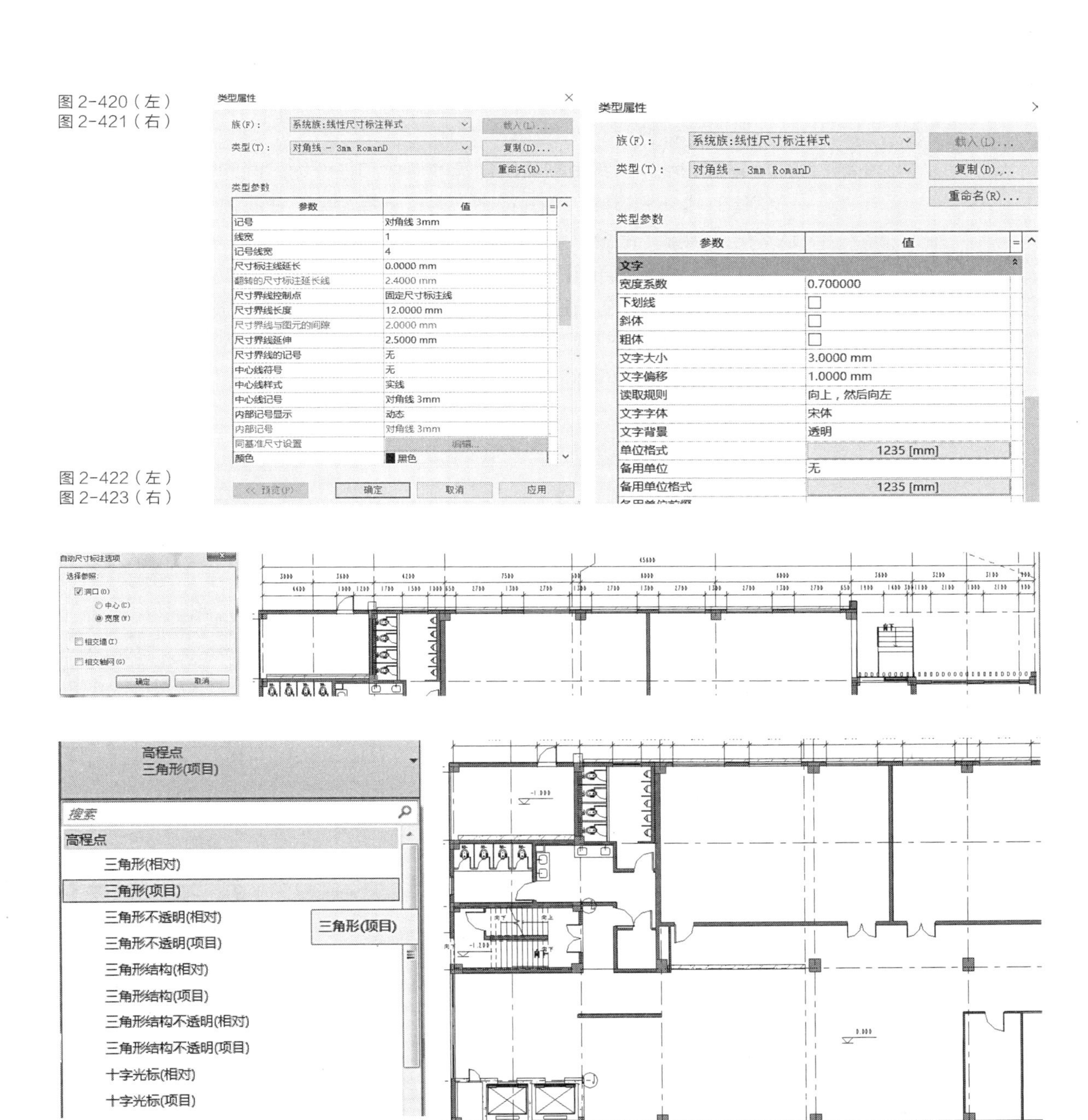

图 2-420（左）
图 2-421（右）

图 2-422（左）
图 2-423（右）

图 2-424（左上）
图 2-425（左下）
图 2-426（右）

（3）平面高程点（标高）标注

按照建筑工程图纸规范要求，每层平面必须标注标高。

➢ 单击注释 / 尺寸标注 / 高程点，在属性栏里选择标高标注的类型，见图 2-424。在选项栏里，不勾选引线，水平段，相对于基面为当前标高，显示高程选择按实际（选定）高程，见图 2-425。在平面上标注时，通过鼠标的移动，确定标高的方向，最后加载完成标高标注，完成一层标高的标注，见图 2-426。

（4）标记

A 房间标记

➢ 在 Revit 系统里默认所创建的墙体和柱作为房间的边界。切换到之前创建的“1F- 标注”平面视图，通过选择墙体，在属性对话框中检查确认“房间边界”是否已被勾选上，见图 2-427

➢ 单击建筑 / 房间和面积 / 房间，见图 2-428。在属性对话框内选择标记类型，见图 2-429。在绘图区域内选择房间放置，并标记房间。点击房间，修改名称，见图 2-430。修改名称还可以在属性对话框内标识数据下名称栏内进行修改。房间标记完成见图 2-431。

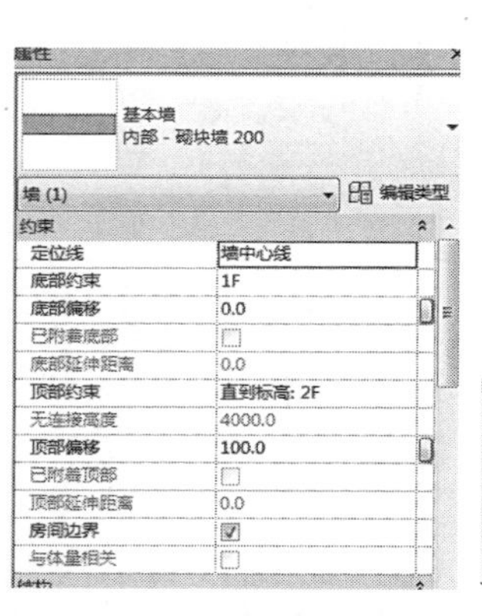

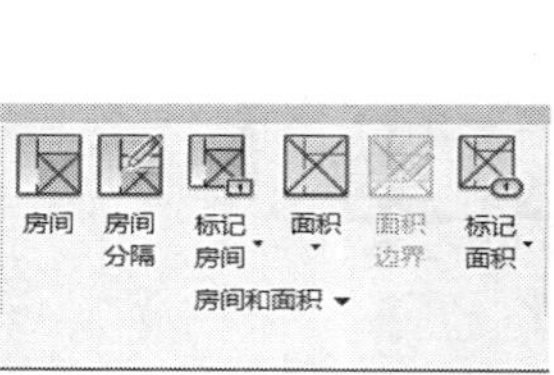

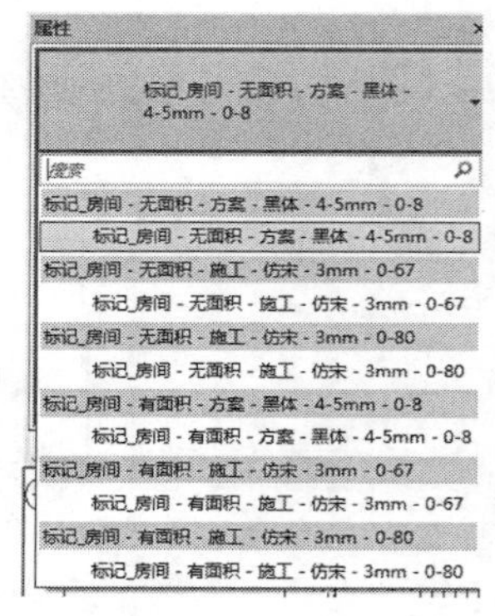

图 2-427（左）
图 2-428（中）
图 2-429（右）

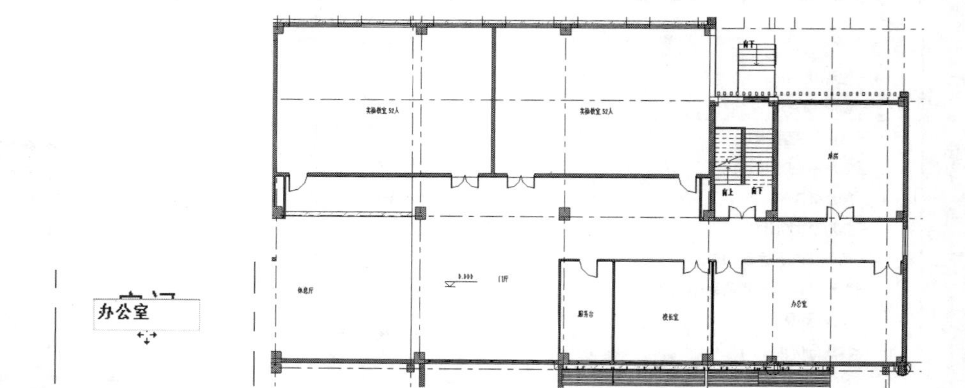

图 2-430（左）
图 2-431（右）

➢ 然而，好多空间的过度并不一定由墙体围合，在本案建筑一区主楼 1F 平面视图中，门厅和休息厅以及走廊没有墙体围合，这时候如果想要把一个整体的房间分成三个功能房间，就可以用房间分隔这一工具。

➢ 单击建筑 / 房间和面积 / 房间分隔，在绘制面板中选择绘制工具，见图 2-432，在门厅和休息区和走廊位置添加各功能区边界，然后再完成房间的放置。

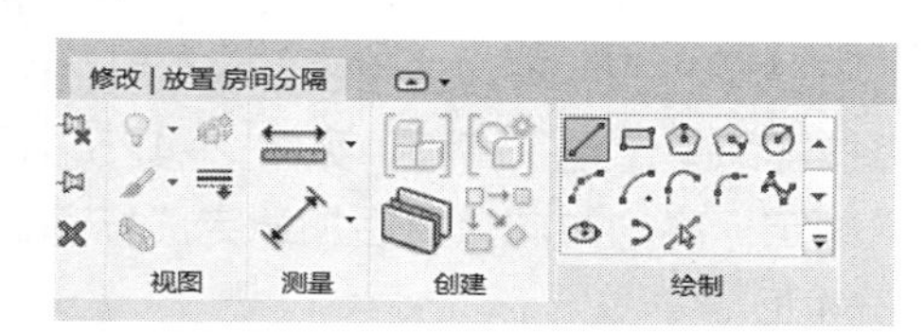

图 2-432

B 添加房间图例

➢ Revit® 提供了添加房间图例的功能，在完成房间绘制之后，按照预先设定的颜色方案，自动添加房间图例。

➢ 打开之前已创建房间的平面视图，在视图属性对话框中，将视图样板设为无，然后点击属性框中颜色方案右边有“无”字栏，见图 2-433，弹出“编辑颜色方案”对话框，把方案类别改为房间，然后再选择已经创建的“方案 1”，见图 2-434。在右侧栏中添加不同房间的颜色，见图 2-435，把列表上头颜色参数“部门”改为“名称”单击确定。这是平面视图内创建的房间已填充上各房间名称的颜色。

➢ 单击分析 / 颜色填充 / 颜色填充图例，各房间不同名称的图例自动产生，点击鼠标放置图例，见图 2-436。

图 2-433（左）
图 2-434（右）

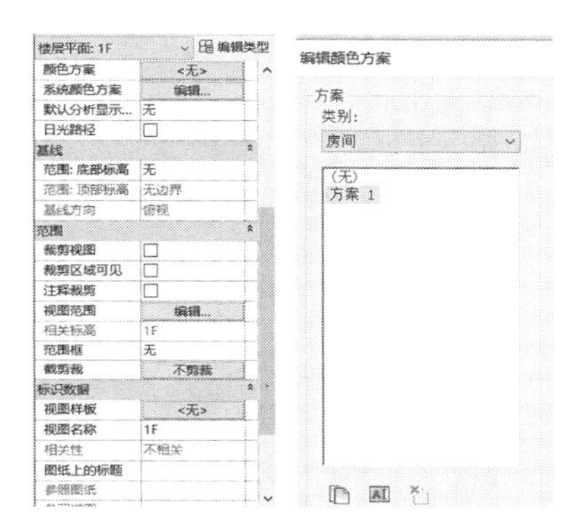

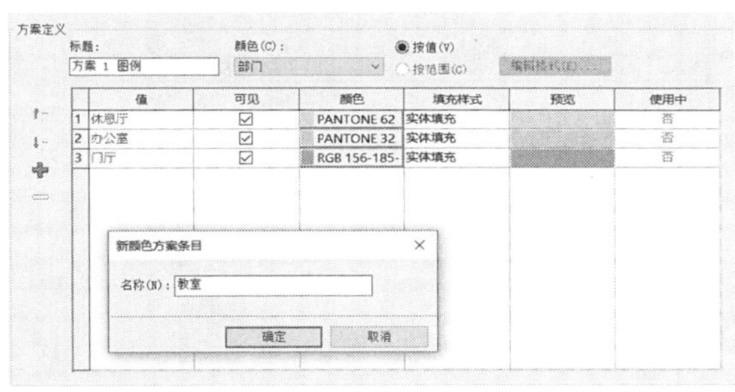

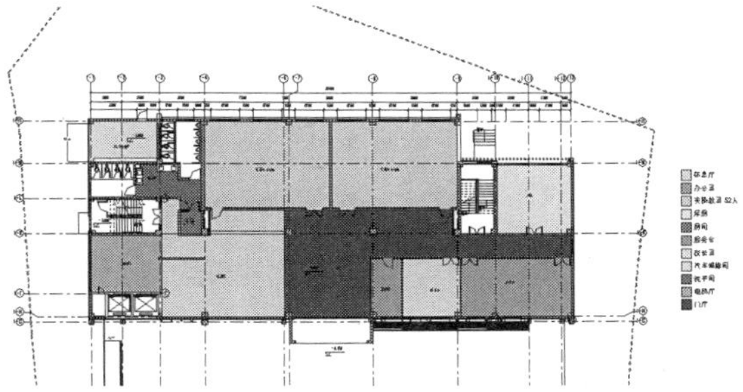

图 2-435（左）
图 2-436（右）

C 面积标记

➢ 在项目浏览器视图中选择“1F- 标注”平面视图。然后单击功能区视图 / 创建 / 平面视图 / 面积平面，在弹出的新建面积平面对话框内，下拉面积类型，选择总建筑面积，在为新建的视图选择一个或多个标高中选择需要算面积的楼层，见图 2-437。单击确定，在弹出的“是否自动创建关联的边界线”提示框中，在建筑平面复杂的情况下，可以选择“否”，这时面积平面（总建筑面积）视图已经创建完成，见图 2-438。

➢ 打开任一楼层面积平面视图，这里以 1F 为例，单击建筑 / 房间和面积 / 面积边界，在绘图区内绘制相应的面积边界线，注意边界线必须是闭合的。然后单击建筑 / 房间和面积 / 面积，下拉菜单选择“面积”工具，在已经创建面积边界中放置面积图元，见图 2-439。选中图元字体，单击“面积”修改为“一区主楼 1F 面积”。同样方法创建各楼层总建筑面积。

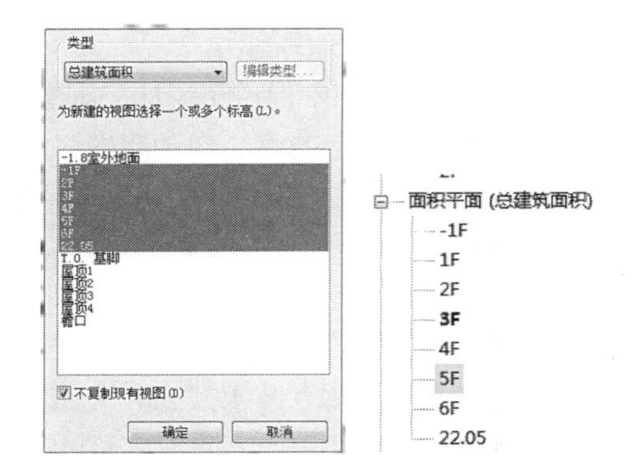

图 2-437（左）
图 2-438（右）

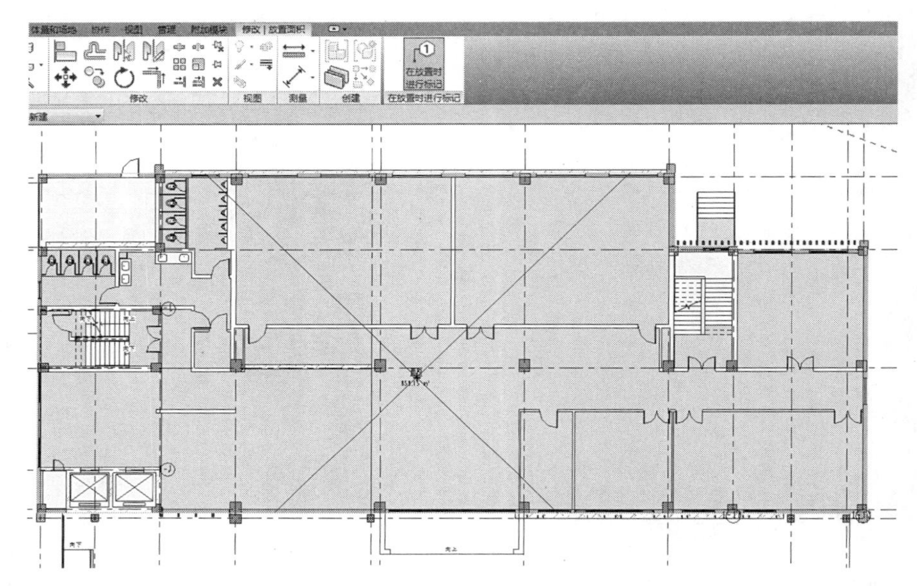

图 2-439

➢ 创建面积平面的主要作用是为了进行各类面积统计，打开项目浏览器中“明细表 / 数量”下“A_ 总建筑面积明细表”，可以发现之前创建的一区主楼的各层建筑面积，见图 2-440。

<A_总建筑面积明细表>		
A	B	C
名称	标高	面积（平方米）
面积	未放置	0
地下室面积	-1F	3393
一区主楼1F面积	1F	859
一区主楼2F面积	2F	832
一区主楼3F面积	3F	832
一区主楼4F面积	4F	839
一区主楼5F面积	5F	832
一区主楼6F面积	6F	832
一区主楼22.05面积	22.05	363
总计: 54		8781

图 2-440

D 门窗标记

➢ 在标记门窗类别前，先通过门窗属性类型检查所有门窗的“类型标记”是否已设置完成，确认后，单击注释 / 标记 / 按全部标记，弹出“标记所有未标记的对象”的对话框，选中门标记或窗标记，见图 2-441。单击应用后确认。完成所有的门窗标记，见图 2-442。这时检查发现，东西山墙的门窗标记与门窗不平行，选中此类门和窗标记，在门窗属性对话框内，把图形方向改为垂直，点击应用完成，见图 2-443。

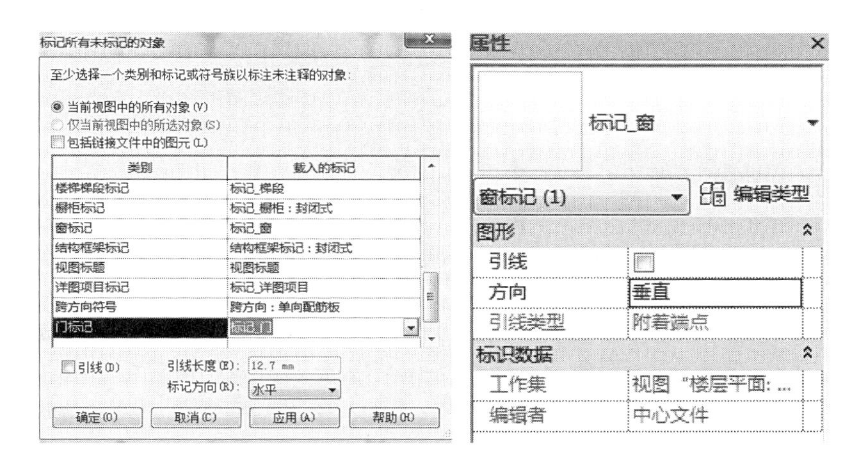

图 2-441（左）
图 2-443（右）

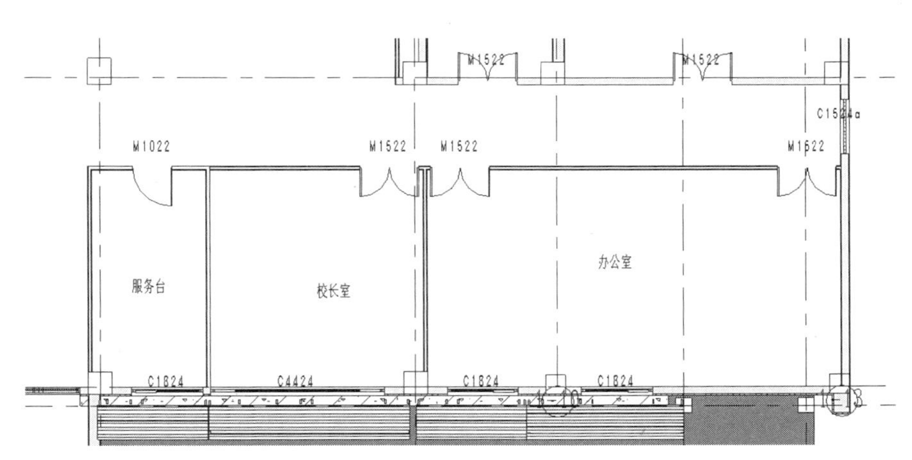

图 2-442

E 文字注释

➢ 单击注释 / 文字，选择放置“引线”类型和文字对齐类型，点击绘图区域，放置引线箭头、引线、文本框并输入文字内容，见图 2-444。在输入文字前，可以在属性对话框内选择文字类型，也可以在编辑类型新建文字类型，根据出图要求，设置图形和文字参数，见图 2-445。

➢ 在编辑文字时如遇到特殊符号，可以选择已建文字框，点击鼠标右键，弹出如图 2-446 界面，选择点击“符号”，在“符号”展开界面选择需要的符号。

2）剖面图

①创建 1-1 剖面

➢ 打开 1F 平面视图，单击视图 / 创建 / 剖面。在类型属性中，设置图形参数，回到绘图区域，将鼠标放在剖面的起点处单击鼠标左键，并拖拽鼠标穿过模型，再次单击左键确定剖面的终点，这时出现剖面线和裁剪

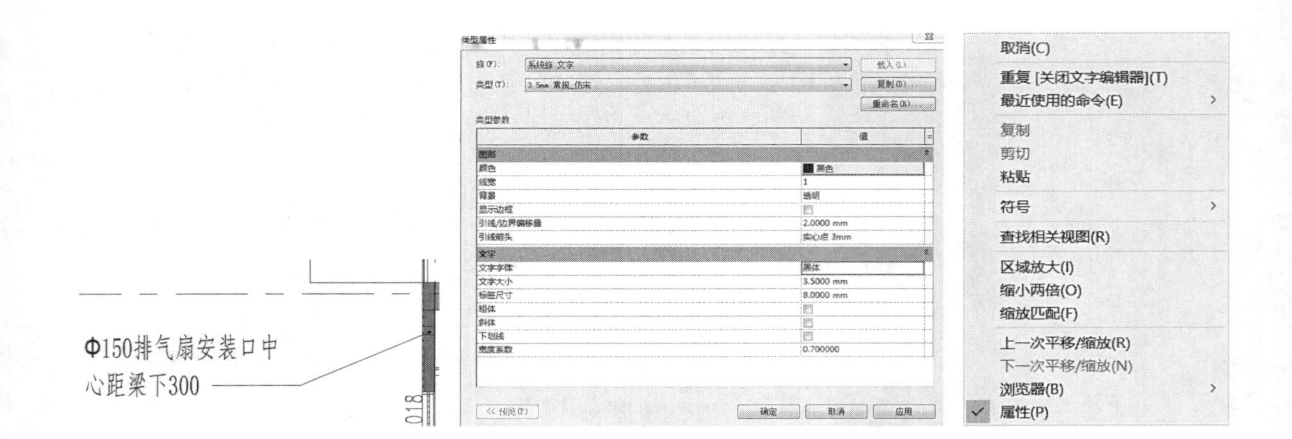

图 2-444（左）
图 2-445（中）
图 2-446（右）

区域，见图 2-447。在属性对话框内的标识数据下的视图名称改为剖面 1-1，见图 2-448。查看浏览视图栏中剖面视图中已经增加了剖面 1-1 视图，见图 2-449。单击剖面 1-1，视图自动切换到剖面 1-1 视图，见图 2-450。

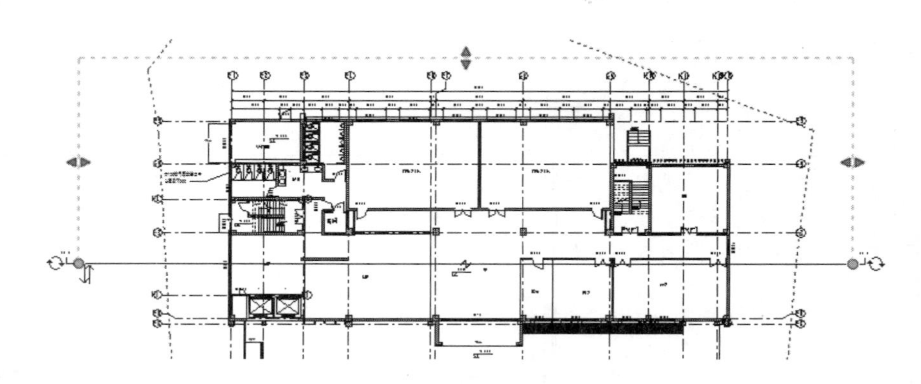

图 2-447

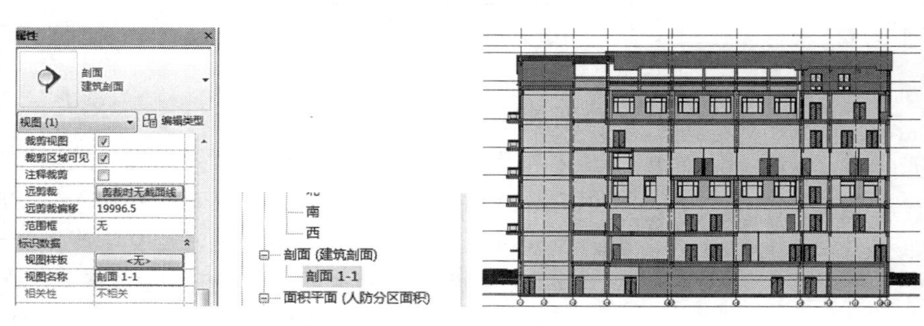

图 2-448（左）
图 2-449（中）
图 2-450（右）

➢ 剖面 1-1 为使在“粗略”显示模式视图中楼板显示为“涂黑”，可以选择剖面中的楼板，在其类型属性中设置图形参数，把粗略比例填充样式设为实体填充，把粗略比例填充颜色设为黑色，见图 2-451，在剖面 1-1 中剖到的梁同样显示为“涂黑”，选中剖面中的梁，在属性对话框里点击结构材质栏混凝土 - 预制混凝土 - 35MPa 右侧按钮，在弹出的材质浏览器中修改截面填充图案，把填充图案设为实体填充，把颜色改为 RGB000（黑色）。单击确认完成，显示剖面图，见图 2-452。

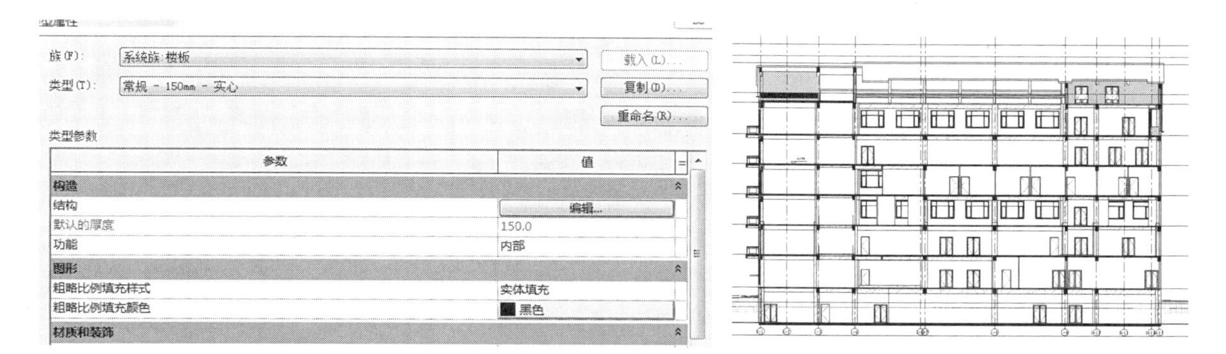

图 2-451（左）
图 2-452（右）

➢ 选中已绘剖面 1-1 剖面线，激活修改 | 视图界面，见图 2-453，单击拆分线段，鼠标点击剖面线要拆分的位置，移动鼠标至拆分位置，单击鼠标放置，这时显示的剖面线是转折剖面线，见图 2-454。

图 2-453

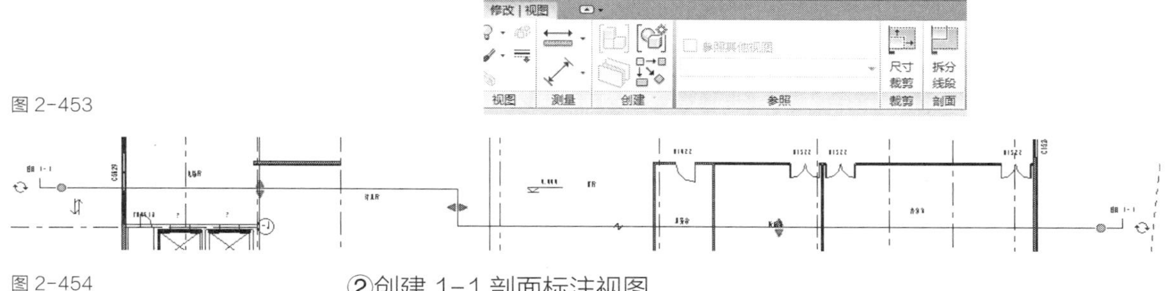

图 2-454

②创建 1-1 剖面标注视图

➢ 与平面出图同样方法，创建剖面 1-1 标注视图，在此视图添加注释、标高、房间标记等，见图 2-455。

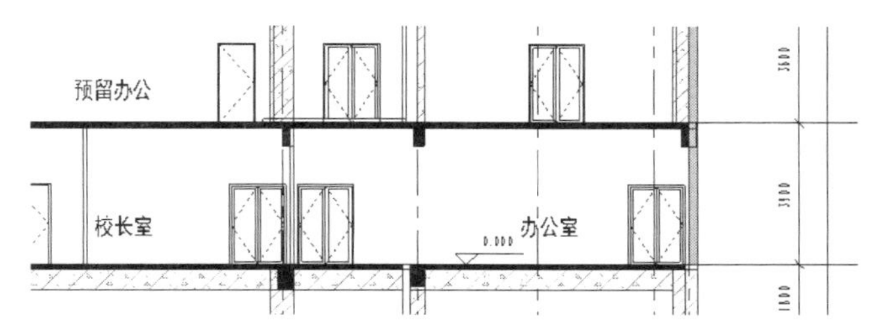

图 2-455

3）立面图

①创建立面视图

➢ 在 Revit 中，立面视图是默认样板的一部分，使用默认样板创建项目时，项目将包含东、西、南、北 4 个立面视图。图中的每一个标高线对应一个平面，进入立面视图，应用立面视图样板，见图 2-456。

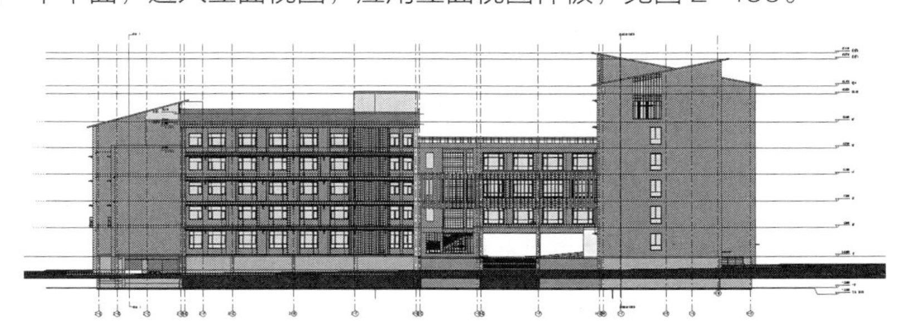

图 2-456

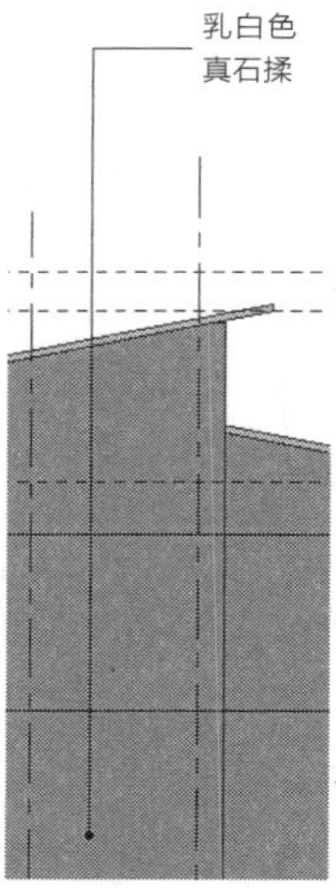

乳白色
真石揉

图 2-457

②创建立面标注视图

➢ 与平面图同样方法，创建 4 个立面标注视图，在此视图添加标注、标高、立面材质名称等。尺寸标注详见平面标注，这里介绍下立面材质标注方法。

➢ 单击注释 / 标记 / 材质标记，鼠标回到立面视图，选择标注对象，点击并拉至适合的位置，在 Revit 中，会自动生成文字，但其表达的材料可能并不符合出图要求，这时选择材料标记，点击文字，修改文字。在类型属性内选择图形“引线箭头”，一般出图设为实心点，完成材质标注，见图 2-457。

2.2.7 渲染

Revit 2018 渲染有两种方式：本地渲染和云渲染。

1）创建三维透视图

➢ 打开一个平面视图、剖面视图或立面视图，并且平铺窗口。单击视图 / 创建 / 三维视图 / 相机，在选项栏内设置参数，勾选“透视图”，比例 1:100，偏移量设为 1700。在平面视图绘图区域单击放置相机并将鼠标拖拽至所需目标点，见图 2-458。在立面视图中按住相机可以上下移动，相机的视口也会跟着上下移动，见图 2-459。以此可以创建鸟瞰透视图或者其他视角透视图，见图 2-460。

➢ 使用同样的方法在室内放置相机就可以创建室内三维透视图，见图 2-461。

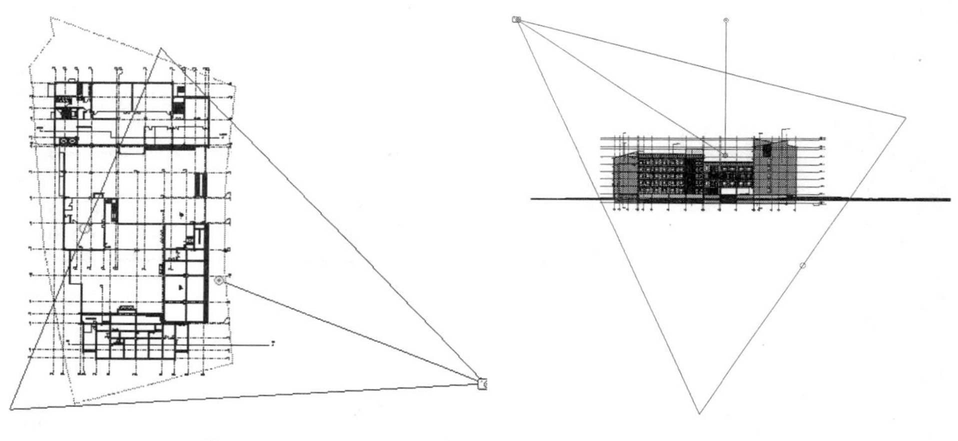

图 2-458（左）
图 2-459（右）

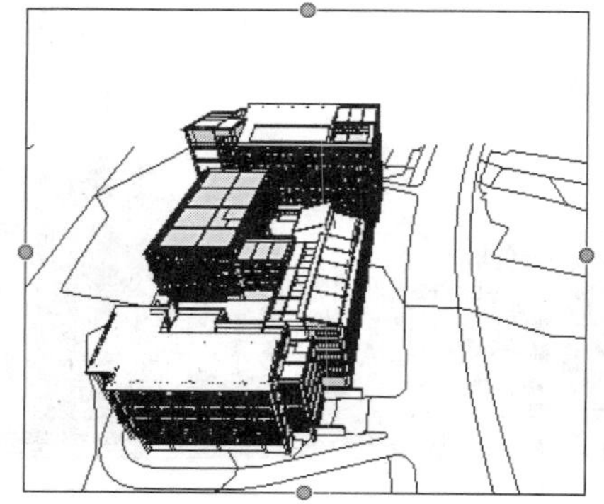

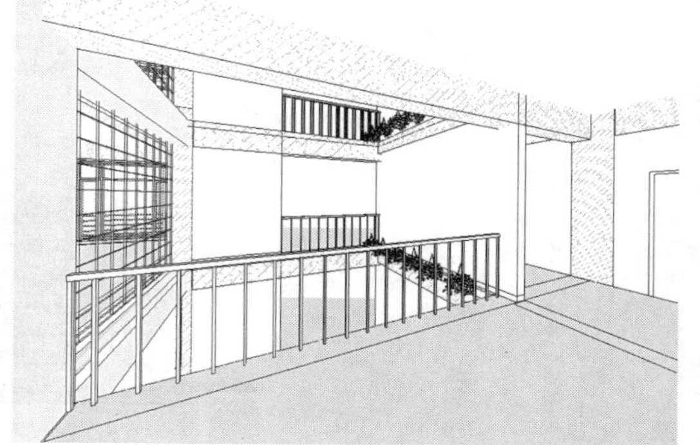

图 2-460（左）
图 2-461（右）

2）材质替换

➢ 在渲染前，需要先给构件设置材质。Revit 2018 提供默认的材质库，用户可以从中选择材质，也可以新建自己所需的材质。

➢ 例如外墙材质的设置，单击管理 / 设置 / 材质，弹出材质浏览器对话框，选择项目材质为砌体，在此对话框左侧材料列表中选择“混凝土砌块”，见图 2-462，按鼠标右键，选择复制，这时列表中新增加一行“混凝土砌块（1）”材质，对新建材质进行重命名，命名为“饰面涂料”。

➢ 新建完外墙材质后，选中它，材质浏览器对话框右侧显示该材质的属性，“着色”栏内可以修改所选材质颜色和透明度，单击“颜色”框弹出颜色对话框，见图 2-463。

➢ 还可以选择“材质浏览器”左下角的“打开 / 关闭资源浏览器”选项卡，弹出资源浏览器对话框，见图 2-464。选择左侧材质栏中的“外观库”，在“外观库”中选择“墙漆”，在右侧框内双击“浅米色”，关闭资源浏览器对话框，回到材质浏览器对话框，单击确定，见图 2-465。

➢ 回到打开的平面楼层视图，选择一面外墙，在属性面板中单击编辑类型，弹出编辑类型对话框，点击“结构”参数后的编辑按钮，弹出“编辑部件”对话框，选择面层 1[4] 的材质为饰面涂料，单击确定，见图 2-466。

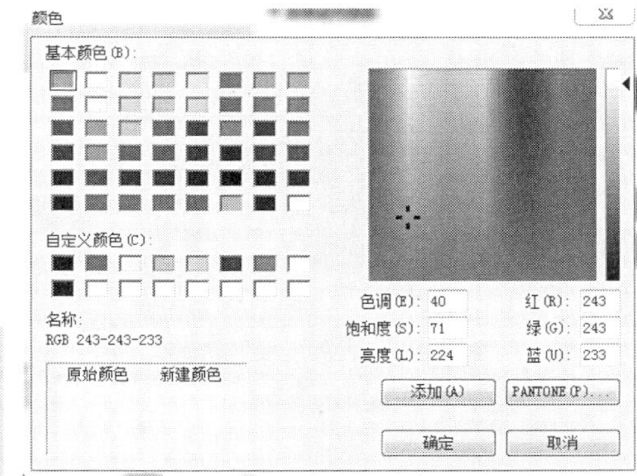

图 2-462（左）
图 2-463（右）

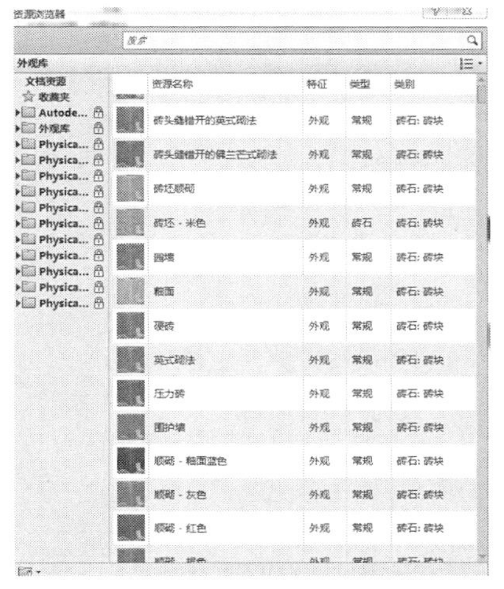

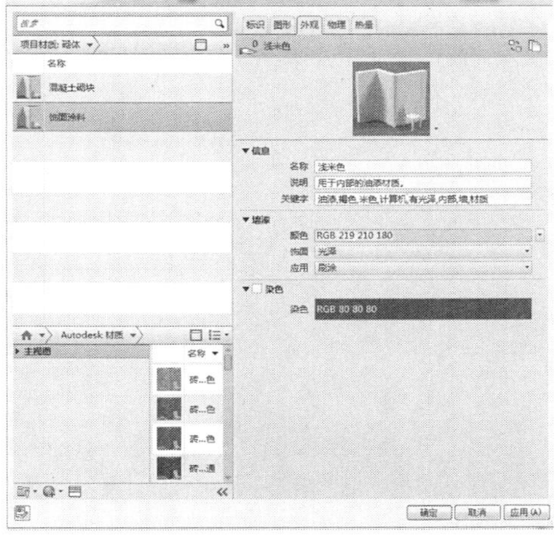

图 2-464（左）
图 2-465（右）

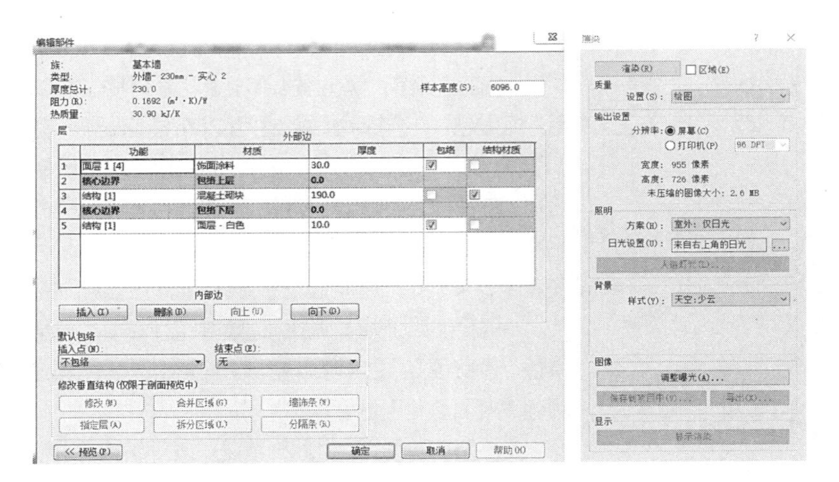

图 2-466（左）
图 2-467（右）

➢ 替换门窗材质时可以在任何视图选中门窗，在类型属性中可以看到窗框材质或门框材质、玻璃材质等材质参数，单击材质后“浏览”按钮，同样打开材质浏览器对话框，此时即可选择或创建新材质。其他构件材质替换方法与以上相同。

3）本地渲染

➢ 单击功能区中视图 / 三维视图 / 相机，调整模型到合适渲染的视图。单击视图 / 图形 / 渲染，激活“渲染”对话框，见图 2-467。

➢ 首先勾选上渲染区域，在三维视图中会显示红色的渲染区域边界。选择该区域，可以拉动蓝色点来调整区域范围。这里要强调的是，选用相机时，一般已经有设置好的渲染区域，因此可以不用再勾选区域。

➢ 渲染质量默认设置为“绘图”，绘图的渲染速度最快，通过它可以快速获得一个大概的渲染效果，以便于进一步调整。其他选项的渲染速度由快到慢，渲染质量由低到高。还可以自定义编辑，单击“编辑”，激活“渲染质量设置”对话框，见图 2-468。并设置参数。

➢ 如果仅用于查看的渲染图像可直接默认选择“屏幕”，则渲染后输出图像的大小等于渲染时在屏幕上显示的大小。如果生成的渲染图像需要打印，可选择“打印机”，宽度、高度和未压缩的图像大小，根据选择不同

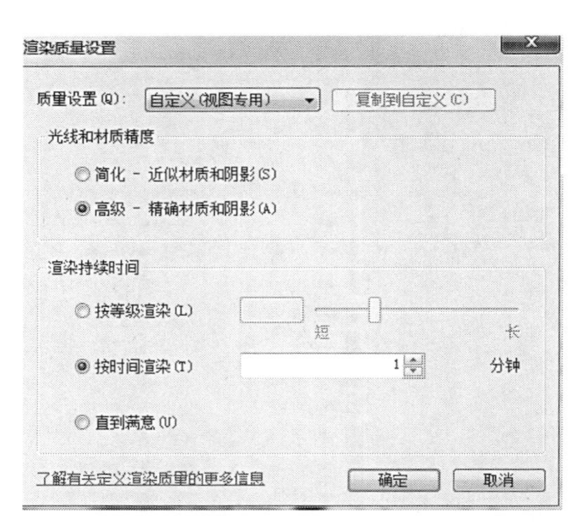

图 2-468

的DPI，显示不同的图片尺寸和像素，见图 2-469。像素越高图片越大，生成渲染图像所需的时间越长。

➢ 照明的设置，在照明方案设置中有室外光和室内光，一般室外光设置选择人造日光，如选仅日光，就需要进行“日光设置”，选择所需的日光位置（在日照分析中会有详细讲解）。

➢ 在背景栏中，选择不同样式作为背景，在样式中可以指定背景颜色、图像及透明度，见图 2-470。

➢ 调整图像曝光值、高亮显示、阴影、饱和度、白点，见图 2-471。

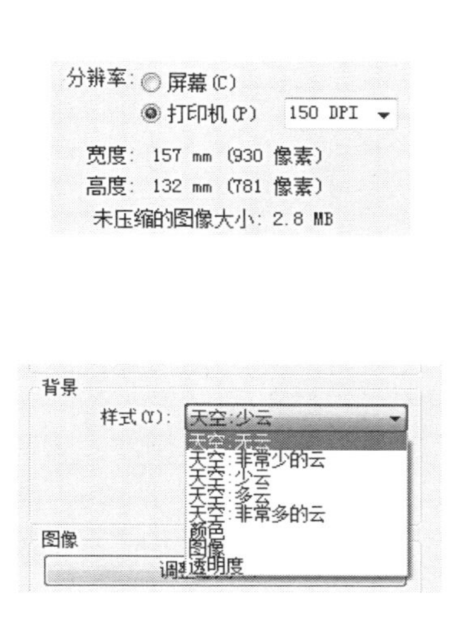

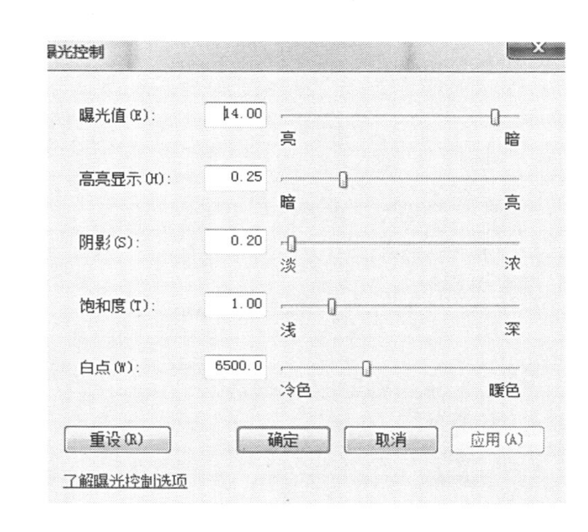

图 2-469（左上）
图 2-470（左下）
图 2-471（右）

➢ 完成渲染设置后，单击渲染，弹出“渲染进度条”，显示渲染进度，见图 2-472。最终渲染效果，见图 2-473。

➢ 单击“渲染”对话框中的“保存到项目中”，命名该图像。确认后该渲染图像被保存到项目浏览器的“渲染”中。

4）云渲染

➢ 打开 Revit 2018 界面，单击下拉菜单，点击【选项】，点击 Autodesk360，激活登陆 Autodesk360 对话框，输入账号和密码，见图 2-474。

图 2-472（左）
图 2-473（右）

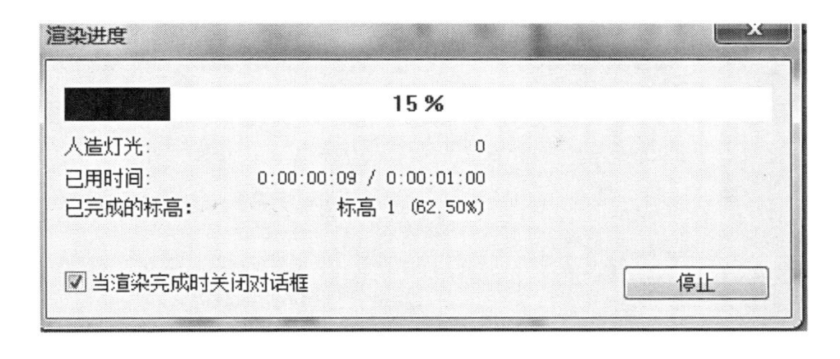

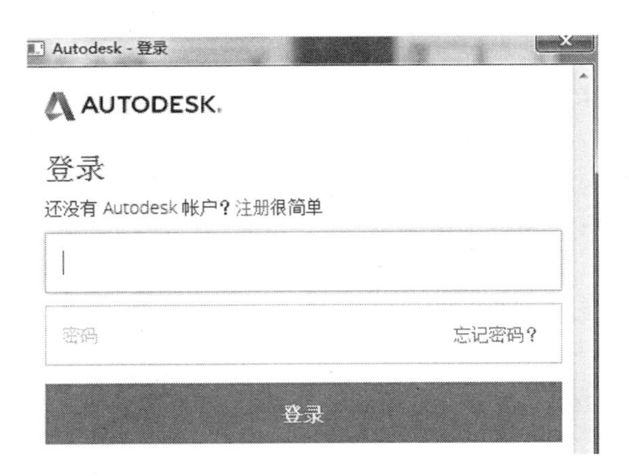

图 2-474

➢ 单击视图 / 图形 /Cloud 渲染，弹出“在 Cloud 中渲染”对话框，见图 2-475。点击继续并在“在 Cloud 中渲染”对话框中配置渲染条件，选择多个渲染三维视图，输出类型为静态图像，渲染质量为标准，图像尺寸选择“中”，曝光为高级，见图 2-476。单击“开始渲染”后即开始上传渲染文件到云服务器上，在等待进程中，为不影响其他工作，可以选择“在后台继续”。

图 2-475（左）
图 2-476（右）

➢ 在 Revit 中查看渲染图像，单击视图 / 图形 / 渲染库，可以在联机查看和下载完成的图像，见图 2-477。单击预览图片的下拉菜单，可以选择下载图像、删除图像等，见图 2-478。

图 2-477（左）
图 2-478（右）

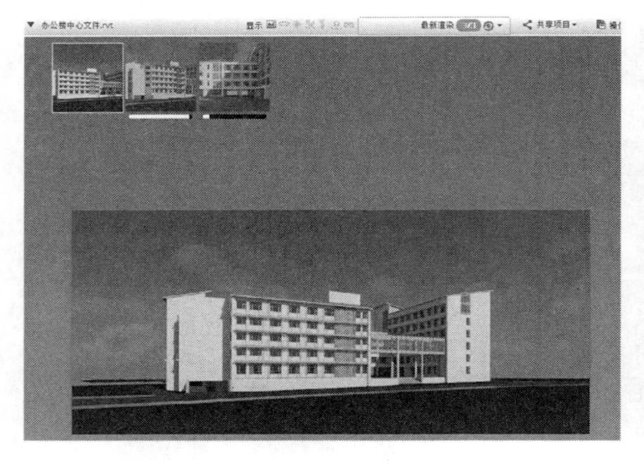

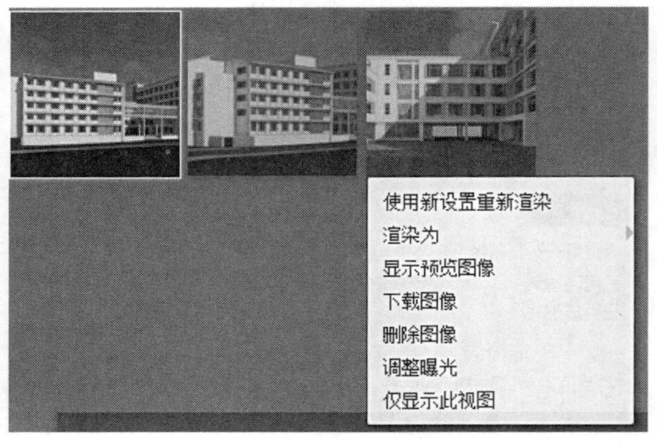

第 3 章　Dynamo/Formit/greenbuilding 的简介与运用

3.1　Dynamo 的介绍与应用

3.1.1　Dynamo 简介

1）可视化编程

➢ 可视化编程，即可视化程序设计：以“所见即所得”的编程思想为原则，力图实现编程工作的可视化，即随时可以看到程序与结果的同步调整。与传统的编程方式相比而言，这里的“可视”，指的是无须编程，仅通过直观的操作方式即可完成界面的设计工作。

➢ 我们在工作学习中经常涉及建立视觉设计、系统性或几何设计之间的关系。很多情况下，这些关系是由工作流串联，形成一套让我们从概念到结果的规则。也许在不知情的情况下，我们正在通过算法——定义一套循序渐进的行为。我们一直在遵循基本逻辑的输入、处理和输出，编程允许我们通过形式化算法继续这种方式，并且更快捷地展示我们的设计效果。

2）什么是 Dynamo

➢ 毫不夸张地说，你可以很容易掌握 Dynamo。使用 Dynamo 需要搭配使用其他应用程序，与其他欧特克软件进行可视化编程过程。这一点与 rhino 的 grasshopper 存在着异曲同工之妙，见图 3-1、图 3-2。

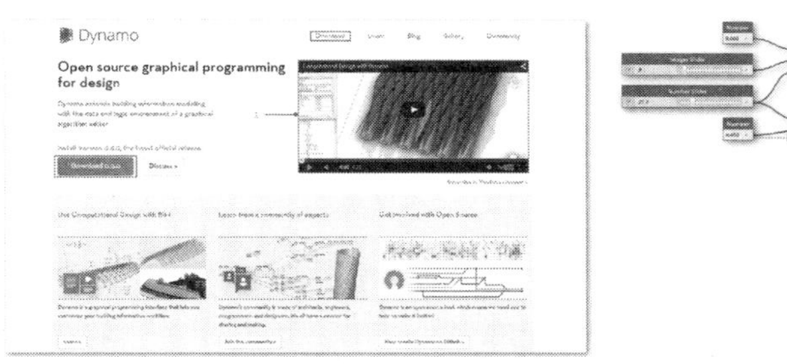

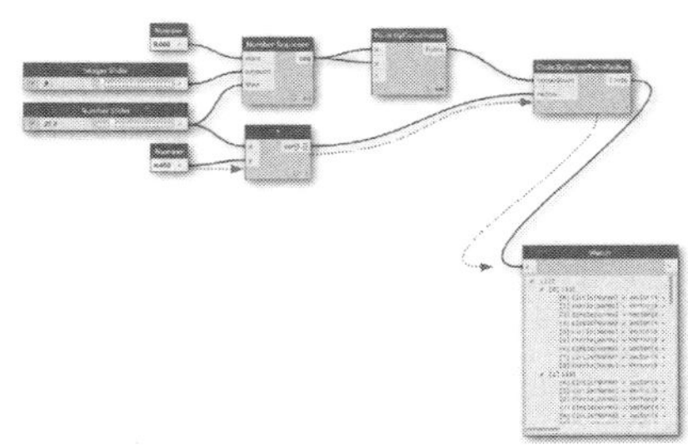

图 3-1（左）
图 3-2（右）

➢ Dynamo 应用程序是一种软件，准确来说是一款 Autodesk 软件的一款插件。采用可以下载并独立运行的“沙箱”模式。

> ❖ sandbox- 沙盒：指可以随意写画，快速清除不留下影响的操作空间。

➢ 或者作为其他软件（如 Revit 或 Maya）的插件。它被描述为可视化编程工具，旨在可以为非程序员和程序员使用。它使得用户有编写脚本的能力，使用各种文本和脚本编程语言自定义逻辑。

➢ 一旦我们安装 Dynamo, 它提供给我们一个可视化编程空间，我们连接不同的元素、定义关系，使用序列组成自定义算法。我们可以广泛应用算法，从处理数据到生成几何，所有都是实时的并且无需编写代码。我们需要做的就是添加元素、连接、创建和运行可视化程序。

➢ 在本书中将简单介绍 Dynamo 的一些基本界面与基本操作，并利用一个小实例来说明其使用思想，具体的细节操作与更多可能的使用方法还需要同学们通过网络来自主学习。

3）社区与平台

（1）社区

Dynamo 社区是一个强有力的平台。里面有热衷用户和活跃分享者。参与社区的博客后，可将你的工作项目添加到云端，或者在论坛探讨 Dynamo，如图 3-3、图 3-4 所示。

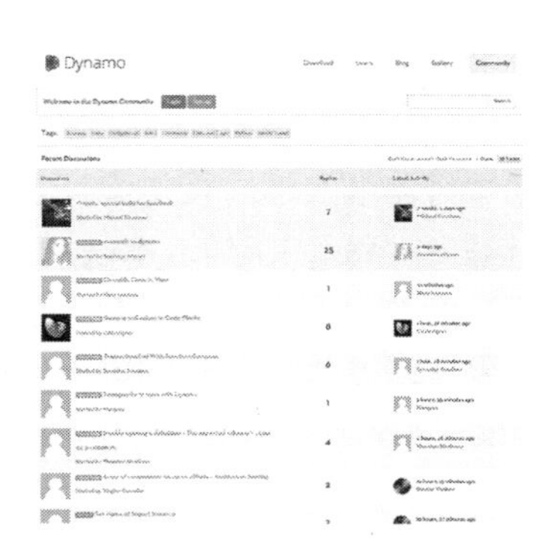

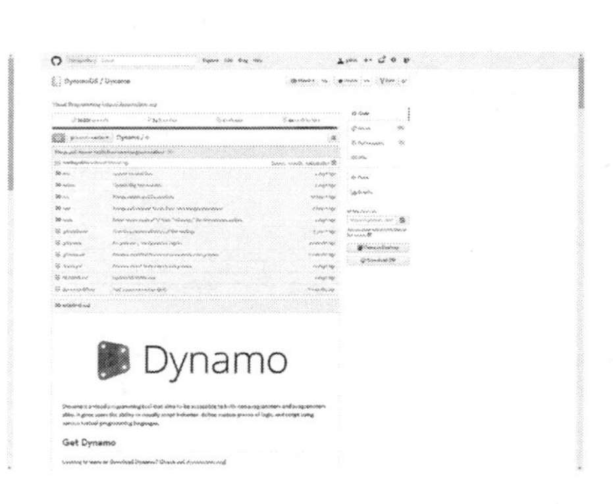

图 3-3（左）
图 3-4（右）

（2）平台

Dynamo 是为设计师的设想提供可视化编程的工具，利用外部库或任何 Autodesk 产品都能建构出虚拟实体。我们可以与 Dynamo 工作室在“沙箱”模式的应用程序下开发项目——保持 Dynamo 系统持续增长。Dynamo 的源代码项目是开源的，这使得我们能够扩展它的功能，增加我们的新内容。同时可签出项目到 Github，方便浏览用户定制 Dynamo 的项目计划。

4）操作界面

Dynamo 用户界面 (UI) 分为五个主要部分，其中最大的就是组成我们的可视化项目工作区。

①菜单

②工具栏

③库

④工作空间

⑤执行框

接下来我们开始了解界面，探索每个区域的功能。

（1）菜单

下拉菜单中可以找到一些 Dynamo 应用程序的基本功能。像大多

Windows 软件一样，管理文件操作、业务选择和内容编辑在前两个菜单。剩下的菜单 Dynamo 特定菜单，如图 3-5。

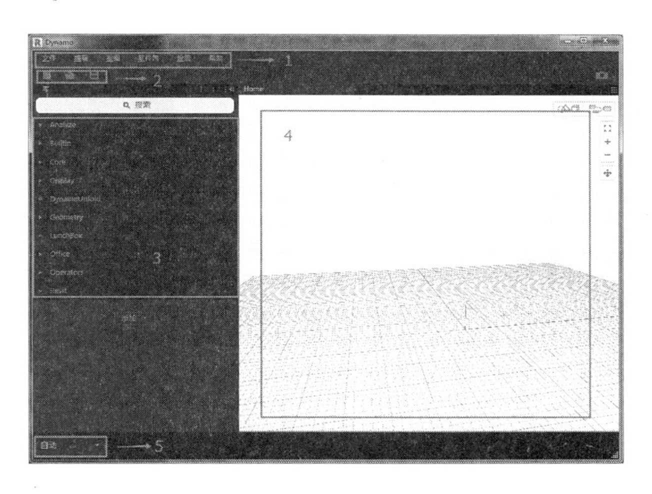

图 3-5

（2）工具栏

Dynamo 的快速访问工具栏包含一系列文件处理按钮以及撤销 (Ctrl + Z) 和重做 (Ctrl + Y) 命令。最右侧的另一个按钮可导出工作空间的快照，是非常有用的文档共享入口。

➢ 新建一个新的 Dynamo 文件，主工作空间 (Ctrl+N) 或自定义节点 (Ctrl+Shift+N) 文件。

➢ 打开一个已存在的文件。

➢ 保存 / 另存为，保存您的主工作空间文件或自定义节点文件。

➢ 撤销，撤销你的最后的动作。

➢ 重做，重做你的下一步行动。

➢ 工作区导出为图像，可见工作区导出为一个 PNG 文件。

（3）库

➢ 加载的库包含所有程序电池（可类比 grasshopper 的电池节点），包括安装的默认自带程序电池以及自行加载的自定义电池或搜索包。Dynamo 库有系统有类别分层级地组织程序电池，便于用户快速搜索到所需命令。根据设计，基于程序电池创建数据，执行命令，或查询数据。

➢ 默认情况下,Dynamo1.0 版本的库将包含十个类别的电池节点。【核心】(core)和【几何】(Geometry)是菜单中含最大数量电池节点的搜索包。理解我们设计的层次结构是怎样的，有助于我们更快地找到我们所需要的电池节点，设计好逻辑程序，合理运用节点将大大节约我们的工作空间。

➢ 初学者一般使用默认的电池节点集合，但是在不断的学习过程中，使用者将扩展电池节点库，获取额外的库并学会管理各种搜包。

默认的电池节点库共有 10 个选项，分别为:分析、内装式功能、核心、展示、资料包、几何、迁移、办公、运算、运营商，如图 3-6。

➢ 通过菜单点击浏览库。单击 Geometry > Circle。注意新的部分的菜单显示，特别是创建和查询标签，如图 3-7。

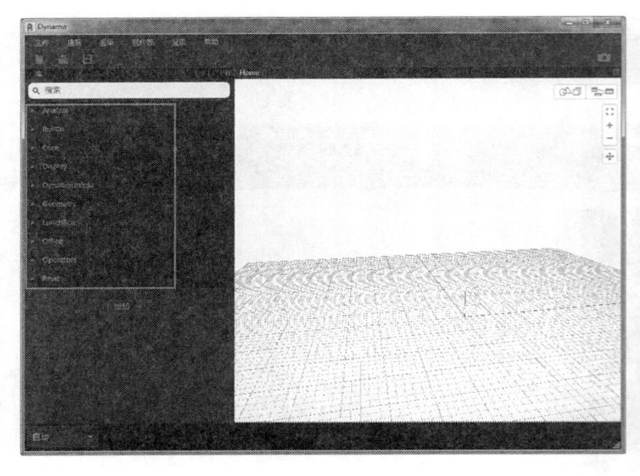

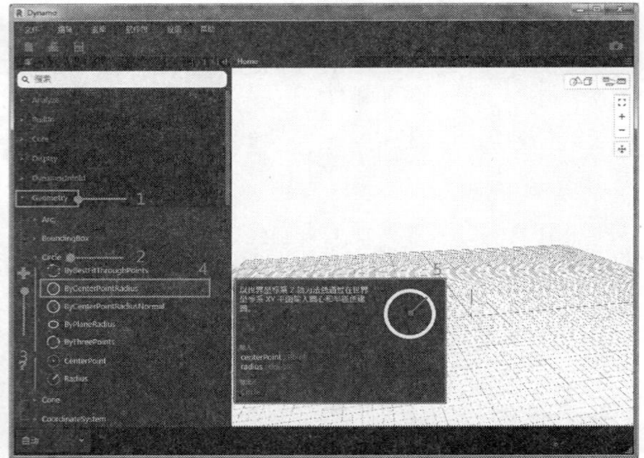

图 3-6（左）
图 3-7（右）

➢ ①库②类别③子类别：创建 / 行动 / 查询④节点 ⑤节点描述和属性——节点图标出现在上方。

➢ 进行与之前相同的操作，鼠标悬停在 ByCenterPointRadius 上。窗口会显示更详细的信息。这提供了一个快捷的方法来帮助我们理解节点，让我们知道可以输入什么，又将输出什么，如图 3-8。

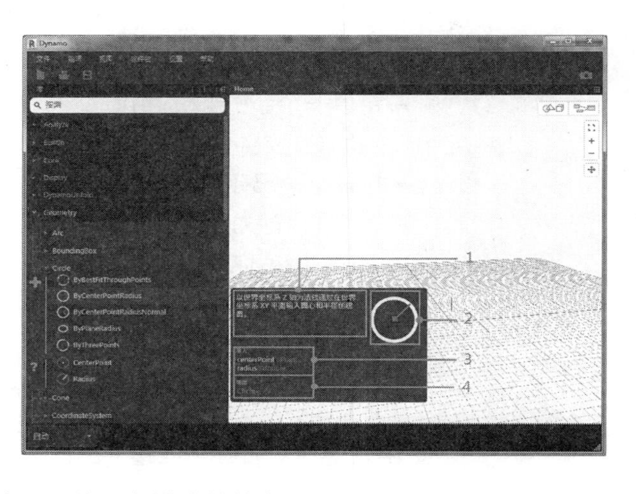

图 3-8

➢ 描述——纯语言描述的节点

➢ 图标——在库里显示放大图的图标

➢ 输入 (s)——名称、数据类型和数据结构

➢ 输出 (s)——数据类型和结构

（4）搜索

➢ 相对而言，如果你知道添加到工作空间的是哪一个程序电池，搜索字段是你最好的选择。当你在工作区中处于不编辑状态，开始打字时，Dynamo 库将显示最适合的程序电池名称（库中可以找到的节点类别）和一个备用列表。当你回车或点击出现的选项，选定节将点添加到工作界面的中心，如图 3-9。

➢ 搜索框

➢ 最适合 / 选择的结果

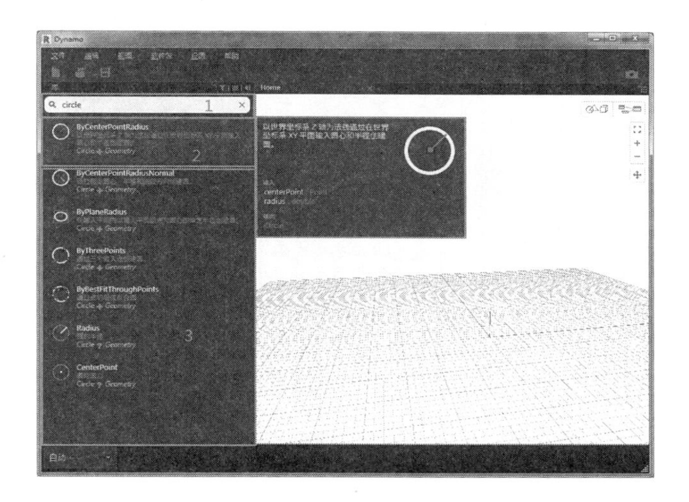

图 3-9

➢ 替代匹配

（5）视图设置

➢ 在 Dynamo 中，需要根据个人习惯与便捷程度进行视图设置。其中一般会勾选显示控制台以便及时看到操作信息。系统默认将背景三维预览中的网格与导航背景三维预览开启，同时将背景预览与 Revit 背景预览勾选，如图 3-10。

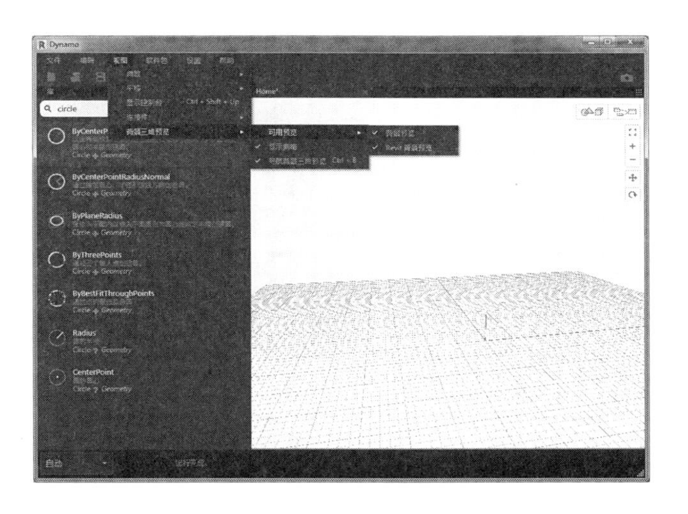

图 3-10

（6）软件包

➢ 我们可通过软件包选项联网搜索共享的软件包。点击搜索软件包，在弹出界面上可看到在 Dynamo 平台上共享的软件包，可点击排序方式进行不同类别的排序，见图 3-11。输入软件包名称即可搜索到所需软件包，点击下载标志，进行确认下载，完成后再回到库中便可查询使用。此外，在软件包下还可以点击管理软件包、发布新软件包进行软件包的管理与上传，见图 3-12。

（7）设置

➢ 从几何到用户设置，这些选项可以在设置菜单中找到。在这里你可

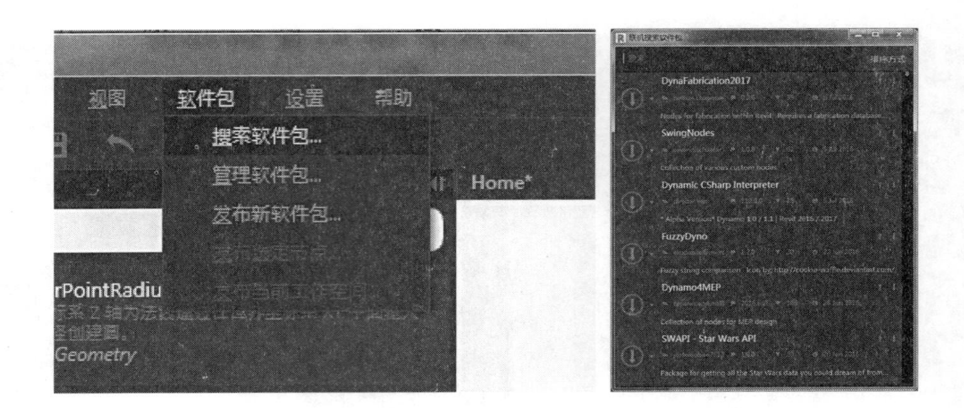

图 3-11（左）
图 3-12（右）

以选择或分享您的用户数据以提高 Dynamo 性能以及定义应用程序的小数点精度和几何渲染质量，见图 3-13。

> ❖ 注意：记住，Dynamo 的单位是通用的。

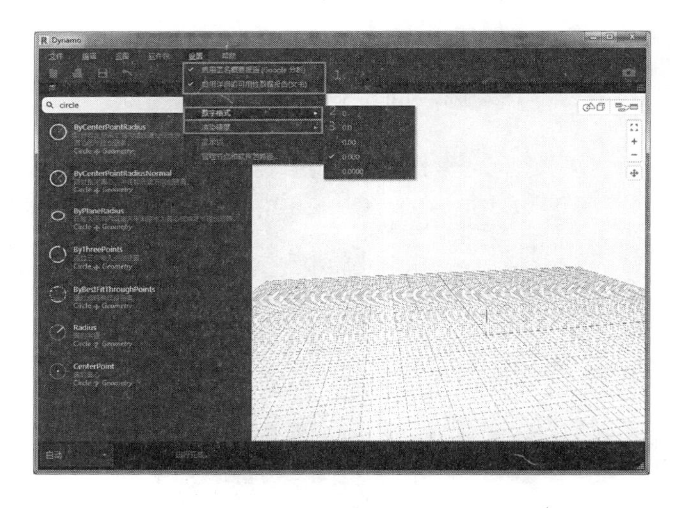

图 3-13

➢ 提供报告
➢ 数字格式
➢ 渲染质量

（8）帮助

➢ 如果你遇到问题，可以查看帮助菜单。在这里你可以找到示例文件以及 Dynamo 的参考网站，可访问网络浏览器。可检查 Dynamo 安装的版本，及时更新。

3.1.2　Dynamo 的简单应用

1）基本操作

（1）工作区

➢ Dynamo 工作空间是我们创建可视化项目的窗口，它也可以让我们预览任何生成的几何形态。无论我们在主工作区还是自定义节点工作，我们可以用鼠标点击右键或点击右上方的按钮切换我们的预览导航模式，见图 3-14。

> ❖ 注意：节点和几何会有一个固定出现位置，所以会可能出现多个节点重叠情况。

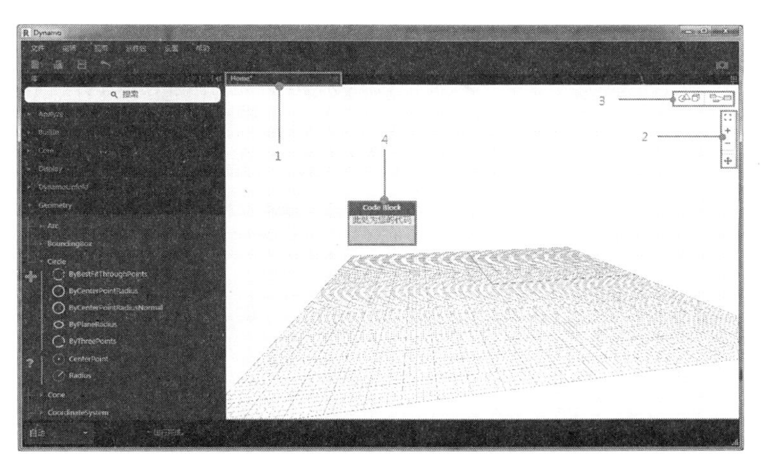

图 3-14

①选项卡

②变焦 / 盘按钮

③预览模式

④双击工作

（2）选项卡

➢ 打开的工作区选项卡可预览和编辑程序。当你打开一个新文件，默认你是打开一个新的主工作区。你也可以点击鼠标右键从文件菜单中打开一个新的工作区或新程序电池，见图 3-15。

> ❖ 注意：一次只可以打开一个主工作区，不过您可能有多个自定义节点在额外的选项卡中打开工作区。

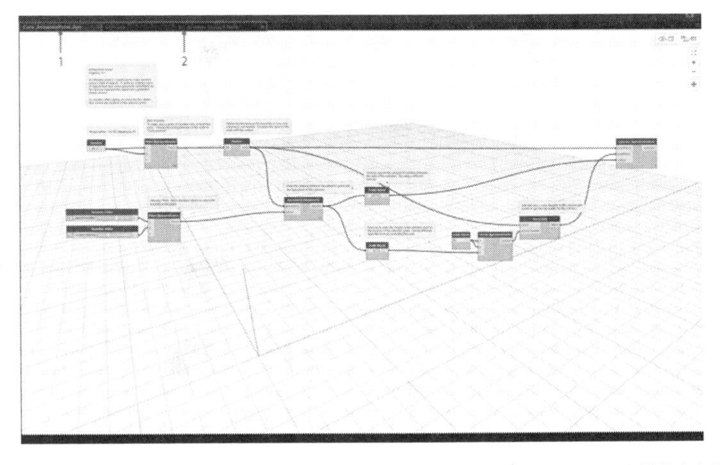

图 3-15

（3）预览图和导航

➢ 在 Dynamo 三维图的结果都是在工作区中呈现。默认情况下预览图是活跃。可以使用导航按钮或鼠标中键平移和缩放工具来移动图。切换预览可以通过三种方式实现，见图 3-16:

➢ 在工作区中预览切换按钮

➢ 在工作区中右键单击并选择开关视图

➢ 键盘快捷键 (Ctrl + B)

➢ 预览模式被激活时，鼠标按钮功能将不同。一般来说，左击鼠标选择并指定输入，右击鼠标选择访问选项，点击鼠标中键导航工作区。右击鼠标将我们选择基于我们点击显示细节，见图 3-17。

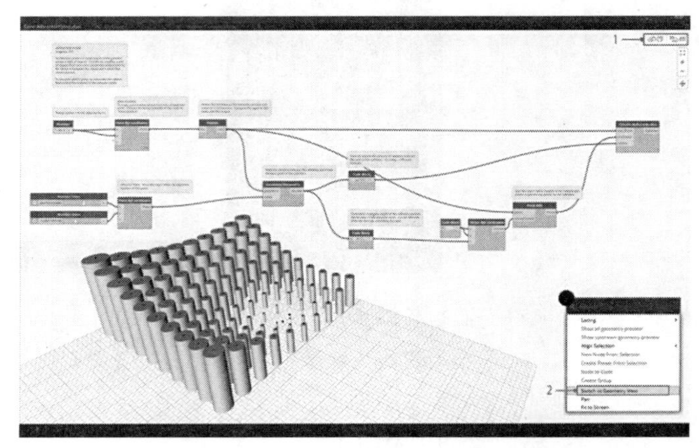

图3-16

Mouse Action	Graph Preview	3D Preview
Left Click	Select	N/A
Right Click	Context Menu	Zoom Options
Middle Click	Pan	Pan
Scroll	Zoom In/Out	Zoom In/Out
Double Click	CreateCodeBlock	N/A

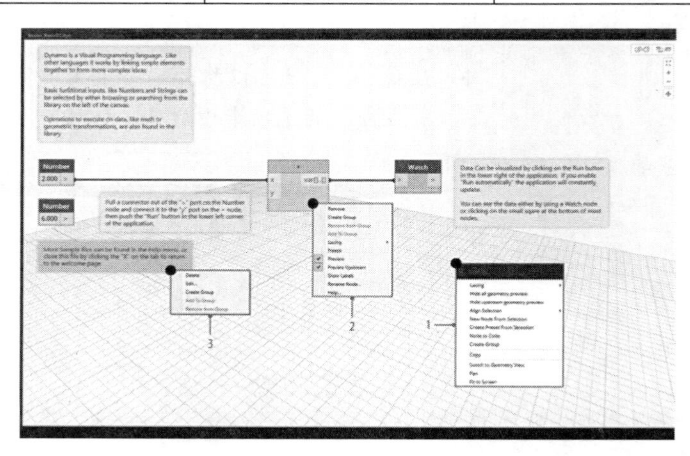

图3-17

➢ 右键单击工作区

➢ 右键单击一个节点

➢ 右键单击

➢ 这里有一个鼠标交互 / 预览表：

2）实例操作

因为在建立过程中文件会越来越复杂，保持你的 Dynamo 节点图组织变得越来越重要。虽然我们在试图建立一个简介的流程图来减少选择的节点，Dynamo 也具备了清理节点布局与整体文件的工具，见图 3-18。

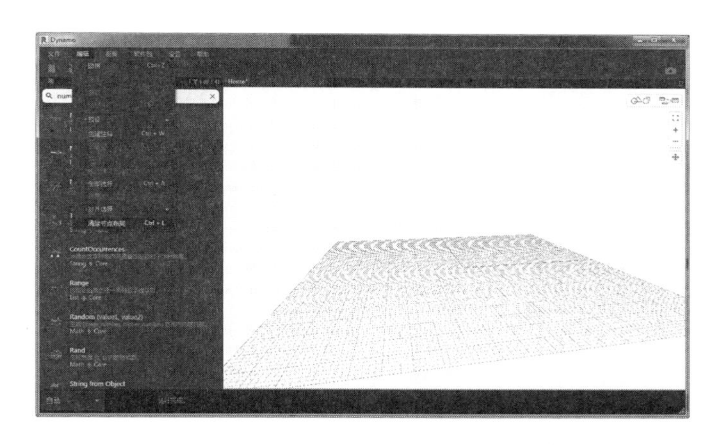

图 3-18

➢ 选择编辑——清理节点布局

➢ 此操作可以清理任何交叉或重叠节点，并将它们与相邻节点对齐

➢ 清理前，见图 3-19

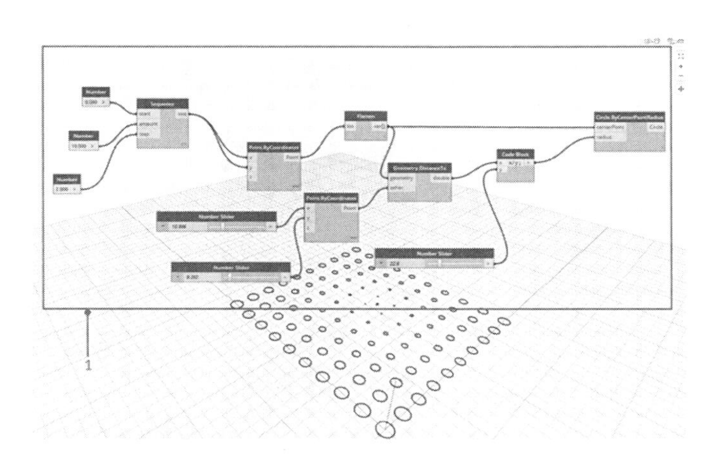

图3-19

➢ 清理后，见图 3-20

（1）开始设计

➢ 现在我们已经熟悉了界面布局和导航工作区，下一步是理解典型工作流并在 Dynamo 开发一个图形。让我们开始创建一个半径固定圆，然后创建一系列可动态变化半径的圆，见图 3-21。

（2）定义关系

➢ 在我们添加节点到 Dynamo 工作区之前，我们需要透彻理解我们试图实现的逻辑关系。随时记住，我们是连接两个节点，创建一个明确的联系。在此练习中我们想要创建一个圆，输入被定义为圆半径外的一个点（关系）。

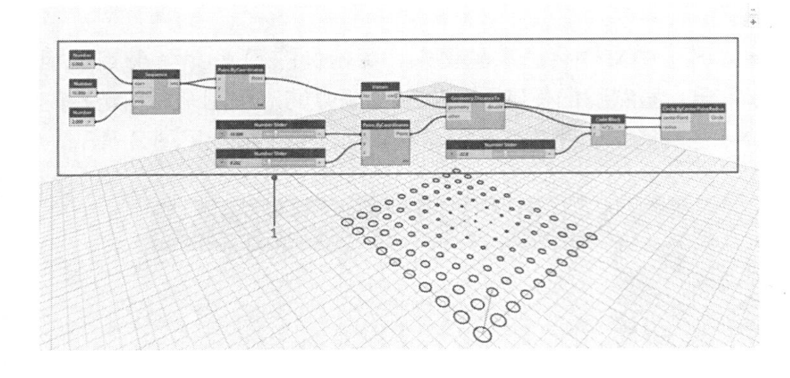

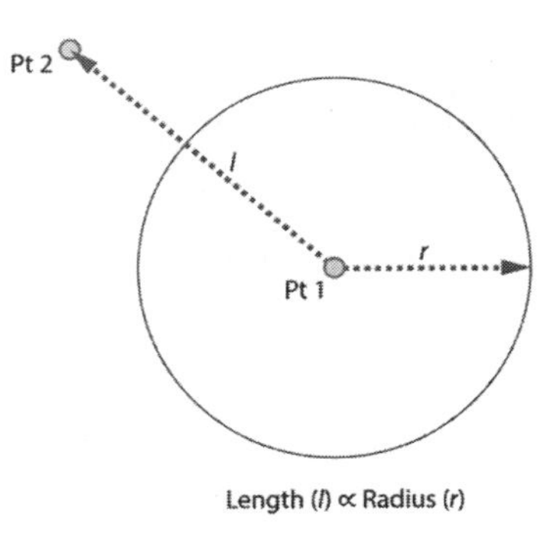

图 3-20（左）
图 3-21（右）

（3）添加节点

➢ 浏览到 Geometry > Circle > Circle.ByPointRadius

➢ 搜索“Circle by Point...”

➢ 将节点添加到工作区，见图 3-22。

Geometry > Point > Point.ByCoordinates

Geometry > Geometry > DistanceTo

Core > Input > Number

Core > Input > Number Slider

具体操作见图 3-23。

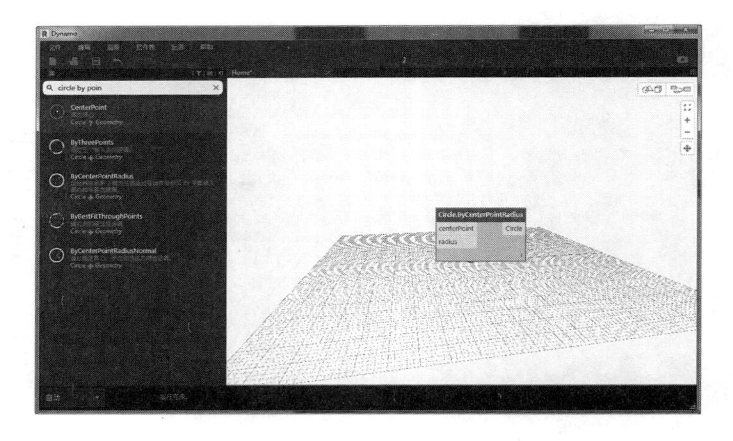

图3-22

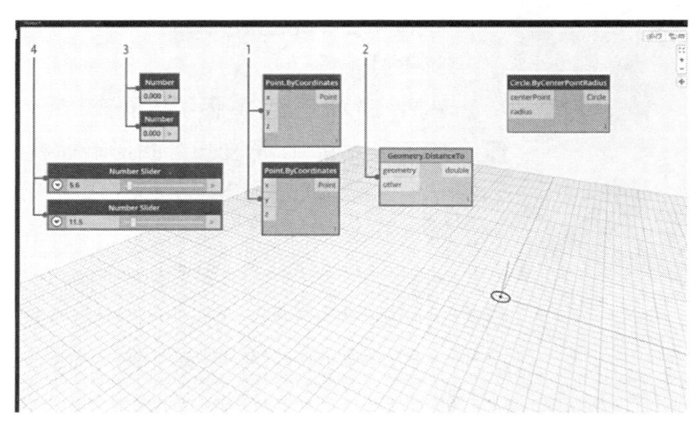

图3-23

（4）连接

➢ 现在我们有几个电池，我们需要用电线连接节点的接口，这些链接将组成一个数据流，见图 3-24。

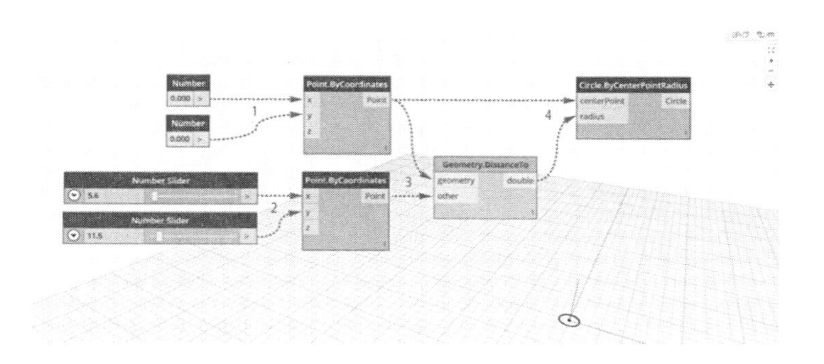

图 3-24

（5）执行这个项目

➢ 程序流程定义完成，剩下的由 Dynamo 执行它。一旦我们的项目开始执行（一般关闭自动模式，在手动模式下点击运行），我们便可以看到在 3D 预览模式的形态结果。见图 3-25。

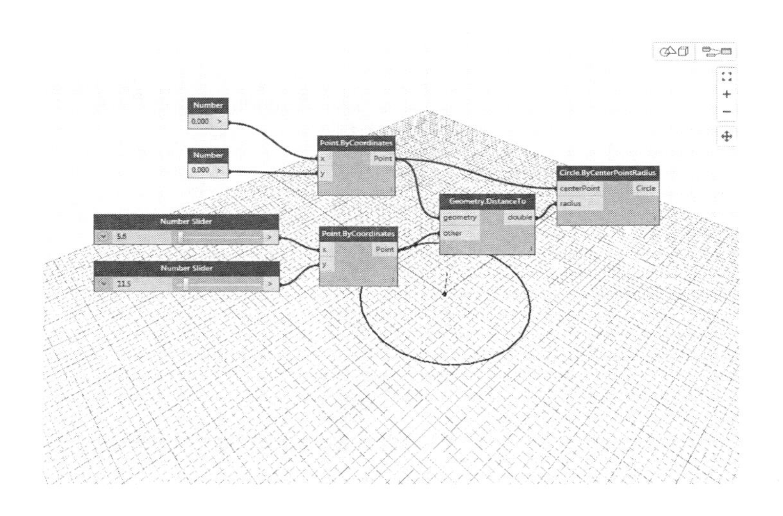

图 3-25

（6）添加细节

➢ 项目执行后，看到一个圆的 3D 预览图放置在工作空间中心点。想添加更多的细节或更多的控制，需要调节圆的各个输入节点，这样我们可以校准半径。添加另一个滑块到工作区，然后双击的空白区域工作区节点添加一个代码块。编辑代码块中的字段，指定在 *X* / *Y* 轴上的变化，见图 3-26。

➢ Code Block

➢ DistanceTo and Number Slider to Code Block

➢ Code Block to Circle.ByCenterPointRadius

（7）增加复杂性

➢ 简单地不断重复对增加建筑的复杂性是一种有效的方式。如果将圆

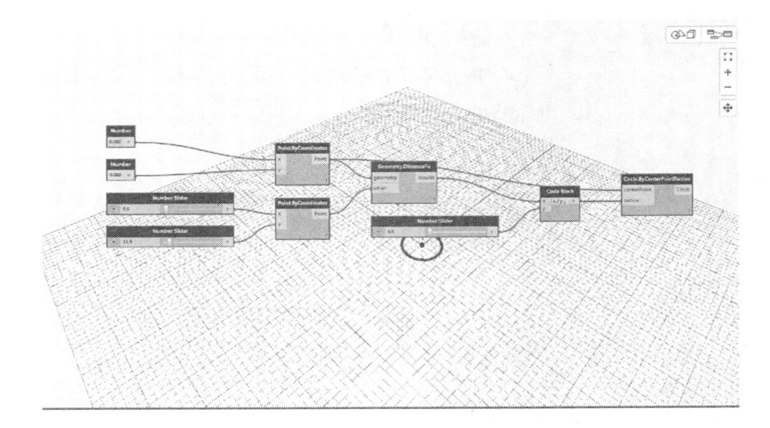

图3-26

定义在网格焦点上，我们将创造许多圆圈——每一个圆都根据离原点的距离来决定各自的半径值。见图 3-27。

➢ Add a Number Sequence Node and replace the inputs of Point.ByCoordinates - Right Click Point.ByCoordinates and select Lacing > Cross Reference

➢ Add a Flatten Node after Point.ByCoordinates

➢ The 3D Preview will update with a grid of circles

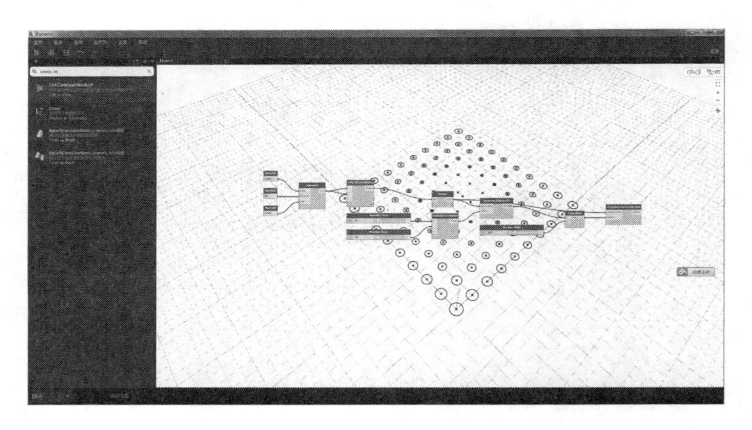

图3-27

（8）调整和直接操作

➢ 有时数值操作并不是最好的方法。3D 预览模式下，可以手动推拉点物体。我们也可以控制其他几何构造的一个点，例如球体。ByCenterPointRadius 命令也能够直接操作。我们通过 Point.ByCoordinates 控制一个点有一系列的 X,Y,Z 值变化。除了直接操作的方法，你可以由手动移动滑块来更新数值。这提供了一种更直观的方法来控制一组离散值，确定了点的位置，见图 3-28、图 3-29。

➢ To use Direct Manipulation, select the panel of the point to be moved - arrows will appear over the point selected.

➢ Switch to 3D Preview Navigation mode.

➢ To use Direct Manipulation, select the panel of the point to be moved - arrows will appear over the point selected.

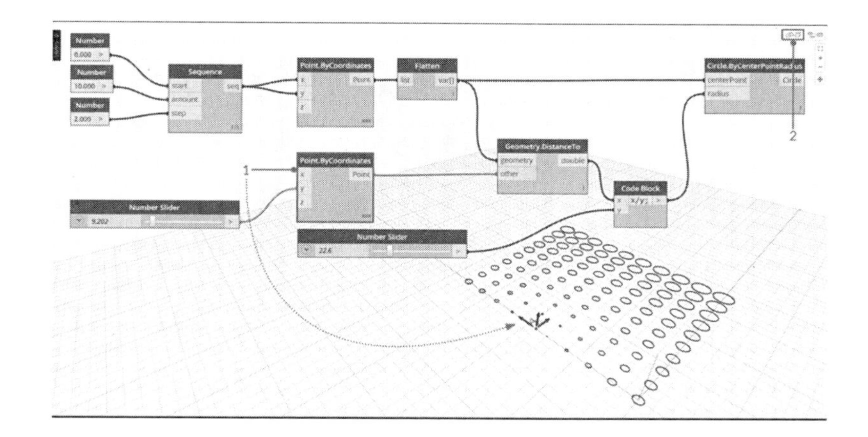

图3-28

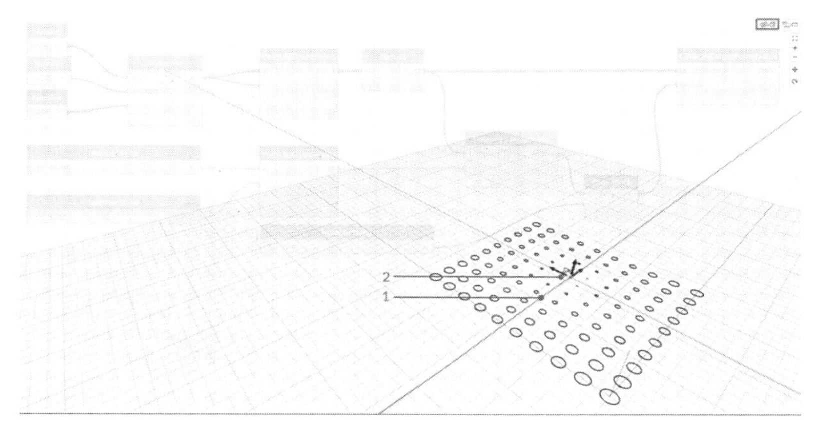

图3-29

➢ Switch to 3D Preview Navigation mode.

❖ 注意，之前直接操作只有一个滑块插入点 (ByCoordinates 组件)。当我们在 X 方向上手动移动点 Dynamo 将自动生成一个新的滑块，并在 X 轴输入数量。

3.2 formit 的介绍与简单应用

3.2.1 formit 简介

1）什么是 formit

formit 应用程序可以帮助你随时捕捉数字化建筑设计概念，让你不错过任何想法。利用一个持续的建筑信息模型 (BIM) 工作流，搭配使用 Autodesk Revit 软件产品和其他应用程序，通过云同步帮助设计进一步细化。Formit 如此惊人，赖于它拥有用户最喜爱的三大特点：

➢ FormIt360 概念设计可与 Revit 在集成 BIM 平台上进行连接。Revit 允许在 BIM 平台上的 formit 对象被转换成 BIM 模型，这使得设计

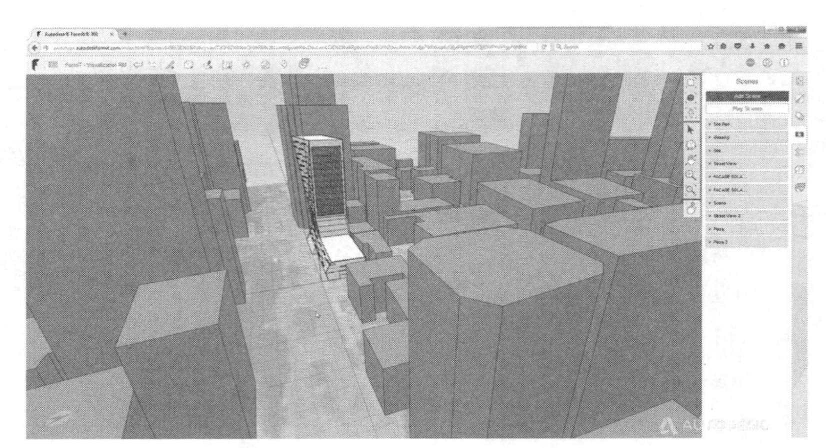

FormIt 工作对象

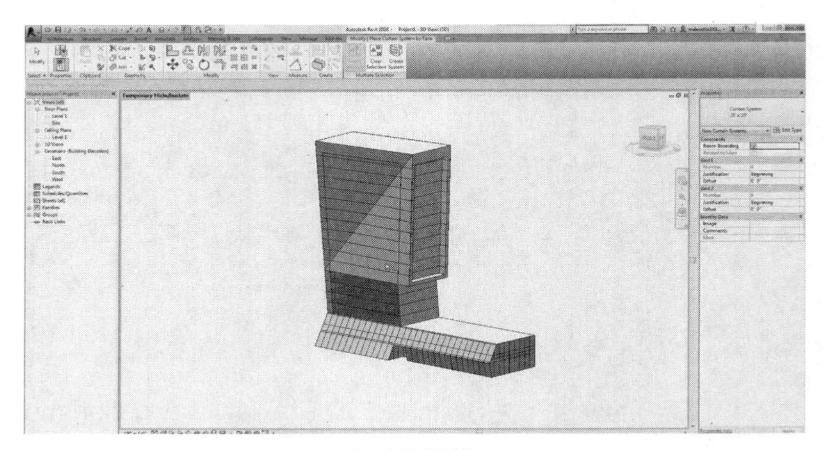

图3-30

Revit 工作对象

文件可以更一致地表达。SketchUp 文件可以由 FormIt 转换器转换，以便于在 formit 或 revit 上使用现有的工作文件，见图 3-30。

➢ Formit 在 iPad 或 Android FormIt360 上是基于 Web 的移动应用。Formit 支持在多个终端上运行。可以在 iPhone、iPad、iMac 以及 Windows 系统上使用，同时可在网页上进行编辑。无论是在飞机上，火车或汽车上，或在现场，都可以保存将你的工作保存在云中（或本地离线），这将使你不受限于你的办公桌。可在移动设备屏幕上拉动 FormIt 模型，移动它，与观者创造一个现场的互动体验，见图 3-31。

➢ 免费的用户体验。你可以免费体验到 FormIt360 的很多功能：3D 建筑感知、草图绘制工具、先进的几何形状绘制，连接 BIM 的平板电脑应用。FormIt 转换器是一项十分强大的工具。付费版 FormIt360 Pro 可解锁能源分析和实时协作功能，见图 3-32。

2）界面操作

FormIt 主要界面分为五个部分：菜单栏、工具选项栏、工具箱、图像窗口和状态栏，见图 3-33。

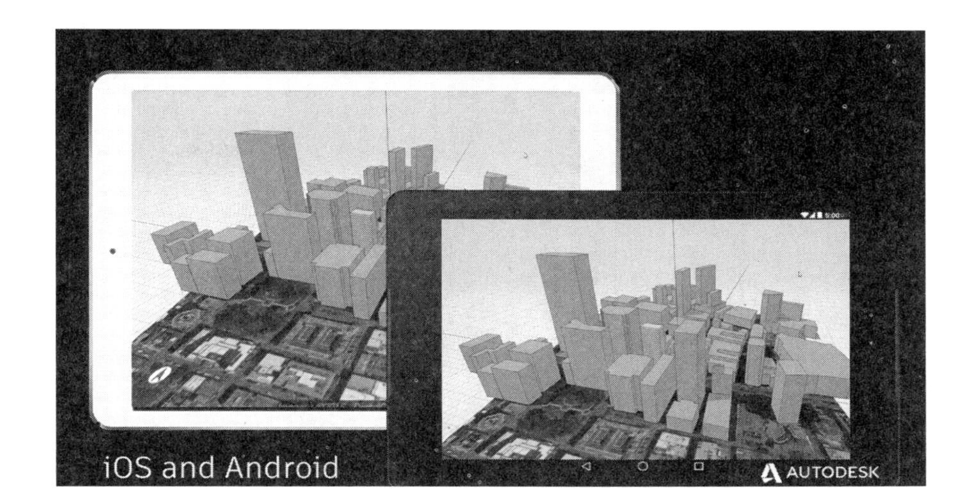

图3-31

能量分析

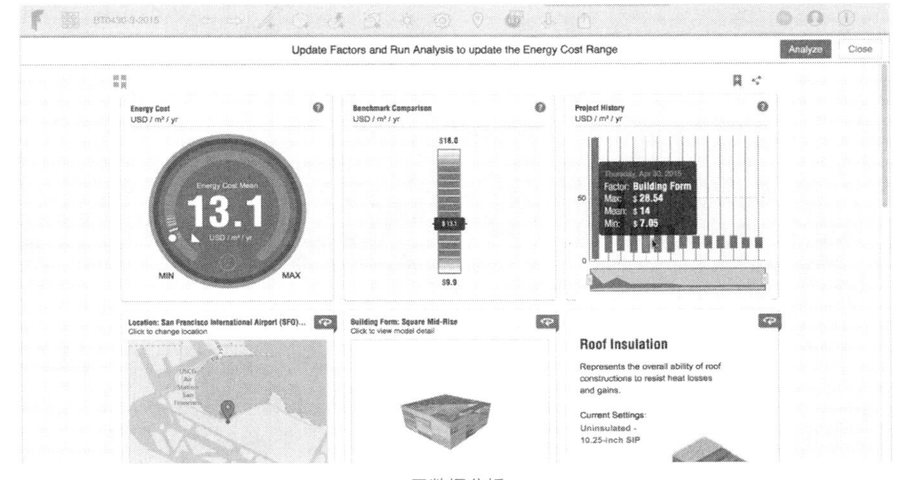

云数据分析

图3-32

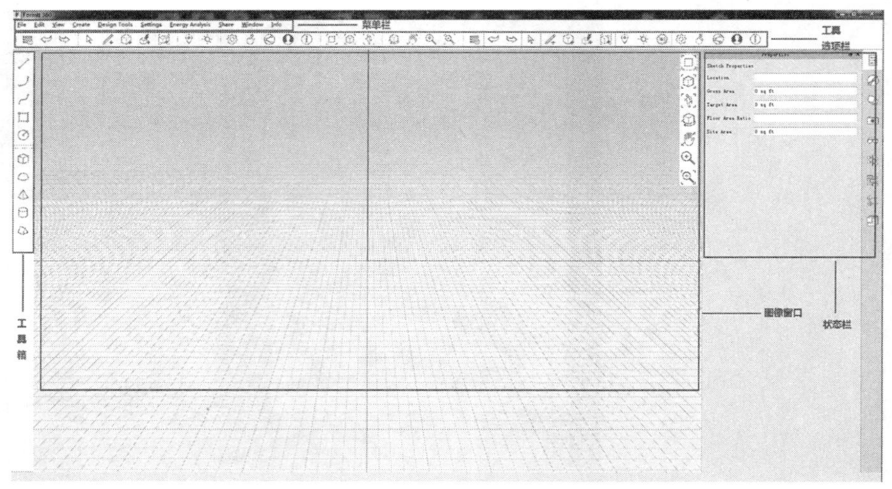

图3-33　　操作界面

操作过程鼠标配合快捷键使用，操作方式与 Revit 类似，按住鼠标左键右划为部分选择，左划为全部选择。按住中键进行动，shift+ 中键进行旋转。在空白区域点击右键出现索套工具与坐标重置工具，选择物件点击右键出现快捷操作环。

（1）菜单栏

菜单栏中共有文件、编辑、视图、创建、工具、设置、能量分析、共享、窗口、信息 10 个选项，每个选项下面有着不同命令，可自定义快捷键方便操作。

文件选项下可进行新建、保存、导入、导出等一系列操作；见图 3-34。

编辑选项进行撤销、返回、设置坐标以及快捷键设置等操作；见图 3-35。

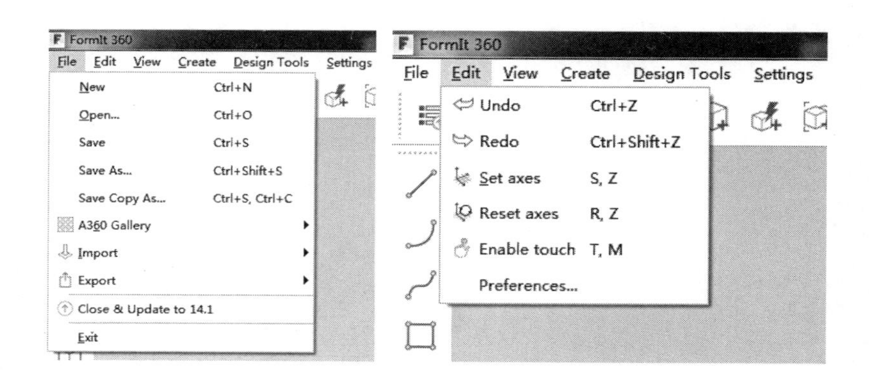

图 3-34（左）
图 3-35（右）

视图选项包含显示模式、缩放等工具；见图 3-36。

创建工具用于创建线面体、包含高级模型工具与组工具。此类命令在工具选项栏中有图形显示，可进行快速选择；见图 3-37。

设计工具确定模型地理信息，可与能量分析配合使用；

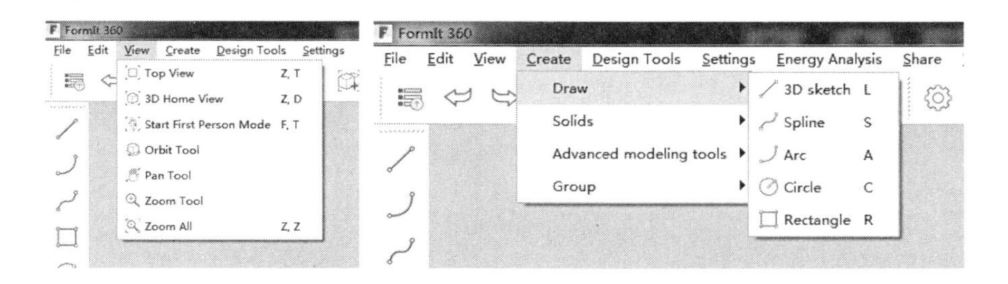

图 3-36（左）
图 3-37（右）

设置选项栏下对单位、对齐网格、视图样式、主题进行了划分，可自定义进行个性化设置；见图 3-38。

共享界面可分享存在项目或加入已有项目；

窗口选项下可对于操作界面显示的工具图标等进行设置，自行设置适合自己操作习惯的界面，见图 3-39。

图 3-38（左）
图 3-39（右）

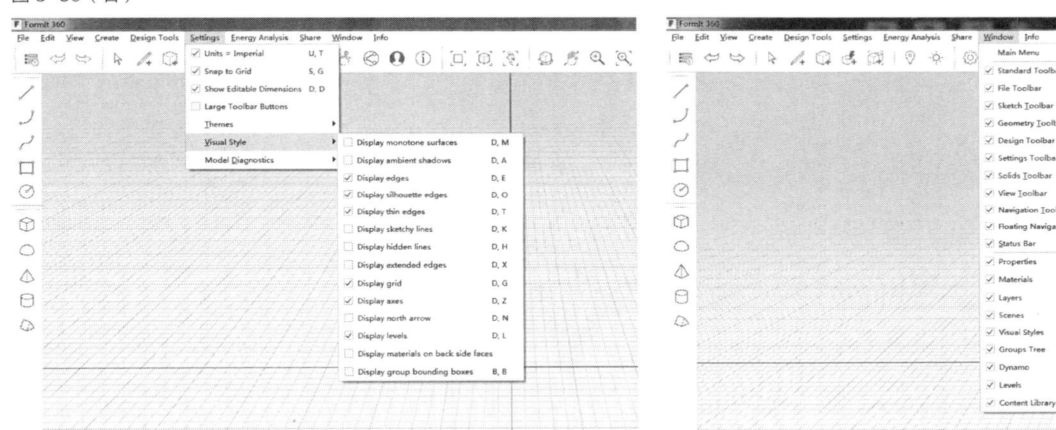

（2）工具栏、工具箱属于菜单栏的快捷窗口

状态栏

状态栏中一共分为 9 个部分，分别是特性、材质、图层、相机、视觉样式、组群树状图、dynamo、水平标高与组件库，见图 3-40。

材质、图层、视觉样式与 sketch-up 处理方式类似，通过修改材质颜色与样式来达到预期效果；见图 3-41、图 3-42。

在组群树状图中可快速找到所需组；formit 与 revit 相通加入 dynamo 的辅助，可进行参数化设计，快速加入曲线元素；自行设置标高与添加组件，双击组件可进行编辑，见图 3-43。

3.2.2 formit 的简单应用

➢ 表达设计思想与易于使用的工具：

· 从表单迅速创建三维形态

· 在移动设备上可使用手势直接操作，便于模型的变化

· 保存设计到云并与他人分享

➢ 访问网站信息：

· 在地图界面搜索项目集位置

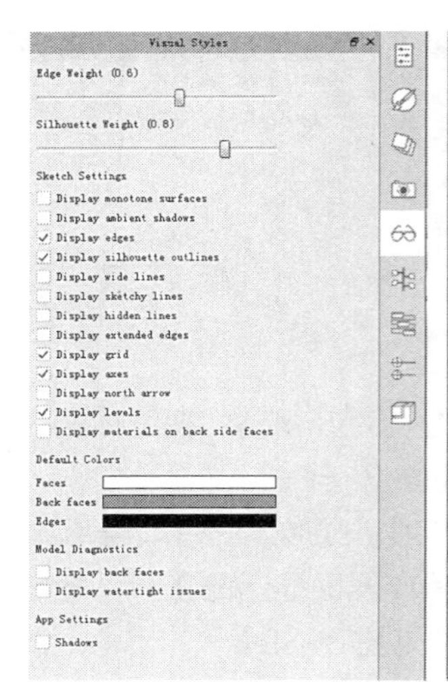

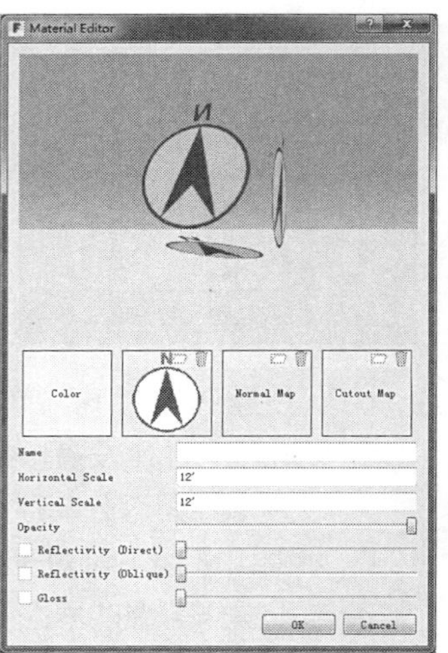

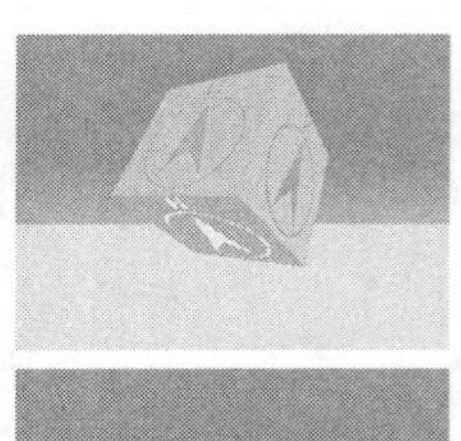

图 3-40（左）
图 3-41（中）
图 3-42（右）

状态栏　　材质编辑器　　材质效果

图3-43

组件编辑

· 从网站导入卫星图像
· 确定在建建筑物的位置
➢ 早期设计决策：
· 探索项目位置，分析光照影响
· 通过跟踪总建筑面积开始早期程序分析
➢ 体验更连续 BIM 工作流：
· 轻松地转移到桌面应用程序或导出 RVT 文件格式
· 探索设计创意和细节添加到早期设计使用获奖 BIM 技术形式
团队无缝合作：
· 使用 Autodesk®360 云服务存储在云中共享设计
· 使用 iOS 或 Web 版本参与与其他 FormIt 用户的实时会话

3.3　Greenbuilding 能量分析的简介与应用

在第 3.2 节中，已经介绍了一部分关于使用概念体量模型来进行能量分析，在本节中将继续介绍如何使用建筑图元模式来进行能量分析。使用建筑图元分析模型，需要将先期已经定义好的墙，屋顶，楼板，窗，房间等空间图元信息提交到 Autodesk Green Building Studio 平台，通过分析获得在详细设计过程中的更多准确细信息。

① Greenbuilding 简介

Green Building Studio 是 Autodesk 发布的一款针对设计师的能耗模拟软件，能读取 Revit 模型发布的 gbXML 格式的文件，让设计师快速地对自己的设计成果进行简单的能耗计算，优化建筑设计方案。Autodesk Green Building Studioutodesk Green Building Studio 是一项基于 Web 的服务，可为您的项目提供建筑能源和碳排放分析结服务。Green Building Studio 可与 Autodesk Revit 和 Autodesk Vasari 软件以及其他的能量分析软件兼容，远程服务器每小时都会执行的高强度的能量模拟计算，反馈结果将在浏览器网页上显示。

Green Building Studio 依靠不断更新的庞杂建筑结构数据库、时间列表数据库以及设备数据库来为整个建筑能源分析模拟假设情况，您可以在虚拟建筑的部分看到虚拟的结果，也可以在仿真模拟中获取能源和碳排放结果的详细信息。您可以在“设计备选方案”或“项目默认值”页面中修改假设条件。

②能量分析流程

- 登录到 AUTODESK 360
- 设置基本信息
- 能量高级设置
- 分析模型
- 比较结果

3.3.1　登录到 A360

➢ 申请 Autodesk 账号，单击 revit 操作界面右上角的“信息中心”的“登录”下拉菜单中的登录到 A360 按钮，在“登录”对话框中输入 Autodesk ID 和密码，见图 3-44。

3.3.2　选择地理位置

➢ 单击分析选项卡—能量分析面板—能量设置按钮，见图 3-45，点

图 3-44（左）
图 3-45（右）

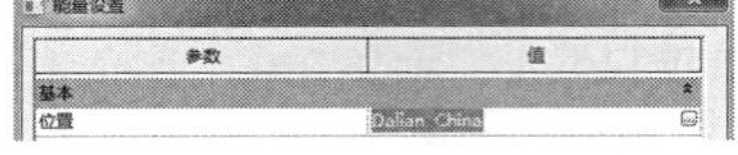

图 3-46（左）
图 3-47（右）

击位置文字框后面的矩形按钮如图 3-46。进入后可输入位置名称，当输入中文名称出现搜索失败的情况，可用英文输入再次尝试，见图 3-47。

3.3.3 能量分析模型设置

➢ 在能量分析模型设置栏下面，有分析模式、地平面标高、工程阶段、分析空间 / 表面分表率以及周边区域深度 / 划分的基本设置。下面将对常用设置进行介绍。

➢ 单击分析选项卡—能量分析面板—能量设置按钮，选择模式，当选择使用建筑图元模式时，仅能启用适用于建筑导出模型的能量设置。

➢ 选择地平面标高，以模型地平面设置标高为准。定义能耗区域空间边界条件。

➢ 分析空间分辨率 / 分析表面分辨率：可根据运行模拟分析显示模型的大小，适当调整该参数值，模型越大，数值可以调整得越高。

➢ 概念构造：如果没有使用建筑图元材质中包含的热属性，也可以通过单击该参数的编辑重新指定构造材料，见图 3-48。

3.3.4 能量高级设置

➢ 单击功能区中分析选项卡—能量分析面板 — 能量设置按钮，完成建筑类型，地平面和位置等一些基本的能量设置。完成后点击高级—其他选项—编辑按钮以下将介绍一些常用的参数设置，见图 3-49。

➢ 导出类别，当设置为“房间”时，能量分析中会包含 revit 图元材

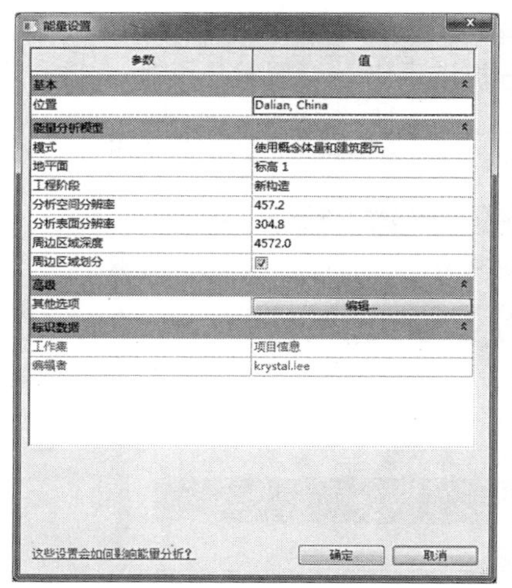

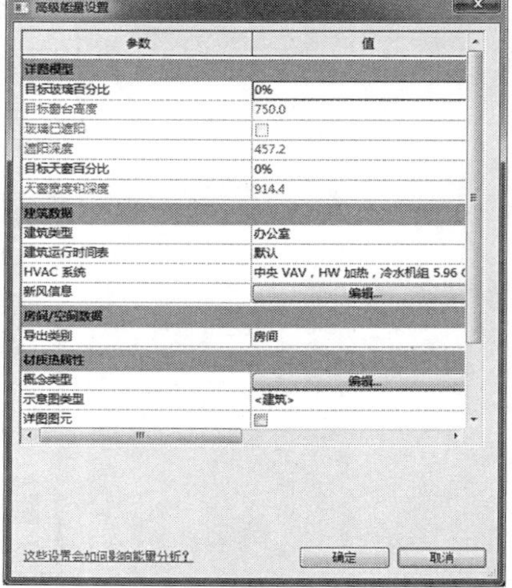

图 3-48（左）
图 3-49（右）

质的热属性数据，当设置为“空间”时，能量分析中会包含“空间”能量的相关数据。

➢ 包含热属性：勾选详图图元时，分析模型会包含图元层材质的热数据。

➢ 概念构造：如果没有使用建筑图元材质中包含的热属性，也可以通过单击该参数的编辑重新指定构造材料，见图 3-50。

3.3.5 创建和分析模型

➢ 单击分析选项卡—能量分析—创建能量分析模型。在弹出对话框中，选择创建能量分析模型，见图 3-51。完成模型创建后，将会弹出对话框提示创建完成，并且可继选择运行能量模拟分析或者继续工作。在之后弹出的运行能量模拟分析对话框中，为分析指定一个名称用作运行的名称。最后单击继续以运行模拟，见图 3-52。

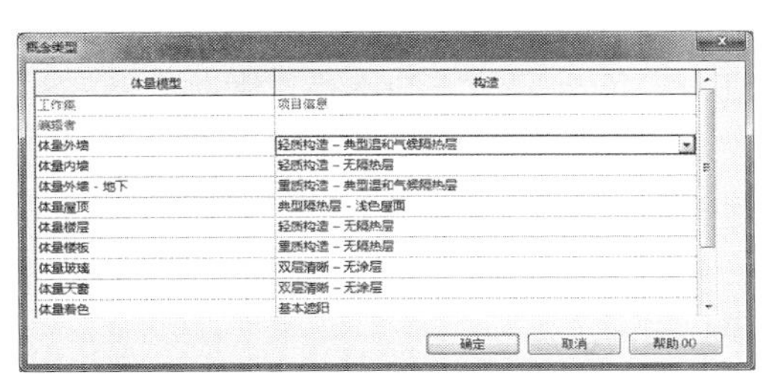

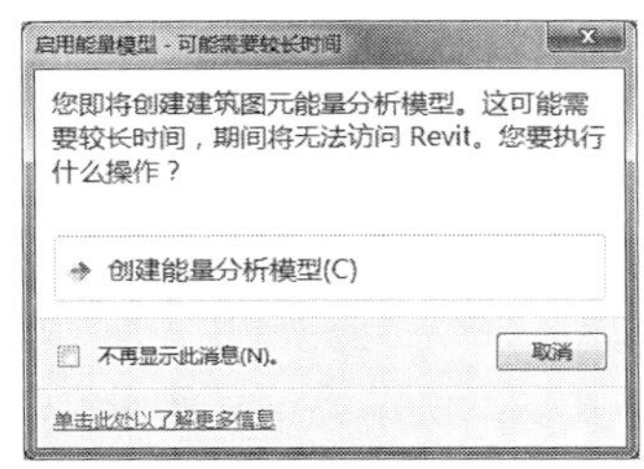

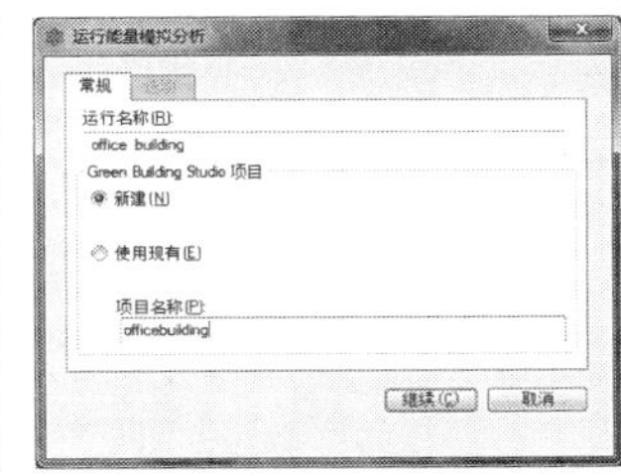

图 3-50（左）
图 3-51（中）
图 3-52（右）

3.3.6 比较结果

➢ 得到分析报告后，可根据实际情况修改建筑模型和能量设置，然后对修改后的模型再次运行分析。通过单击分析选项卡—能量分析面板—结果和分析按钮，可打开分析运行页面，可看到运行进程以及之前运行的能量分析项目，对多个分析结果进行比较，见图 3-53。

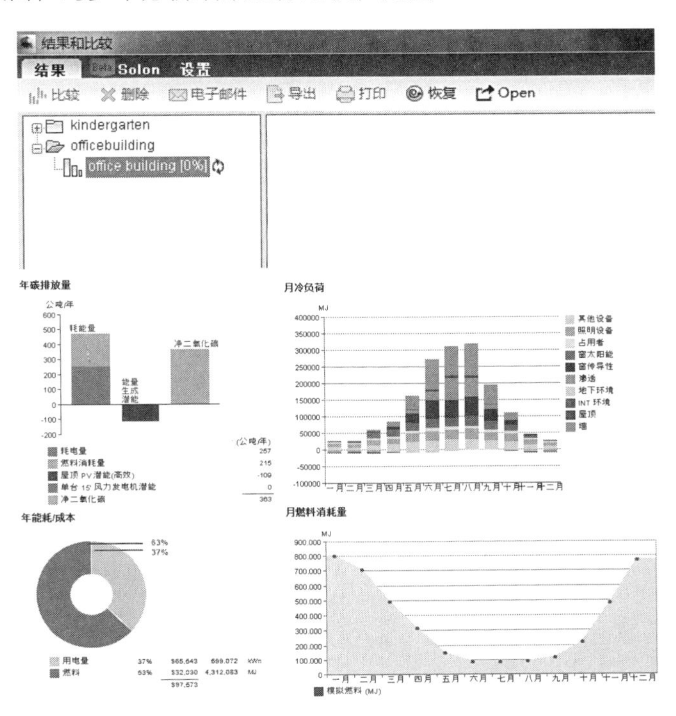

图 3-53

日照分析

➢ 在 Revit 中，无需渲染就可以模拟建筑静态的阴影位置，也可以动态模拟一天和多天的建筑阴影走向，以可视的方式展示来自地势和周围建筑对于场地有怎样的影响，以及自然光在一天和一年中的特定时间会从哪些位置摄入建筑物内。

（1）基本流程

➢ 创建项目并打开支持阴影显示的视图

➢ 打开日光路径和阴影

➢ 进行日光设置

➢ 查看、保存或导出日照分析

（2）项目北与真实北

➢ 在 Revit 中，有两种项目方向。一种为“正北”，另一种是“项目北”。所谓“正北”就是绝对的只正南正北。而当建筑方向不是正南北方向的时候，为了绘图方便，我们通常会将建筑旋转到一个方向至项目北，而达到使建筑模型具有正南正北布局效果的图形表现。但当需要进行日照分析时，建议将视图方向由项目北修改为正北，以便为项目创造精确的太阳光和阴影样式。下面将介绍项目北和真实北的设定。

❖ 【知识拓展】通常情况下，“场地”平面视图采用的是“正北”方向；而其余楼层平面视图采用的是“项目北”方向。

（3）旋转项目北

➢ 默认情况下，场地的平面的项目方向为“正北”。旋转项目北，可调整项目偏正南正北方向。在项目浏览器中，单击“场地”平面视图。观察“属性”对话框，可见方向为“正北”，见图 3-54。

➢ 单击功能区中管理选项卡——地点按钮。在位置。在“位置、气候、场地”对话框中单击“场地”标签，可确认目前项目方向，见图 3-55。单击“取消”退出。

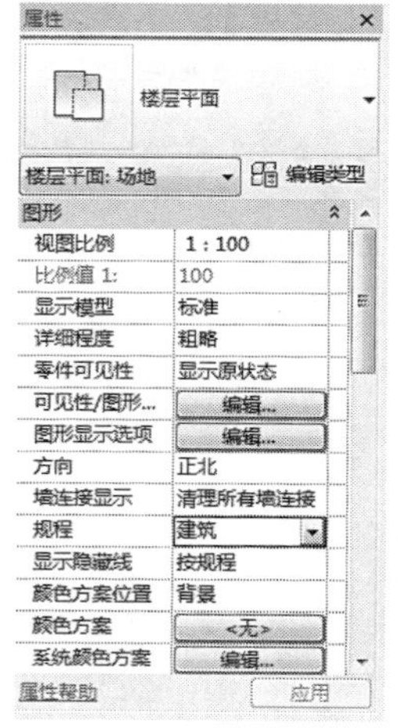

图 3-54（左）
图 3-55（右）

➢ 单击功能区中管理选项卡——项目位置面板——位置下拉菜单下的旋转项目北按钮，见图 3-56。

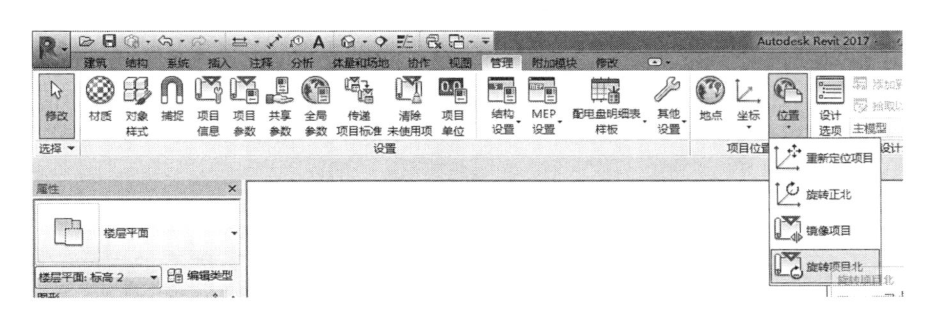

图3-56

➢ 在旋转项目对话框中单击选择顺时针 90°，见图 3-57。在右下角的警告对话框中单击确定按钮。此时项目方向将自动更新。再次查看“位置、气候和场地”下“场地”选项卡中的方向数据，可发现角度已调整，见图 3-58。

（4）旋转正北

➢ 单击功能区中管理选项卡—位置面板—下拉菜单中的旋转北按钮，见图 3-59。在选项栏中输入从项目到正北方向的角度值为根据红线形状确定的所建建筑建筑角，方向选择为东。也可以直接在绘图区进行旋转。此时将场地平面视图的方向调整为项目北，红线会自动根据项目北的方向调整角度。

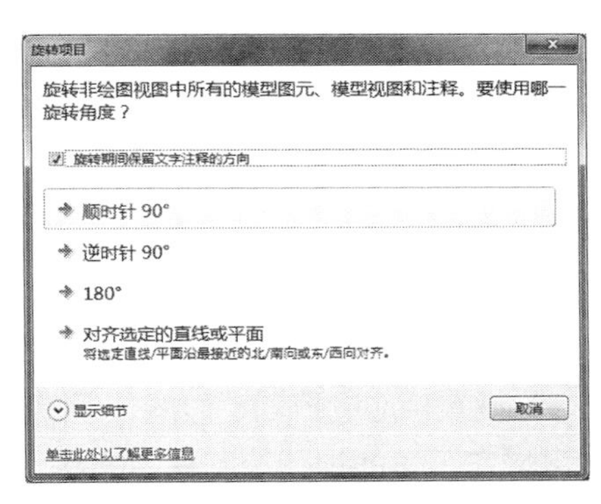

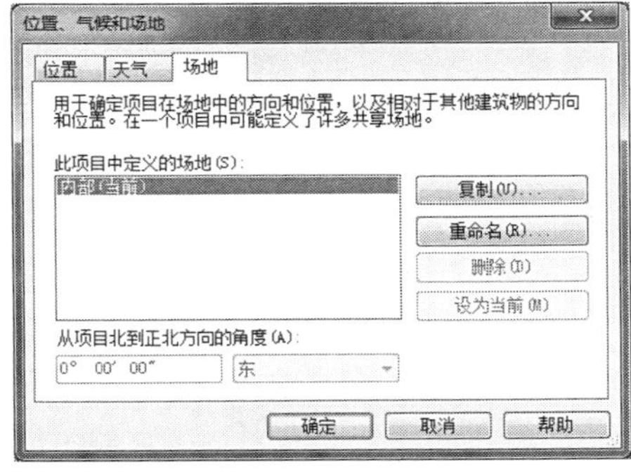

图 3-57（左）
图 3-58（右）

（5）静态日照分析

➢ 静态的日照分析即创建特定日期和时间的阴影静止图像。它可显示在特定的一天的自定义或者项目预设的时间点，项目所处位置的阴影。

➢ 打开建筑模型的三维视图，根据需要调整视图的角度以获得更好的阴影效果。

➢ 单击绘图区左下角的“视图控制栏”中的（打开 / 关闭日光途径），选择打开日光路径。然后单击（打开 / 关闭阴影），打开阴影。

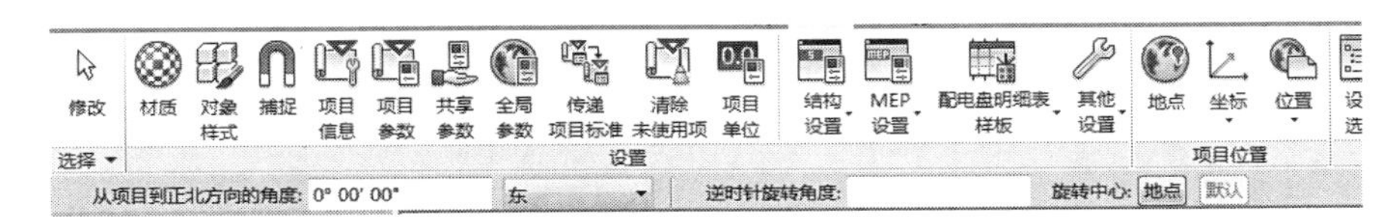

图3-59

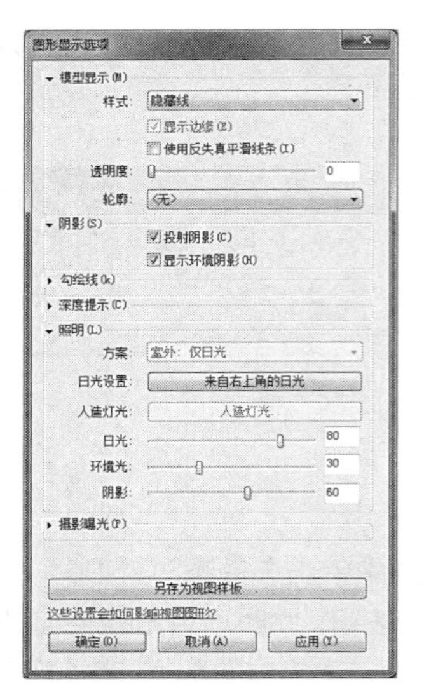

图3-60

➢ 在视图控制栏上，单击（视图样式），打开图形显示选项对话框并在该对话框中打开投射阴影和显示环境光阴影，见图3-60。

➢ 在图形显示选项中打开日光设置对话框，选择静止，在下面栏中选择日照方案夏至，见图3-61。

➢ 在对话框的右侧设置下进行地点、日期和时间的设置。

➢ 单击地点后的矩形浏览图标代开位置、气候和场地对话框，Revit默认地点为中国北京，可以再位置选型卡选择默认城市列表为定义位置依据，更改城市为建筑所在地点，如图3-62。

➢ 单击两次“确定”后完成日光分析设置。

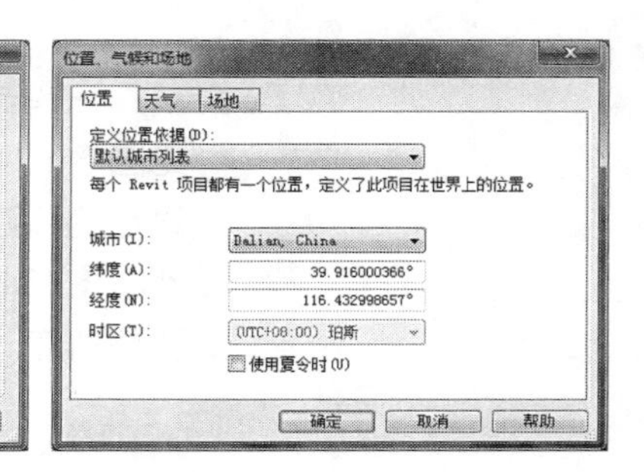

图3-61（左）
图3-62（右）

（6）动态日照分析

➢ 动态日照分析即创建在自定义的一天或多天时间段内的阴影移动的动画。它可显示在特定的一天的自定义或者项目预设时间范围内，项目所在位置阴影按设置的时间间隔移动的过程。

➢ 1、2、3步同静态日照分析，不再赘述。打开日光设置对话框，选择多天日光研究，并设置相应的日期、时间、间隔时间等，见图3-63。

➢ 单击绘图区域左下角的视图控制栏中的（打开/关闭日光路径），选择日光研究，见图3-64。

➢ 在上方的临时工具栏中单击播放按钮，将看到日光研究动画从第一帧开始自动播放到最后一帧。

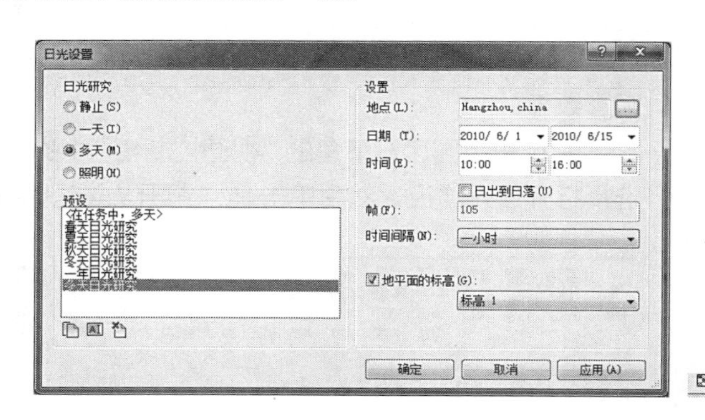

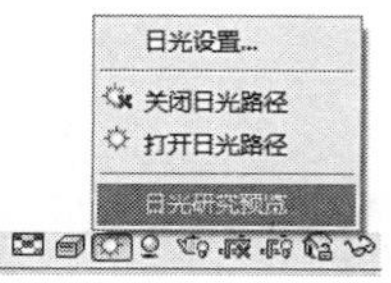

图3-63（左）
图3-64（右）

➢ 保存到项目中。在项目浏览器中的当前视图上单击鼠标右键，选择作为图像保存到项目中。在作为图像保存到项目中对话框中，指定图像的名称并根据需要修改图像设置，然后单击确定，见图 3-65。图像将被保存在项目浏览器中的渲染下，见图 3-66。

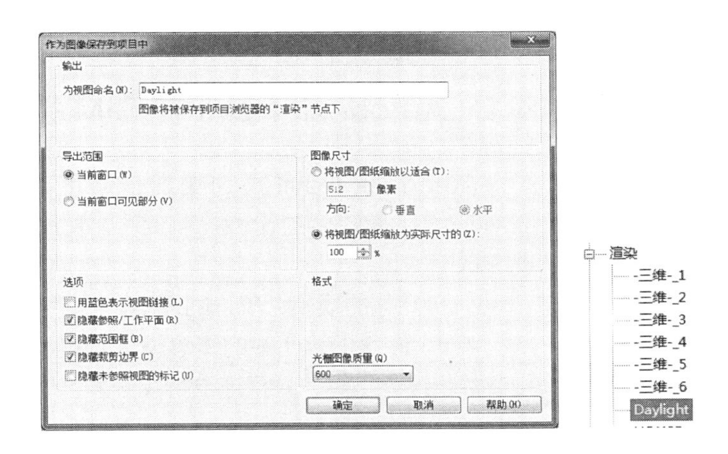

图 3-65（左）
图 3-66（右）

➢ 导出动画。单击 Autodesk Revit 2018 界面左上角的应用程序—导出—图像与动画—日光研究，见图 3-67，打开长度 / 格式对话框选择全部帧或选择帧范围并指定该范围的开始帧和结束帧。如果要导出为 AVI 文件，默认帧 / 秒数为 15，可以通过调整该数值加快或减慢动画的播放速度，见图 3-68。确定后制定一个路径和文件名就可以导出 AVI 等格式的日光研究动画了。

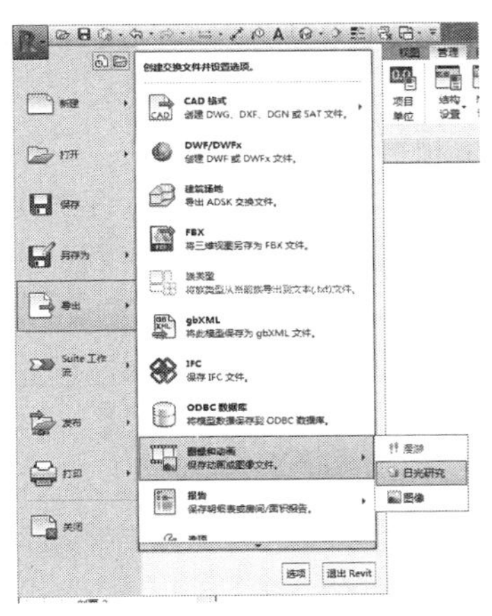

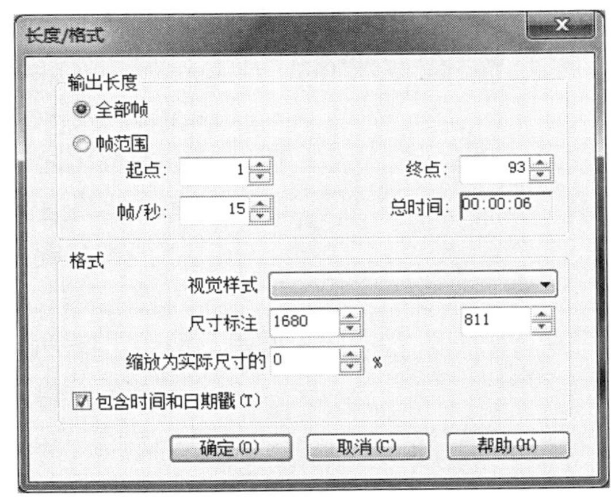

图 3-67（左）
图 3-68（右）

❖ 【提示】导出前需要确保当前活动视图已启用“阴影”，并且“日光设置”对话框中的“日光研究”选项被设置为“一天”或者“多天”。如果未设置这些选项，导出的日光研究选项将不可用。

第4章　总　结

4.1　Autodesk Revit 在 BIM 技术中应用

Autodesk Revit 是为实现 BIM 而设计的三维建模软件之一，是 BIM 三维建模软件的代表。Autodesk Revit 在 BIM 技术中主要应用表现在以下方面①：

（1）完整的项目，单一的环境

Autodesk Revit 中的概念设计功能提供了易于使用的自由形状建模和参数化设计工具，并且还支持在开发区阶段及早对设计进行分析。

（2）可视化

Autodesk Revit 能够很好把不同专业的模型结合在一起，组成完整的可视化三维模型，可视化是 BIM 最直观的优势。能够把传统抽象的二维图纸自然地通过具象的三维模型被视觉感知，还体现在工程计算清单、用量、管理等方面，从而达到由难变易、由繁到简、深入浅出、由抽象到直观的目的。

（3）材料算料功能

Autodesk Revit 可以导出各建筑部件的三维尺寸和体积数据，非常适合用于计算可持续设计项目中的材料数量和估算成本，优化材料数量跟踪流程。这里特别强调的是：算料的准确程度与 Revit 建模的精确成正比。

（4）协同工作设计

Autodesk Revit 能解决多专业的问题，工作共享特性可使整个项目团队获得参数化建筑建模环境的强大性能。许多用户包含各专业都可以共享同一智能建筑信息模型，并将他们的工作保存到一个中央文件中。

（5）成本控制

Autodesk Revit 设计在整个 BIM 技术过程中会节约成本，节省设计变更，加快工程周期。

（6）满足绿建分析条件

Autodesk Revit 建模为绿建分析创建有利条件，自带云能量计算分析，从而实现建筑全生命周期碳排放量的控制。

（7）工程施工

Autodesk Revit 为加强施工过程的综合分析提供了基础条件，加强了施工各参与方的联系与协调。

---

① 李建成，王广斌 . BIM 应用 · 导论 [M]. 同济大学出版社 , 2015.

4.2 展望未来

BIM 进入国内十多年，技术应用也来越广，同时对于软件的应用日趋成熟，对建筑行业带来革命性的影响。随着 BIM 技术的深入应用和研究，将进一步细化建筑行业的分工，并实现三维环境下的技术水平、管理水平和服务水平的提升。

而未来 BIM 技术的发展过程中必然会结合先进的 IT 技术，才能大大提高建筑工程行业的质量和效率。[①]

（1）移动终端的应用

随着互联网和移动智能终端的普及，人们现在可以在任何地点和任何时间来获取信息。而在建筑领域，将会看到很多承包商，为自己的工作人员都配备这些移动设备，在工作现场就可以进行设计。

（2）无线传感器网络

现在可以把监控器和传感器放置在建筑物的任何一个地方，针对建筑内的温度、空气质量、湿度进行监测。然后，再加上供热信息、通风信息、供水信息和其他的控制信息。这些信息通过无线传感器网络汇总之后，提供给工程师就可以对建筑的现状有一个全面充分的了解，从而对设计方案和施工方案提供有效的决策依据。

（3）BIM 技术结合 VR 和 AR 在建筑行业的应用

首先，利用虚拟现实建筑空间呈现方式，我们能够更直观的分析建筑设计当中的有关视觉感体验，空间感体验以及艺术方面的设计水平。

其次，在我们的 VR-Room 中，还可以表现出房间内的装修过程，室内承重墙的分布，水管电线的走向，以及客户在居住或装修过程中可能遇到的潜在问题[②]。

在不久的将来，建筑师可以在 BIM 技术环境下，面对形状、空间和光，运用 AR 技术能让建筑师在现实中看到全息图，在全息图中解决建筑问题，而且可以多人参与其中。

---

① 张江波 . BIM 的应用现状与发展趋势 [J]. 创新科技，2016（1）.

② https://www.zhihu.com/question/29413252/answer/53720879

参考文献

[1] 李建成、王广斌 BIM 应用 · 导论 上海：同济大学出版社，2015.

[2] 刘占省，赵明，徐瑞龙 . BIM 技术在我国的研发及工程应用 [J]. 建筑技术，2013, 44(10):893-897.

[3]http://help.autodesk.com/view/RVT/2016/CHS/?guid=GUID-3197A4ED-323F-4D32-91C0-BA79E794B806；
https://knowledge.autodesk.com/customer-service/download-install/activate/online-activation-registration；
https://www.autodesk.com/autodesk-university/au-online/classes-on-demand/class-catalog/2014/revit-for-architects/ab6644?#chapter=0

[4] 张江波 . BIM 的应用现状与发展趋势 [J]. 创新科技，2016(1).

[5]https://www.zhihu.com/question/29413252/answer/53720879